実践から学ぶ まちづくり入門講座

寺川政司 著
TERAKAWA Seiji

学芸出版社

プロローグ（本書の読み方）
前から読むか・後ろから読むか？

日本はいま、急速に変化する時代のなかで、ハウジングやまちづくりのあり方が根本から問われています。とくに、本書の執筆にあたり避けて通れないのが「災害」です。1995年の阪神・淡路大震災、2011年の東日本大震災、2024年の能登半島地震そして翌年の大水害など、大規模災害が相次いでいます。これらの出来事は、私たちの住まいとまちに大きな影響を及ぼしました。

さらに、2019年に発生した新型コロナウイルスのパンデミックは、世界規模の社会変革を引き起こしました。リモートワークの普及、ライフワークバランスの変化、衛生・健康・メンタルヘルス意識の高まりなど、新たな価値観が生まれました。しかし、これらの動きの多くは、災害やパンデミックの発生以前から、政策の一環として議論されていたもので、その変革が急速に進んだともいえます。また、南海トラフ地震などの危機も迫っているなかで、今後のハウジングとまちづくりは、どう進めればよいのでしょうか。

こうした変化を踏まえ、本書では、ハウジングとまちづくりの歴史的な背景を整理しながら、新たな潮流に関する実践的な事例を紹介し、これからの住まいとまちのあり方を考えるきっかけを提供したいと考えています。ただし、対象テーマは幅広く、そのすべてを網羅できないことから、一定範囲に絞っています。

なお本書は、筆者が大学で担当している「現代ハウジング」と「現代都市計画」の講義内容をまとめたものでもあり、これから学びを深める学生はもちろん、地域のまちづくりに関わるNPOや企業、行政の方々にとっても有益な気づきやヒントとなれば幸いです。

本書は3つの物語からなる全16章で構成されています。

第Ⅰ部では、ハウジングをテーマとし、「移りゆく時代に挑む 住まいとハウジングの物語」と題し、住宅の変遷やその背景にある政策を整理しつつ、具体的な事例を紹介します。省庁による白書やデータを横断的に活用しながら、住まいに関する課題と展望を明確にすることを目指しました。

第Ⅱ部では、まちづくりをテーマに、「まちづくりのこれまでとこれからにつなぐ物語」を展開します。デジタル化の進展や多様な市民参加型の取組みが加速するなか、まちづくりに求められる新たなアプローチについて考察します。とくに、全国の先進事例を紹介し、実践に即した課題と解決策を探ります。

第Ⅲ部「時間・空間・制度・関係性にある『間（あわい）』の物語」では、第Ⅰ・Ⅱ部で提示したテーマを踏まえ、筆者自身が関与した実践事例を掘り下げます。筆者の試行錯誤とともに振り返ります。実際の現場で直面するリアルな課題を、読者の皆さんに共有できればと考えています。

また、各部の出典・参考文献頁に QR コードを掲載し、関連法規や制度、事例などの詳細情報にアクセスできるようにしました。IT が普及した現代では、必要な情報を容易に検索できますが、時に情報の波に飲まれ、自分が何を探しているのか見失うこともあります。本書では、ハウジングや都市計画に関する情報を体系的に整理し、読者が必要な情報にアクセスできる「道しるべ」を提供します。

新しい潮流を無批判に受け入れるだけでは、過去の知見や経験を軽視することにもなりかねません。情報が氾濫する時代だからこそ、歴史を学び、現状を試行しながら検証し、未来を見据えた仕組みを作ることが肝要だと考えます。

その意味でも、本書で紹介する実践事例は、決して華やかな成功事例ばかりではありません。むしろ、社会課題が集積するマイノリティエリアの挑戦を取り上げました。これらの事例は、レジリエンスとアジャイルという視点で、まちづくりやハウジングのあり方を見直す契機となってくれるものと考えています。

今後のまちづくりでは、予想できないような課題も浮上することでしょう。さらに、ビッグデータやエビデンスベースの政策立案（EBPM）が進むなか、個別性やユニークなまちづくりが排除されるリスクも意識しなければなりません。

現時点では、この急激な社会変革が、今後の災害時にどのように機能するのか、慎重に見極める必要があります。

あなたは、第Ⅰ・Ⅱ部から読む「テーマエントリー派」でしょうか？ それとも、第Ⅲ部から読み始める「実践エントリー派」でしょうか？ 本書が、皆さんにとって新たな発見のきっかけとなることを願っています。

目次

第Ⅱ部 まちづくりのこれまでとこれからにつなぐ物語 89

第Ⅲ部　時間・空間・制度・関係性にある「間(あわい)」の物語　165

第Ⅰ部 移りゆく時代に挑む住まいとハウジングの物語

日本の住宅施策の変遷をふりかえりながら、社会課題に対する様々なハウジングの挑戦の物語を中心に、新たな潮流と同時に、現代の、またはこれからの課題に対するハウジング施策を紹介します。

01 かわる家族と世帯の住まい

1-1 少子高齢・人口減少社会のいま[1]

わが国は少子高齢・人口減少社会の時代に突入しています。人口は2010年の1億2,806万人をピークに減少期に入り、2025年2月1日現在の日本の総人口は、1億2,354万人になりました（総務省統計局）[2]。また2055年には1億人を切ると推計されています。一方で、高齢化率は29.3%に達しています[3]。統計的には、高齢化社会（高齢化率7%）に入ったのが1970年。その後急速に進行し、24年後の1994年には高齢社会（高齢化率14%）に突入しています。フランスが115年、アメリカでも72年間かかっていることを考えると、これだけ急速な変化は特異な状況だといえます[4]。

一方、少子化については、1975年以降合計特殊出生率が2.00を切る局面に入り、1989年の「1.57ショック」によって社会的に認知されるようになりました。現在もその傾向は変わらず、2023年には1.20にまで落ち込んでいます[5]。

これらの問題について、これまで世界的には日本の特殊事情だと捉えられてきましたが、最近はアジアの国々における少子高齢化が急速に進行し、社会問題化しています。韓国、台湾、香港、シンガポールは1.00を切る状態にあり、とくに韓国は2023年時点で0.72と深刻な事態にあります（東京は0.99）[6]。見方を変えると、わが国の高齢者社会での実践や成果が、世界に先行して起こる問題のメルクマールとなる、挑戦しがいのある課題だといえます。

1-2 世帯の多様化と代表制を失った「核家族」

住まいとまちを考える際の基本となる主体として「家族」があります。その状態やあり方が社会の形を形成する要素になっているといえます。

2023年の「国民生活基礎調査の概況」（厚労省）[7]のデータによると、単独世帯の割合は全世帯の約34.0%を占めています。これは、若年層の未婚率の上昇や高齢者のひとり暮らしの増加が主な要因です。また、全世帯の半数が65歳以上の高齢者を含む世帯です。そのうち、約3割が高齢者のみの世帯です。とくに65歳以上のひとり暮らしの割合は増加傾向にあり、単独世帯のうち約46%が65歳以上の高齢者で、その数は855万世帯に上ります。また、将来推計では、2050年には全世帯に占める単身世帯の割合が4割を超え、そのうち65歳以上の単身世帯は1,083万9,000世帯に増加すると予想されています。

そして、1989年（平成元年）の単独世帯と核家族世帯が全世帯の20%、40%であったものが、35年後の2023年現在で、34%と25%と変化し、夫婦のみの世帯も全世帯の約25%に増加、一方、児童のいる世帯については、4割を超えていたものが、現在2割を切り（18.1%）、その内子ども一人の世帯が約半分（48.6%）という状態にあります。

そのほか特筆すべき現状としては、離婚率・未婚率の上昇やひとり親世帯の増加（8.7%）があります。夫婦世帯の3組に1組が離婚する時代になり、30歳時点の未婚率は男性51.2%、女性41.3%、50歳時点で男性29.1%、女性18.5%と、結婚しない人が増えています。また、ひとり親世帯の貧困問題が深刻化しており、世帯の貧困率は約44.5%に達しています（全世帯の貧困率の約3倍）。

OECD平均が約31.1%であることを考えても、いまなお高い水準にあります。「貧困の連鎖」を防ぐために公布された「子どもの貧困対策の推進に関する法律」施行から11年。2024年6月19日に改正法が成立し、法律名が『こどもの貧困の解消に向けた対策の推進に関する法律』と改められ、妊娠期から若者までの切れ目のない支援や、民間支援への財政措置などが盛り込まれました[8]。

全世帯の半数近くを占めていた「核家族」は、いまや代表制は失われつつあります[9]。今後、単独世帯や高齢者のみ世帯がさらに増加し、DINKs・SINKsや同性カップル、そして新たな働き方などによって、家族形態も一層多様化すると思われます。今後は、個別のライフスタイルに合わせた柔軟な住まいとまちが求められるといえます。それは同時に、分野横断的な社会的なサポート体制の充実が重要となることでしょう。

1-3 世帯と暮らしの多様化とハウジング

(1) ハウジングと時間のデザイン

個人や家族の住要求は、生活状況に応じて変化していくものですが、とくに高齢化・長寿化が進む社会においては、時間的な変化に対応できるハウジングの計画が求められているといえます。本稿では、4つの変化を提示しておきます。

まずは、**「エイジング」(加齢)** です。人が誕生してから、成長し、成熟し、老いていく一生を通じての変化です。環境の影響を受けやすく、環境との不適合によって事故などが生じてしまう(家庭内事故など)ことがあります。

次いで **「ライフサイクル」** で、エイジングに伴う社会的側面の変化を捉えたものです。精神分析家のE・H・エリクソンが提唱した「心理社会的発達理論(psycho-social development)」の理論[10]が有名ですが、「乳児期」「幼児前期」「幼児後期」「学童期」「青年期」「成人期」「壮年期」「老年期」の8つの発達段階を示したものです。

3つめに **「ファミリーサイクル」**[11]です。一生を、家族の周期的変化を捉えたものです。幼い子、青年期の子がいる段階、子ども独立、晩年の段階、とくに親(自身)の単身化、要介護化などの状況によっても大きく変化することでしょう。

最後に、**「エリアサイクル」** という概念です。上記に関連させて筆者が独自に用いている言葉なので、定義されたものではありませんが、住宅を、エリアで捉えたものです。筆者は、**「地域循環居住」**[12]や **「中間的居住」**[13]、そして隣・近居などによる **「サテライト型・アネックス型・ネットワーク型居住」**[14]など、家族が一つの住戸からエリアに拡散して暮らす家族像をイメージしています。これには、**ジェントリフィケーション**[15]や**シュリンキングシティ**[16]のようなエリア自体の縮退の概念も含んでいます。

(2) これからの住宅計画とハウジング

まず、「住宅」の視点から、現在の主なテーマを概観します。

①**フレキシブルな間取り**：家族の形が変化しやすい現代において、可変性のある計画が求められています。例えば、建具やスライドドアによる可動式間取り、使い方を変更できるフレキシブルスペース、在宅ワークや趣味のための個別空

間の確保など、ライフステージや生活変化に合わせた計画が求められています。ただし、単に住戸内で完結させないオルタナティブな手法の検討も必要です。

②**バリアフリーとユニバーサルデザイン**：高齢化が進む現代において、住宅のバリアフリー化は欠かせない要素です。①もその要素ですが、段差をなくした設計、引戸や手すり設置など、安全性を高める工夫が必要です。また、音声操作用 IoT 設備、視認性の高いカラーデザイン、振動・光で通知するシステムなど、個々の特性に対応した「**ユニバーサルデザイン**」という視点も重要です。

③**スマートハウス**：②とも関係しますが、最近 AI スピーカーや IoT 機器で、照明・空調・鍵の管理をスマホで操作可能なものを目にするようになってきました。なかでも、健康増進住宅や高齢者の見守り機能を備えた住宅。そして、**ZEH（ゼロ・エネルギー・ハウス）**や**LCCM（ライフ・サイクル・カーボン・マイナス）**による[17]環境負荷を軽減した住まいも増えつつあります。とくに建築物省エネ法改正により、一定規模以上の新築建築物に対して省エネルギー基準適合が義務化されたことで、環境性能の向上が期待されています。

次に、まちづくりの視点からは、住まいの機能をまちやエリアへと開き（拡張し）、まちをシェアし、コミュニティを育むハウジングの視点が重要です。筆者はこの視点を持った、ハウジングとまちづくりのことを「**コレクティブタウン**」[18]と呼んでいます。現時点では、なかなか説得力がないかもしれませんが、本書を読み終えた時に、少しでも納得感を抱いていただけることを期待して、ここで提示しておきます。

とくに近年、まちに開いたコミュニティ志向の住宅も増えています。シェアハウスやコレクティブ住宅など、個室を持ちながら、共用キッチンやリビングで交流を楽しめる住宅はその一つですが、踏み込んでいえば、リビング、子ども部屋、キッチン、冷蔵庫、パントリー、洗濯室、書斎など、本来、住戸内に組み込まれ、個別世帯のなかで充実を目指す「所有」の意識から「共用」の意識へのシフトするような、「**シェアリングエコノミー**」[19]のハウジング版でもあります。

例えば、商店街のリビング化、地域に開かれたカフェ併設住宅、小規模多機能住宅としての高齢者や子育て世帯が共生する住まい、密集市街地の空地を活用した都市農園付き住宅、コミュニティガーデンやシェアファームのある住まいなど、地域とのつながりが魅力や価値を生む**「ローカル・ハウジング」（地域共生型住宅）**という、家族の隣居・近居も含めて「まちをみんなの居間にする」暮らし方の提案でもあります。

また、空き家の増加が進めば、土地や住宅という不動産所有の有無の意義も変わるかもしれません。筆者は、各世帯が複数住戸を所有、またはシェアするマルチハビテーションの時代になると予測しているのですが、これを機に、エリア間の防災バックアップタウン[20]としても機能するのではないかと期待しています。そして、現在のIoTやICTの急速な発展によって、家族が各々遠隔地にいながらつながる家族像が普通になる時代がくるかもしれません。

その他、社会の潮流としては、**「エコ・ハウジング」（環境共生型住宅）**が重視される時代にあります。その意味では、ZEHの標準化や、自然素材を活かしたデザイン（木造・土壁・和紙など）、都市の緑化促進（屋上庭園、バルコニー菜園）の多様な実践が広がるでしょう。

これからの住まいは、個人のライフスタイルや価値観を反映し、コミュニティや環境と共生する居場所として発展すると考えます。その意味では、住宅という物理的な「空間」ではなく、ハウジングという「暮らし方」そのものをデザインする時代に突入しています。なお、急速な社会変化に移行するなかでは、同時に、今ある足元の課題や実践を着実に対応する姿勢は忘れてはいけないと考えています。とくに、多くの課題を抱えた人やまち、見えにくい人々への視線、そして災害への事前対応は、すぐにでも取組むべき喫緊のテーマだといえます。

その意味では、「ノーマライゼーション」をはじめ、「ダイバーシティ」「インクルーシブ」「エクイティ」（SDGs指標）など、特性が違っても区別されず等しく生きる社会環境の整備、実現を目指す考え方など、社会的な公平な支援を提供や、実質的な平等という視点も重要です。

大学の講義課題から

現代版住宅双六と
サザエさん家のビフォー・アフター

学部２年の「現代ハウジング」の講義では、前稿で紹介した世帯やコミュニティおよびハウジングの変遷と現在をつなげるイメージ形成を目的に、２つの課題を設定しています。

(1)『住宅双六』を知っていますか？

これは、京都大学上田篤研究室が 1973 年に朝日新聞に発表したもので、建築学の専門家の間では有名な挿絵です。

当時の人々の住まいに対する認識が表れたもので、ライフコースにしたがって居住選択する段階が示されています。

ふりだしが「胎内」、上がりとして「庭付き郊外一戸建て」を目指すコース設定が特徴で、16 コマ目に、「公団・公社アパート」で（抽選）当たり！と書かれているのも時代を感じさせます。

当時公団の団地は憧れの存在。団地というモダンで新しい集住生活スタイルを紹介しており、当時の様子が良くわかります。そして上がりは、広い庭にあるブランコに乗る子どものまわりで犬が走り、両親が見守る姿が描かれています。

住宅双六（1973 年）[21]

1973年の小坂明子デビュー曲「あなた」を彷彿とさせますが（年配者限定？）、当時の日本の家族が目指していた夢でした。

その後、上田研は2007年に新たな住宅双六を発表。ふりだしが真ん中に移動し、上がりは、老人介護ホーム安楽、親子マンション互助、農家・町家回帰、外国定住、都心（超）高層マンション余生、自宅で生涯現役の6つに増えました。

6コマ目の危険マンションは、2005年の耐震偽装問題が、12コマ目の震災避難住宅は、1995年の阪神・淡路大震災の影響が見られます。

この時代の双六は、社会情勢やライフスタイルの変化の中で、多様なコースと上がりが特徴です。

講義では、この2つの双六を見せた後に、「あなたの考える10年後の『住宅双六』」という課題を出しています。宇宙や海中・地中というもっぱらSF的な上がりを答える学生は毎年みられますが、シェアハウスや、家族という形がない住まい、災害シェルター、3Dプリンターハウスなどは10年前にはなかった提案です。とくにこの数年は、移住型や複数所有型、AIやVR、そしてコロナ禍の影響を受けた提案が増えています。

この講義当初の課題なので、まだ学生のイメージも広がってはいませんが、この課題を出してから12年。当時の提案

住宅双六（2007年）[22]

のいくつかは実現しており、SF的だといった世界もゼネコン各社から実現可能性のある技術提案されていることを考えると、これからの革新スピードはもっと速まることでしょう。

住まいやまちのあり方も加速度的に変化するなかで、次の時代には何が変わるのか？ 変えるか？ 残すべきことはなにか？ 社会変化のスピードに翻弄されない対応力・視点が求められる時代だといえます。

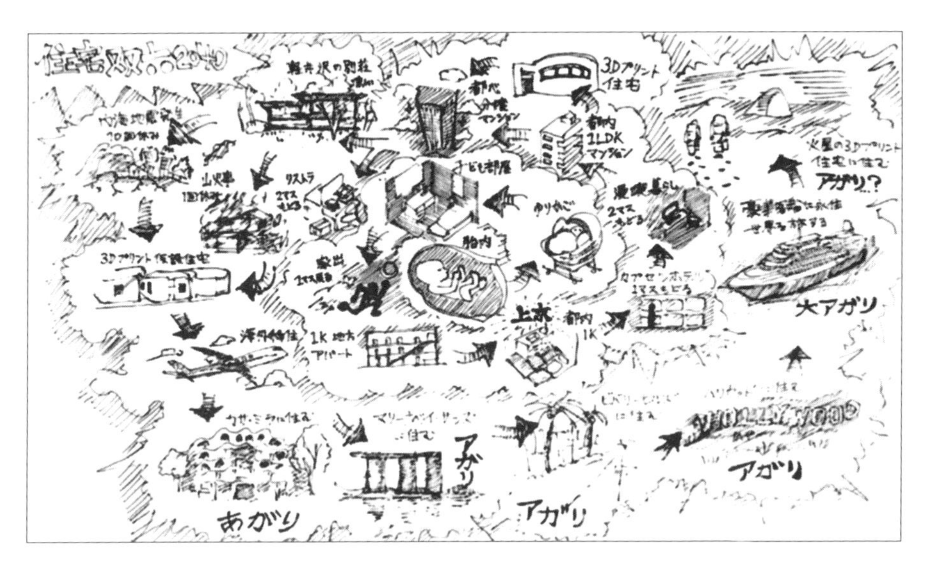

私が考える
10年後の
『住宅双六』

概要説明

最初は幼児からスタートし、所々にさいころの出る目の「奇数・偶数」で分岐点を設置し、計4つのアガリを作成した。

作成方針としては現在検討されている住まい方がすべて実現すると仮定し、その中で今抱えている社会問題（少子化問題、空き家問題、第一次産業の人口衰退、職人の不足など）と組み合わせて、どう変わっていくのかを考えた。

また２０１９年末から世界を一変させたＣＯＶＩＤ－１９の件が、再発することも考えた。

１０年後は現代より更に人同士の物理的な距離は自分から歩み寄らない限りは遠くなり、モノ同士や場所の距離は交通技術の発展により近くなると考えた。

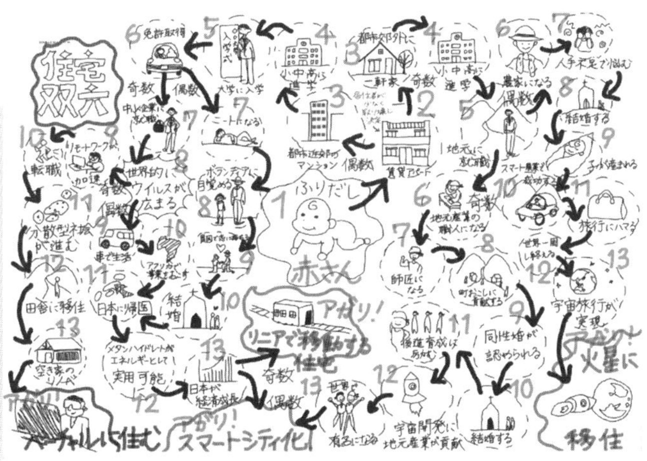

学生が考えた10年後の『住宅双六』

磯野家のビフォー・アフター
(20年後のサザエさん一家)

もう一つ、毎年出している課題があります。それは、「磯野家のビフォー・アフター(20年後のサザエさん一家)を考える」です。1969年にアニメとしてTV放映され現在で57年続く長寿番組(漫画は1946年から)。時代設定が難しい中でこれだけ長い間、世代を超えて愛されている番組は世界的にも珍しいですね。

この課題のポイントは次の3点です。まず、アニメで出てくる住まいやまちのイメージ化です。

何気なく見ているものを改めて図面化し、空間的に認識する作業は、建築の世界では重要な作業です。次に、20年後の家族の変化、家のライフコースを想定し、それに伴う間取りの変化(リノベーション)を具体的に提案してもらいます。

そして、将来どのような社会になっているかを踏まえた提案が求められます。家のリノベーションだけでなく、隣家との関係、地域の地価相場、社会の変化などを含めた提案が求められ、固定観念を超えて予測する力が要求されます。

関連資料をもとに現状の間取りを3Dで再現したものが次ページの図です。筆者のイメージは、玄関上がってすぐに黒電話があり、廊下に沿って右側にカツオとワカメの部屋、居間と続き、突き当りに台所、そして廊下左手には浪平が座って「バカモーン!」としかる威厳部屋のイメージでした。しかし実際は、廊下の先に黒電話、突き当りは居間でその奥に台所が続いています。サザエとマスオの部屋も定かではなく、仏間も見逃してい

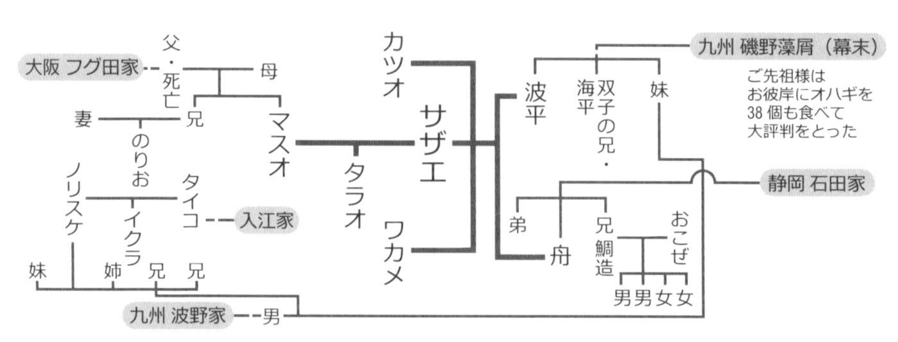

磯野家家族関係

ました。

また家族については、波平は双子で海平という兄がいることやトレードマークの髪の毛は、波平が１本、海平は２本である事も知らなかった事実。なによりも54歳という年齢設定を見た時に、筆者より若いという事実に愕然としました。

そのほか、マスオは大阪市住吉区出身で阪堺電気軌道の路面電車が通っている住吉大社に近い住宅まちに住んでいたようで、一方ノリスケは意外と遠い親戚であることなど、知らないことは多いです。

この課題に対する学生提案を次ページに紹介します。いろいろ妄想が膨らんで戸惑うところもありますが、毎年楽しみにしている課題です。

学生案をみると、家族の変化については、波平・フネの生死と介護状態によって住まいの形が決まる傾向があり、なぜか波平は亡くなっているか、認知症になっていることが多く、フネはほぼ元気な設定です。

磯野家の後継ぎ問題に対しては、カツオかサザエで悩むところですが、サザエが継いで生活を謳歌しているものが散見されます。

その点、カツオは誰と結婚するのか問題について、さゆりちゃん、花沢さん、早川さんが名乗りを上げていますが、花沢さんと結婚し、花沢不動産を継いでこの家の対応を任されるという提案が多いという特徴があります。

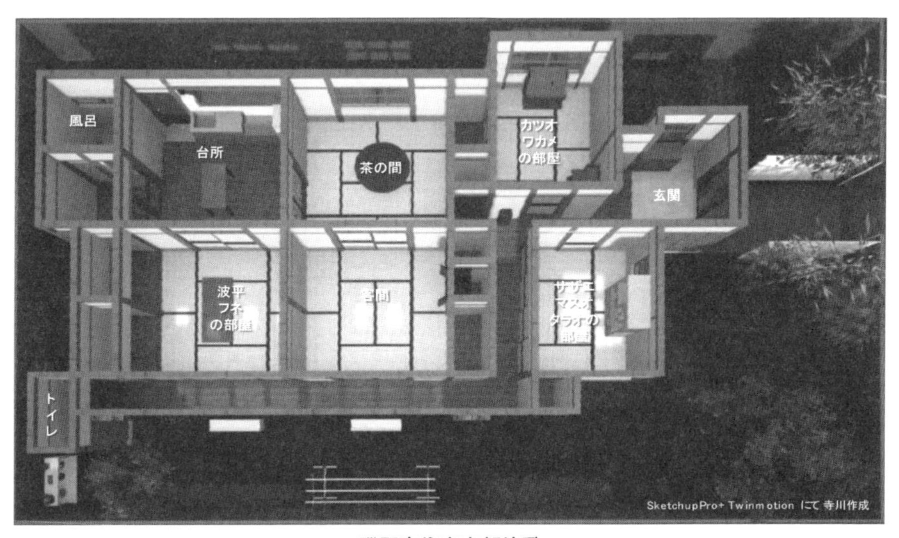

磯野家住宅内部俯瞰

間取りについては、各室の一体化、縁側・客間・畳部屋・廊下の行方、余剰部屋の動向がポイントになります。

田の字型プランである特性を活かして、L・D・K一体化の提案や、個室拡大（世帯増加や介護対応）、部屋を中庭やデッキに減築、または学生に賃貸するなどの提案が見られます。

その他、余剰室の活用も目立ちます。物置、趣味部屋、教室、学生シェアハウスなどがあり、コミュニティライブラリーやギャラリー、SOHOなどをまちに開く提案が比較的多くみられるのが特徴で、周辺も含めて家の塀を取り払って新たなコモンを生み出す提案もありました。

磯野家の所在地は、東京都世田谷区桜

学生が考えた
20年後の『磯野家』

●家族の変化

波平とフネは、余生を謳歌するため趣味を楽しんでいる。波平は趣味の俳句や盆栽を、フネは着物や料理の知恵を活かして教室を開いている。

ワカメはフネと浮江に憧れており絵本や詩に才能を発揮し、人気絵本作家になりバリバリ働いている。今は仕事に力を入れたいため、結婚はまだ。

カツオ（31）は花沢さんからの猛アピールによって婿入り。口が達者であることを活かして花沢不動産で働き営業成績も良好。次期社長でもある。

タラオ（23）は子供の頃から本当にやりたいことを大学4年間で見つけ、実家の近くに部屋を借り大学院に通学。

●生活の変化

今まで家事はフネとサザエがしていたが、家事は女、仕事は男という考えをやめて一人にかかる負担を減らしていこうという考えからワカメ・マスオなども手伝うようになる。今までとは違った家族の団欒が発生する。

波平は退職してのんびりとした1日を送る。ワカメは時々仕事場（事務所）に、マスオは海山商事へ出勤するため似た生活を送る。カツオとタラオはとりあえずは家を出ているが2人も近くに住んでいるため週末や行事ごとに磯野家に帰ってきている。

カツオ・ワカメもほぼ自立し働いている上にマスオの昇進も目の前なので金銭面での変化・問題はない。

●社会や地域の変化

磯野家がある場所をモデルになった世田谷区とすると公共交通機関も充実しており、お店も多数あるため、急激な人口減少はないと考える。一方、高齢化が少しづつ進み始めたこともあり、地域内やご近所同士・子どもと高齢者の交流を促進しようとする流れができる。

学生が考えた20年後の『磯野家』1

新町といわれており、敷地面積250m²で建築面積が約115m²の木造平屋5DKです。

現在周辺で売却されている土地の平均値が約120万円／m²（2024年時点相場）から換算すると、土地価格が3億円、シェアハウスとして検討した場合は6～8万円／月といったところでしょうか。

この価値をどうみるのか？ カツオの本領発揮というところです。

課題要件

- 田の字プラン→L・D・K（フローリング）化へ
- 縁側・客間・畳部屋・廊下の行方は？
- 波平・フネの介護をはじめ、この世帯の動向によって住まいの形が決まる傾向
- サザエが残るかカツオが残るか！
- カツオの結婚相手は、花沢さん？さゆりちゃん？早川さん？
- タラちゃんとワカメのその後
- サザエとマスオは？子どもは？ 離婚・転出？
- 余剰部屋の動向：L・D・Kの一体化／個室拡大（世帯増加や介護対応）／減築：一部屋を中庭やデッキ／増築：2階建／ハナレ新築

【用途】 学生に賃貸／物置／趣味部屋／ダンス教室子ども世帯の帰省時の部屋／伊佐坂さんなど周辺との関係（空き家をリノベーション）など

学生が考えた
20年後の『磯野家』

●公、共、私
東側から公、共、私となるように配置することで磯野家のプライバシーを守りつつルームシェアの同居人、シェアオフィスの利用者との日常を送れるようにした。

●ルームシェア
タラオは来年大学を卒業し、家を出ていくので現在タラオが利用している部屋にはカレイが入居することが決まっている。同居人としてヒラメがいるので子供が自立した後も会話が好きなサザエは楽しい生活を送れるだろう。

●シェアオフィス
増築をして、広いオフィススペースを設けた。仕事として訪れる人だけでなく学生が自習をしに来る場にもなった。利用者は茶の間も利用することができ、家族のようにくつろげる。

●ウッドデッキ
東側のブロック塀を撤去し、ウッドデッキを設けた。井戸端会議をしたいならば、「とりあえずサザエさんの家」となるような近隣住民が集える場所とした。

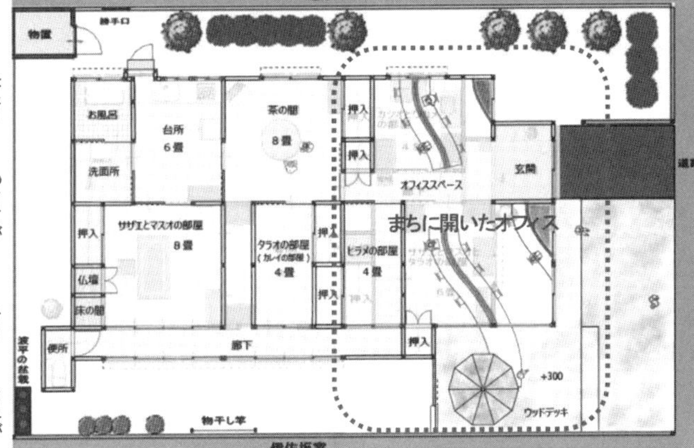

●家族の変化
磯野家にはサザエ、マスオ、タラオ、ヒラメの4人が暮らしている。サザエは主婦、マスオは海山商事の課長、タラオは大学生、ヒラメは同居人として暮らしている。
カツオは花沢さんと結婚し、中島君と共に社会人野球で活躍している。ワカメはいつの間にかデニムズボン派に変わっておりファッションデザイナーとなっている。タマは15年前、波平は7年前、フネは2年前に亡くなった。

●生活の変化
磯野家は3人になったこともあり会話が減少したが、同居人のヒラメが加わることでにぎやかになった。

●社会の変化
コロナ禍が明け、インターネットが急速に進化した日本ではルームシェアオフィスという新たな働き方が生まれていた。これは名前の通り「ルームシェア」と「シェアオフィス」が合わさったものである。そして磯野家も広い家を活かし、1年前にルームシェアオフィスと称して運営を始めた。スタッフとしてサザエが働き、マスオは定年退職後に働く予定である。

学生が考えた20年後の『磯野家』2

02 時代とあゆむ住宅政策と住宅地計画

2-1 住宅政策の変遷と課題

「家族」の変化とリンクする現象の一つに「住宅」の変化があります。そこで、**図 2-1-1** をもとに日本の住宅政策の変遷について、一気に振り返ってみましょう。

まず、最新の「令和5年住宅・土地統計調査」から基本データをみると、日本の総住宅数は 6,504 万 7,000 戸。持ち家が 60.9%で、公営借家が 176 万戸、都市再生機構（UR）と公社が 716 万戸。そして空き家数は 900 万 2,000 戸（空き家率 13.8%）と過去最高と報告されています〔「住宅数概数集計（速報集計）結果」総務省、2024 年 4 月 30 日〕。

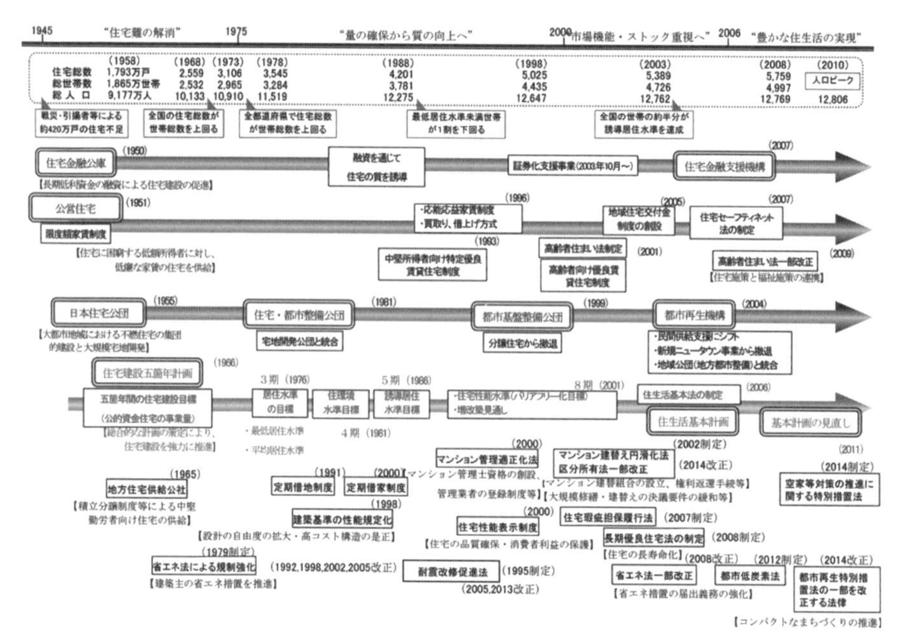

図 2-1-1：住宅政策の変遷〔社会資本整備審議会住宅宅地分科会（第 36 回）資料 2（2015）〕

戦後の住宅政策は、住宅不足の解消を最優先課題として、公営住宅、日本住宅公団住宅[1]（のちの都市再生機構）、住宅金融公庫（のちの住宅金融支援機）の3本柱で進められました。とくに1950年代から1960年代にかけて、低所得者向けの公営住宅の建設と、都市部の中間層向けの公団住宅の供給が進められました。

現在の公営住宅は全国に約1万3,500団地（2022年度）が、ニュータウンは1970年代をピークに全国で約2,022地区（うち1,901地区が事業終了）、総面積が約18.9万ha（うち17.5万haが事業終了）の住宅地（約300万戸）が建設されました。ニュータウンについては、都市の過密化を緩和し、計画的な都市開発を進める上で重要な役割を果たしました。

その後、1980年代後半から1990年代初頭のバブル経済期には、住宅価格が急騰し、住宅政策も大きな転換を迎えます。この時期には、民間の住宅供給が増加し、公共住宅の役割が相対的に縮小しましたが、バブル崩壊後は、住宅市場の低迷が続き、住宅政策も再び見直されることとなりました。

そして2001年の「特殊法人等整理合理化計画」において、住宅・都市整備公団（当時）は「自ら土地を取得して行う賃貸住宅の新規建設は行わない」との方針が決定され、2004年にUR都市機構へと移行します。これ以降、既存の賃貸住宅の管理・運営や、都市再生プロジェクトが主な業務になっています。

住宅ストックに関する政策には、1966年制定の「**住宅建設計画法**」に基づいて5年ごとに策定される「**住宅建設五箇年計画**」がありましたが、2006年以降は、「**住生活基本法**」が制定され、以降「**住生活基本計画**」が策定されています。この2つの法律と計画の違いをあげるのであれば、住宅建設五箇年計画が、公営や公団住宅等の具体的な住宅供給目標や居住水準を設定し、計画的な住宅建設を推進することを目的としていましたが、住生活基本計画は、住生活全般の質の向上を目指し、多様な住まい方や脱炭素社会の実現など、広範な視点から策定されています。

さらに住生活基本法は、福祉・環境・まちづくり・防災対策の必要性を明示し、住宅関連事業者の責務を求めており、2021年の基本計画では、①社会環境の変化、

②居住者・コミュニティ、③住宅ストック・産業、という3つの視点と8つの目標が設定されています（図 2-1-2）。

①「社会環境の変化」の視点	②「居住者・コミュニティ」の視点	③「住宅ストック・産業」の視点
目標1 新たな日常、DXの推進等 目標2 安全な住宅・住宅地の形成等	目標3 子どもを産み育てやすい住まい 目標4 高齢者等が安心して暮らせるコミュニティ等 目標5 セーフティネット機能の整備	目標6 住宅循環システムの構築等目 標7 空き家の管理・除却・利活用目 標8 住生活産業の発展

図 2-1-2：「住生活基本計画（全国計画）概要抜粋」（令和3年3月19日閣議決定）[2]

2-2 計画的住宅団地の黎明期

（1）大正期の郊外型田園都市開発

日本では、1922年の桜が丘（住宅改造博覧会）や1923年田園調布などの電鉄会社による郊外戸建て住宅地開発がそのはじまりだといわれています。それらはイギリスのE・ハワードによる田園都市論やアメリカのC・A・ペリーによる近隣住区理論など、海外の都市計画の影響を受けていますが、これらの理論と実践は、その後のニュータウン計画[3]（以降、ニュータウンをNTとします）にも大きく影響していきます。

①桜ヶ丘「住宅改造博覧会」[4]（箕面市）

1922年、日本建築協会が開催した「桜ヶ丘住宅改造博覧会」により、理想的なまちづくりと洋風住宅のモデルが展示されました。半円の同心円状と放射線状の道路配置は、E・ハワードの田園都市構想[5]に学んだものといわれています。また、田園調布と同様、箕面有馬電気軌道（現阪急電鉄）創始者の小林一三による電鉄開発に伴う郊外分譲地既発モデルとして、郊外ベッドタウンの可能性を示したものです。博覧会は大正デモクラシーの波に乗って、洋風生活様式や建築様式を時代に即した形に改造することを目指したもので、建築家の片岡安を中心に関西の建築界を牽引するために発足した「日本建築協会」[6]が主体となって進められました。椅子座様式・公私室の分離・暖房設置を盛り込んで、住宅の近代化を推し進める最先端のモデルハウスが25戸建築されました（約14ha）。

現在は6戸が現存し、登録有形文化財および箕面市都市景観形成建築物として登録されており、いまなお閑静な住宅地として良好な住環境が維持されています。

最近は、高齢化に伴う空き家や空き地の増加と、観光シーズンの交通渋滞が問題になっていると聞きます。

十数年前に、この地域にお住まいのオーナーから、相続に伴う土地利用と建替えを提案する機会に恵まれました。周辺の景観に配慮し、オーナー住戸と子育て世帯向けの定期借地権付分譲コーポラティブ戸建住宅と、解体材を利用した地域サロンを計画しました。残念ながら実現せず、ハウスメーカーによって分譲開発されるのですが、相続時におこる現象として、土地の細分化、景観利益、地域コミュニティの関係などについて、逡巡したことを思い出します。

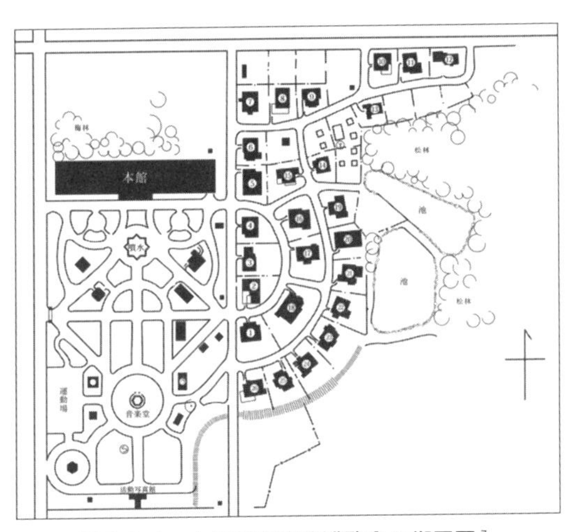

図 2-2-1：大正住宅改造博覧会の街区図[7]

図 2-2-2：現在の住宅の様子

②田園調布〔田園都市〕（東京都大田区・世田谷区）

新1万円札の「顔」となった渋沢栄一が発起した田園都市株式会社（1918年設立）によって、1923年に郊外住宅地開発モデルとして開発されました。E・ハワードが提唱した田園都市（職住近接と農村の結合）を視察するも、アメリカのセント・フランシス・ウッドに共鳴し、まち全体を庭園としたいわゆる田園都市郊外ともいえる高級分譲住宅地方式をとりました。街割は、放射状・同心円状の道路配置を採用し、一区画150坪を最低敷地面積とし、広い敷地に低層住宅を建てるという厳しい建築制限がある計画が特徴です（**図 2-2-3**）。そして、1923年の関東大震災以降、東京の中心部から郊外への移住が進み、田園調布の開発が加速。高度経済成長期には戸建住宅の需要が高まり高級住宅地として確立します（約100ha）。とくに、関東大震災後の都市計画の見直しによって、田園調布のような計画的住宅地が理想のモデルとされるようになりました。

近年、土地の細分化と建物の高層化が進むなかで「景観保全」に対する住民意識が高まります。2005年に景観法が施行し、景観地区指定が可能となったことを契機に地区計画が変更され、第2種風致地区として建築物の高さや敷地面積、外壁の位置などに厳しい規制が設けられるなど、住宅地の景観利益が担保されている点が特筆できます。一方、現在は、住民の高齢化に伴う空き家の増加、大規模敷地・住宅の維持管理の負担が課題になっているようです。

イギリスの田園都市では工業地域の工場へ通勤する勤労者の住宅地を主眼にするのに反して、わが田園都市に於いては東京市という大工場へ通勤される知識階級の住宅地を眼目といたします結果、いきおい生活程度の高い瀟洒な郊外新住宅地の建設を目指しております。

1. 土地高燥にして大気清純なること。
2. 地質良好にして樹木多きこと。
3. 面積少なくとも十万坪を有すること。
4. 一時間以内に都会の中心地に到着し得べき交通機関を有すること。
5. 電信。電話。電灯。ガス。水道などの完整させること。
6. 病院、学校、倶楽部等の設備あること。
7. 消費組合の如き社会的施設も有すること。

イギリスの田園都市は工業地域、農業地域も一体に作りますが、日本の田園都市は住宅のみの建設に限定し、田園を冠する限り、その住宅の建設される地域はつぎの要件を満たすことが必要であります。

1. 障壁はこれを設くる場合にも瀟洒典雅のものたらしむること。
2. 建物は三階建て以下とすること。
3. 建物敷地は宅地の五割以下とすること。
4. 建築線と道路との間隔は道路幅員の二分の一以上とすること。
5. 住宅の工費は坪当たり百二、三十円以上にすること。
6. 他の迷惑となる如き建物を建造せざること。

図 2-2-3：田園調布の要件と建築協定[8]

(2) 住まいとまちづくり黎明期〔昭和初期：共同住宅・アパートメント〕

①同潤会[9]

1923年の関東大震災では多くの木造住宅が崩壊し、大規模な火災が都市を焼き尽くしました。翌年の1924年、政府は救援義捐金をもとに、財団法人「同潤会」

を設立し、震災復興と都市再生にむけて鉄筋コンクリート造の共同住宅等を供給し、都市の不燃化が進められました。

同潤会と聞くと、モダンなアパートをイメージする人が多いかもしれませんが、震災復興住宅や仮住宅をはじめ、勤労者・職工向け住宅や軍人遺族向け住宅など、社会住宅の先駆けとなる事業を展開しています。不良住宅が密集する地域では、1919年に施行された**「市街地建築物法」**によって防火対策や衛生基準の強化を進め、**「土地収用法」**による地域再生事業を実施しました。その代表例が「猿江裏町住宅」(1927)です。住宅整備と同時に、商店や公園、病院などの社会施設が併設されているのが特徴です。その後、**「不良住宅地区改良法」**(1927)が制定され、全国5都市7地区(東京・大阪・名古屋・神戸・横浜)で展開されます。

そして、いわゆる勤労層向けの近代的な住環境を提供する同潤会アパートは、1926年の「中之郷」を皮切りに、16か所で建設されました。とくに「大塚女子」は、女性の自立を支えるアパートとして、「江戸川」ではエレベーターを備え、中庭や共同浴場、食堂、娯楽室を備えたコミュニティ重視のアパートが完成しました。同潤会の実践は、住宅供給から住環境全体の改善へと発展し、日本の都市住宅政策の礎を築きました。

戦後、これらアパートは、時代の荒波を超えてきました。モダンな都市住宅として多くの著名人が居住し、また映画やドラマのロケ地としても取り上げられました。

現在、同潤会はすべて建替わり(多くは高層マンション)、当時の様子を知ることはできませんが、「青山」は2006年に、安藤忠雄設計によって「表参道ヒルズ」として再生されました。表参道の景観と環境との調和を考えたもので、一部建物を同潤館として再現しています。建物は、地下を含めて6層吹抜け空間を設け、そこに表参道の坂と同じ勾配を持つ約700mの「スパイラルスロープ」が螺旋状に絡む斬新なデザインが取り入れられています。また、「江戸川」では、住人同士の交流が生まれることを目指した建設当時のコンセプトを継承し、庭と一体化した二つのレベルの路地によって住宅全体を結ぶ回遊動線と、テーマが異なる5つの庭を空中回廊で結んだ屋上庭園でつなぐデザインがなされています。

表 2-2-1：同潤会アパートメント概要リスト

名称	竣工年	解体年	棟数戸数	現在（開発後）
中之郷	1926	1988	3F-6 棟、102 戸	セトル中之郷
青山	1926・1927	2003	3F-10 棟、138 戸	表参道ヒルズ
代官山	1927	1996	2F-23 棟、 3F-13 棟、337 戸	代官山アドレス
柳島	1926・1927	1993	3F-6 棟、193 戸	プリメール柳島
住利（猿江裏町）	1927・1930	1992	3F-18 棟、294 戸	ツインタワーすみとし、あそか病院
清砂通	1927 ～ 1929	2002	4F-3 棟、3F-13 棟、663 戸	イーストコモンズ清澄白河
山下町	1927	1987	3F-2 棟、158 戸	レイトンハウス
平沼町	1927	1982	3F-2 棟、118 戸	モンテベルテ横浜
三ノ輪	1928	2009	4F-2 棟、52 戸	BELISTA 東日暮里
三田	1928	1986	4F-1 棟、68 戸	シャンボール三田
鶯谷（日暮里）	1929	1999	3F-3 棟、96 戸	リーデンスタワー
上野下	1929	2013	4F-2 棟、76 戸	ザ・パークハウス上野
虎ノ門（本部）	1929	2000	6F-1 棟、64 戸	同潤会本部。当初独身寮有
大塚女子	1930	2003	5F-1 棟、158 戸	図書館流通センター本社ビル
東町	1930	1992	3F-1 棟、18 戸	あそか病院本部＋マンション
江戸川	1934	2003	4F-1 棟、 6F-1 棟、260 戸	アトラス江戸川

青山アパート（1926）前掲9

表参道ヒルズ（2003）

代官山アパートメント完成模型（1927）前掲9

アトラス江戸川アパートメント（2005）[10]

③住宅営団

1930年代になると、ドイツのジードルンク[11]などの集団住宅地計画に関する文献の研究が進められますが、1941年には、同潤会の事業を引き継ぐ形で住宅営団が設立され、全国規模で住宅供給事業を展開します。とくにこの頃、庶民住宅の住み方調査を通じて、**「食寝分離」**という具体的な住宅計画方法を示した西山夘三の「型計画」の提案は、高輪アパート（1947）をはじめ47・48・49型につながります。そして、戦後発足した戦災復興院の事業に参画していた東京大学の吉武泰水と当時院生であった鈴木成文は、西山の影響を受けながら**「就寝分離」**を取り入れた51A・B・C型プランを提案しています[12]。これらは、戦後のマスハウジングのプロトタイプをつくったといえ、公営住宅の標準設計として全国の自治体で供給されました。しかし、1946年12月23日に住宅営団は閉鎖命令を受け、その後解散しました。

その後、戦後の住宅政策の2つ目の柱である勤労者向けの住宅供給を担うことを目的として、1955年に**日本住宅公団（現在のUR）**が発足します。そして、広域的な需要にこたえるべく**51C型**が公団の標準プランになりました。

このプランで特筆すべき点は**DK（ダイニングキッチン）**という概念を作ったことでしょう。51C型はいわゆる2DKと呼ばれるプランで、約$40m^2$に核家族が

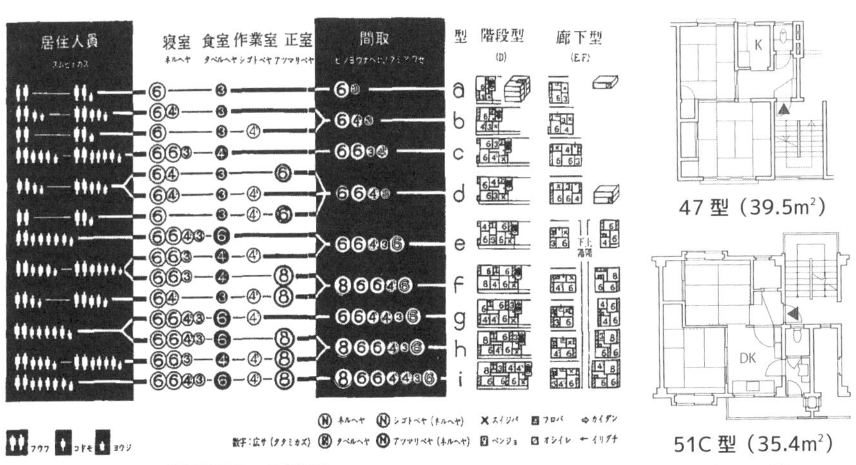

図2-2-4：標準設計の型系列〔左「これからのすまい」西山夘三,1947）／右上：47型・右下51C型〕

暮らせるタイプでした。これら住宅計画学の発展は、戦後の急速な都市化と住宅不足の解消を図り、高度経済成長とともに住宅事情を変える要因になりました。

④高度成長期と計画的住宅団地〔住宅団地とニュータウン〕

1956年、大阪府堺市金岡団地を皮切りに住宅公団による団地建設が全国で始まります。計画的には、標準化・合理化を目指し、通風や日照を確保しながら、階段室型、片廊下型・ポイント型・スター型住棟を配置。周辺には緑地や中庭、公園などの公共空間や共用施設が充実したゆとりのある計画が特徴です。

当時の様子を表している動画に、「団地への招待」(1960)[13]があります。

団地に入居した兄夫婦を妹夫婦が訪問するストーリーで、入居者に向けて製作されたものです。キッチンや洗面に白物家電、リビングにはTVやステレオが陳在。風呂や水洗トイレの使い方の説明のあと、シェイカーを振る主人の横で果物を用意する妻たちの姿。あこがれの団地ライフが表現されています。最後に共同生活への注意事項と社会的生活態度の意識付けが盛り込まれているのも特徴的です。

このように、当時の公団は、憧れの的で「夢の公団住宅」と呼ばれていました。その入居倍率は100倍を超えるケースもあるなど、モダンで新しいライフスタイルを求める子育て世帯が殺到し、「団地族」や「鍵っ子」と呼ばれる社会現象もおこりました。先に紹介した『住宅双六』で“当たり！”と書かれたマス目に「公団」がありますが、とくに戦後復興を目指して高度経済成長を進める社会政策(戦略）において、中堅サラリーマン核家族を受け止める空間的受皿となっており、「一億総中流社会」を映し出す鏡のような存在であったといわれています。

団地は、多くのニュータウン（NT）開発に組み込まれています。1962年の千里NTにはじまり、明石舞子NT（1964)、高蔵寺NT（1968)、多摩NT（1971)と続き、1970年代をピークに急激に減少していきます。現在、全国2022地区18.9万haで、事業主体は地方公共団体・UR都市再生機構（旧都市基盤整備公団）などの公的機関によるものと、鉄道会社・デベロッパーなどの民間企業によるものがあります。開発手法の特徴としては、6割が土地区画整理事業によるもので、その他は、新住宅市街地開発事業、市街地開発事業によるものです。

ピーク後に急激な減少傾向に入りますが、それはオイルショックの影響や都心回帰など社会情勢の変化もあったといわれています。

住宅公団は、1981年に**住宅・都市整備公団**、1999年に**都市基盤整備公団**（改組）をへて、2004年に**都市再生機構（UR都市機構）**が設立。事業が新築からリノベーション事業に大きく転換したのは2014年ごろです。2024年の国交省による業務見直しでは、都市再生事業の推進（都市の国際競争力と魅力向上／地方都市の再生／防災性向上）、と災害からの復旧・復興支援の強化が示されています。

また、NT計画のデザインは、C・A・ペリーの**近隣住区論**の6原則をベースに、その実践である**ラドバーンシステム**（小学校区／スーパーブロック／クル・ド・サック／歩車分離）の影響を受けた地域計画になっています。NTタイプとして、当時は移動手段特性から、車型、中量移送システム型（モノレールやライトメトロなど）、徒歩型、鉄道型のように分類されていましたが、その後の潮流も含めると、研究・教育型や、エコタウン・スマートシティ型、サステナブル・ユニバーサルデザイン型なども登場しています。

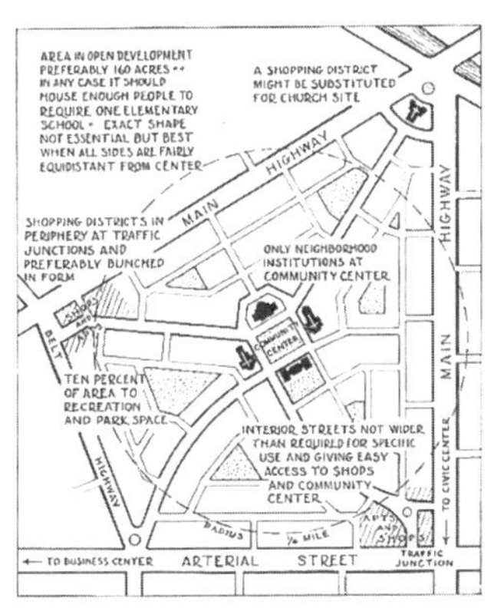

①規模：小学校1校が必要な人口規模（約5,000～6,000人）
②境界：住区は幹線道路で囲まれ、通過交通を住区内に入れない
③オープンスペース：小公園やレクリエーションスペースを住区内に計画的に配置
④公共施設用地：学校やその他の公共施設を住区の中心部に配置
⑤地域店舗：商店街地区を住区の周辺に配置し、住民の日常生活の利便性を高める
⑥地区内街路体系：通過交通を防ぐために、住区内街路は循環交通を促進する設計

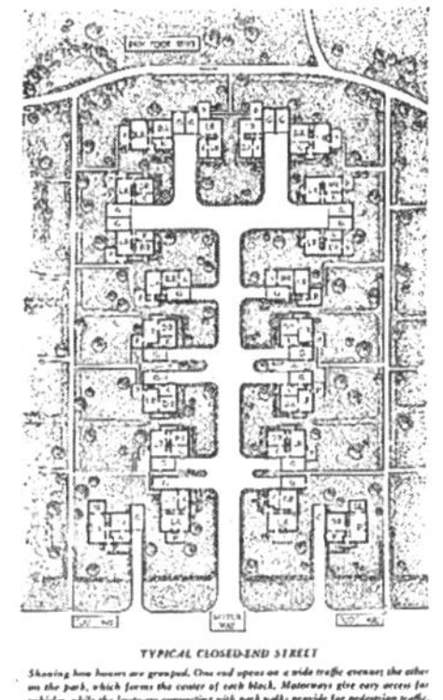

図2-2-5：近隣住区の概念とラドバーン典型街区計画[14]

2-3 公営住宅団地に参画する建築家：「創造」のデザインと「協働」のデザイン

（1）坂出人工土地・基町高層アパート

60年代後半、戦後の混乱によって生まれた課題を埋めるハウジングとまちづくりのモデルが実践されました。それは、香川県坂出市で実施された坂出人工土地

で有名な「坂出市営京町団地」（清浜亀島住宅地区改良事業）と「広島市営基町高層アパート」（基町地区住宅改良事業）です。「坂出市営京町団地」は、不良住宅の密集地に対して住宅地区改良事業によって整備された、日本初の人工地盤による計画です。設計は大高正人で、当時のメタボリズム運動を具現するデザインが取り入れられました。1階を将来の余地として残し、「屋上権」を設定した「立体のまち」という極めてユニークな計画です。地上1層部分には、商店街、駐車場、市民ホールが計画され、人工地盤部分に集会所、公園、緑地帯、道路と改良住宅142戸が設計されました（1986年竣工）。現在、老朽化が激しく、空き家と高齢化と他の団地同様の問題を抱えており、再生してほしいまちの一つです。

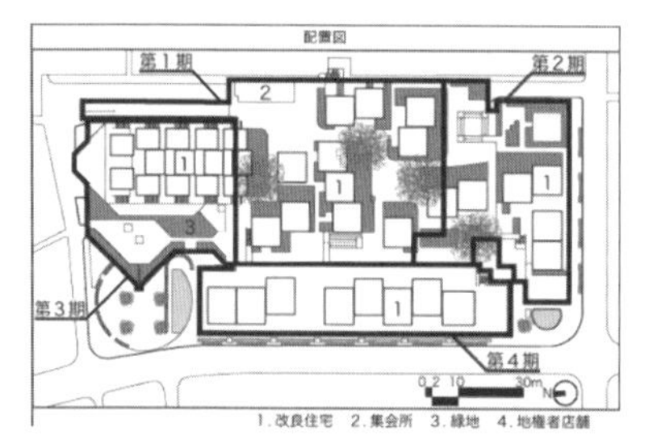

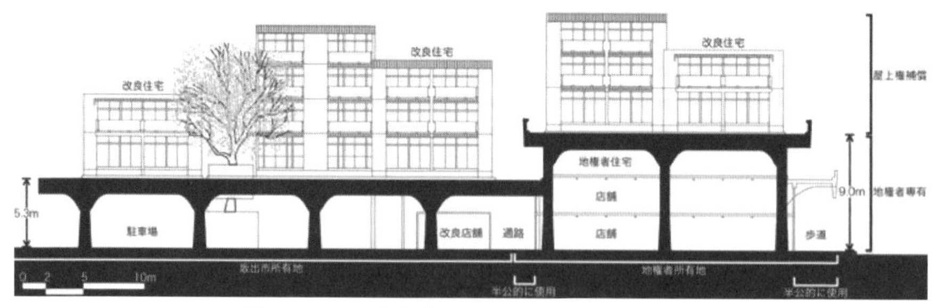

図 2-3-1：坂出市営京町団地平面図・断面図 [15]

大高はその後、この実績をかわれて広島市中区の市営基町高層アパートの設計に着手します。戦後、1970年頃に1,000戸ほどのバラックが建て込んだ「原爆スラム（基町不良住宅街）」と呼ばれたエリアの再開発事業です。戦後、公園用地に応急住宅を建設してきましたが、西側の本川沿いには、原爆生存者や疎開者、引揚者などが集住するエリアでした。1972年から1978年にかけて敷地8.11ha、延床19万6,570m^{2}にS造、RC造の公共住宅2,964戸（改良住宅：1,886戸・公営住宅：1,059戸）が竣工しました。

高層アパート群では、いわゆる近代建築五原則の影響を受けつつ、メタボリズム建築として、増築や改修を想定したユニット構造（4戸1のコアユニット、スキップアクセス形式）が採用され、人工地盤に「く」の字住棟が組み込まれて住戸がブロックのように積み上げられた立体的なファサードを持っています。

現在、他の住宅団地と同様に居住者の高齢化と建物の老朽が進行していることから、再生が検討されています。また、広島市立大学と広島市中区役所が連携した「基町プロジェクト」[16]が立ち上がり、学生が主体となった創造的な文化芸術活動や地域交流を通じて、まちの魅力づくりや地域の活性化に取組んでいます。

図 2-3-2：基町構想アパート俯瞰写真[17]

(2) 日本の特徴的な公共住宅団地プロジェクト

一般的な公共住宅団地の多くは、経済性を重視した標準設計による板状型4・5層の南面並行配置の団地が多く建てられますが、市浦健によるスターハウス54C-II型はユニークな標準設計としてあげられます。

また、大高による計画が進んでいた1970年後半以降ごろは、高層化する団地計

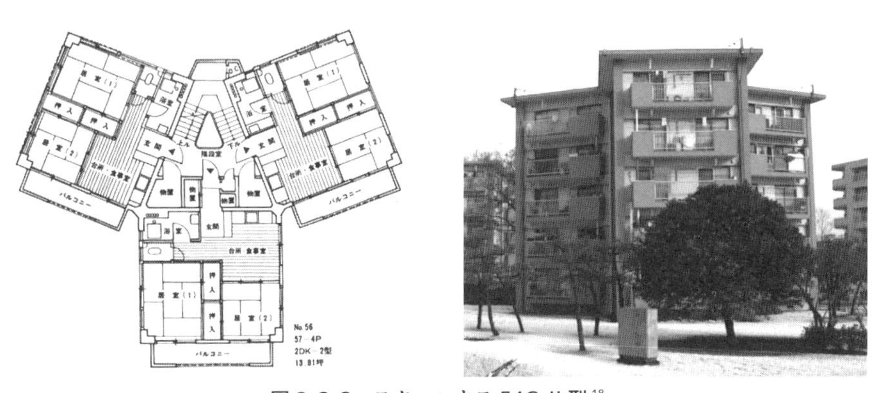

図 2-3-3：スターハウス 54C-II 型[18]

画の流れに対する、準設置型低層住宅「水戸六番池団地」（1976）〔設計：現代計画研究所〕の提案なども注目すべき実践です。

その後、1980年後半から2000年初頭にかけて、地方を中心に、設置型・リビングアクセス・立体路地のような、住戸と共用部に段階的な空間構成を持たせた事例が増え、一方で、地方自治体による大規模な建築家招聘プロジェクトが増えていきます。

①くまもとアートポリス（熊本県営住宅群）

くまもとアートポリス（KAP）は、1988年に熊本県（細川護熙知事）が開始した建築プロジェクトで、公営住宅のデザイン向上を目的として建設されました。熊本県営保田窪第一団地（山本理顕）では、家とパブリックスペースの関係を問う、オルタナティブな共用空間の提案がみられます。ほかにも、詫麻団地（坂本一成／長谷川逸子／松永安光）、竜蛇平団地（元倉眞琴）、新地団地（早川邦彦／緒方理一郎／富永譲／西岡弘／上田憲二郎）、帯山A団地（新納至門）、新渡鹿団地（小宮山昭）など、多様な団地が実践されました[19]。

学生時代に全団地を巡ったのですが、これだけ多様な新しいコンセプチュアルな実践に出会えてよかったという感覚と、はたして居住者は住みこなせるのか？という漠然とした不安とともに、今後検証が必要だと感じたことを思い出します。

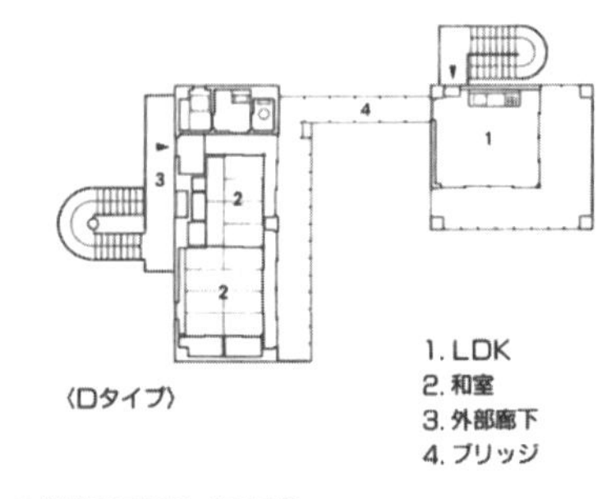

図2-3-4：熊本県営保田窪第一団地の外観写真と間取り

②岐阜県ハイタウン北方プロジェクト（2002年）

1965年から1970年に建設された大規模公営団地（1,074戸）の再生を目指し、近年の住宅に対するニーズの高度化・多様化に伴い、居住水準の向上と住環境の整備を図るために市街地整備と連携した建替え事業です。

1998年から2002年にかけて実施した女性建築家のみを起用した公営住宅事業で、参加した建築家には、高橋晶子、エリザベス・ディラー、クリスティン・ホーリー、妹島和世などが担当して、新しい住環境の創出が図られました。

筆者の講義で、4人が示したプランから最も気に入った提案はどれか、また、自分が自治体担当者であれば、どの案を選ぶか？ を考えてもらう場面があります。毎年150人ほどの受講生がいますが、妹島和世氏が若干リードする傾向があります。聞くと、知名度も影響していますが、公営住宅ではみられない斬新なデザインが注目されているようです。また、メゾネットタイプのホーリー氏も人気で、高橋氏やディラー氏の「可変性」のあるデザインは、毎回安定的に選ばれています。

選択した後に、日経アーキテクチュアの「特集　有名集合住宅その後」の記事（図2-3-5）を紹介し、自分と居住者の意見の違いを感じてもらうというものです。

そもそも、居住する従前住民は、単身高齢者が多いなかで、至極まっとうですが、TV番組よろしく「なんということでしょう！」というサプライズではなく、もう少し自分たちの暮らしについて聞いてほしかったのかもしれません。

一方で、今の居住者だけでなく、子育て家族など、次に住む居住者像もイメージする必要があり、大規模公営団地における住まいとコミュニティの居場所のデザインも必要になります。

建築に関わる際に、「参加のデザイン」と「時間のデザイン」、そして、完成後の使われ方や検証の重要性を感じてもらう講義の一コマです。

1988年完成（第1期）住棟基本設計提案型の住戸プランに評価は二分。完成以来ほとんど入居のない住戸も

4人の女性建築家が設計した住棟の住戸プランは、互いに大きく異なる。それだけに、住み心地に関する入居者の評価はそれぞれの特性を色濃く反映したものとなり、くっきりと明暗が分かれた。妹島和世棟の評判が芳しくない。「私の住む高橋棟は畳の間だから住みやすい。ホーリー棟は部屋の中に階段があるから、年寄りの私には向かない。それから向こうの棟は…」。建て替え前の同団地から住み替えた60歳代の女性は、各棟を順に指差しながら、それぞれの特徴と住民の評判を話してくれた。各棟に住む住民に尋ねたところ、総じて評判が良かったのは、高橋晶子棟とエリザベス・ディラー棟だ。妹島和世棟とクリスティン・ホーリー棟には、手厳しい意見が目立った。住民の反応が、各棟の住戸プランの特性をそのまま反映していた点が興味深い。

図2-3-5：有名集合住宅その後〔日経アーキテクチュア2006年7月号より〕

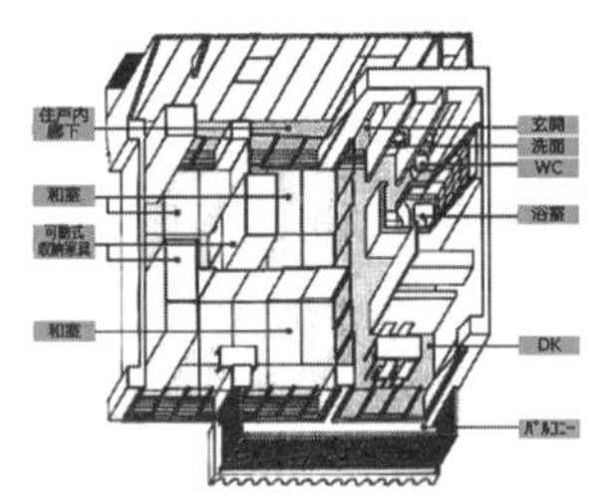

高橋晶子棟
9F 109 戸
田の字型プランに建具屋や可動式家具によって間仕切るデザイン

C.ホーリー棟
10F 107 戸
居室とコモンを分離したメゾネットタイプを採用

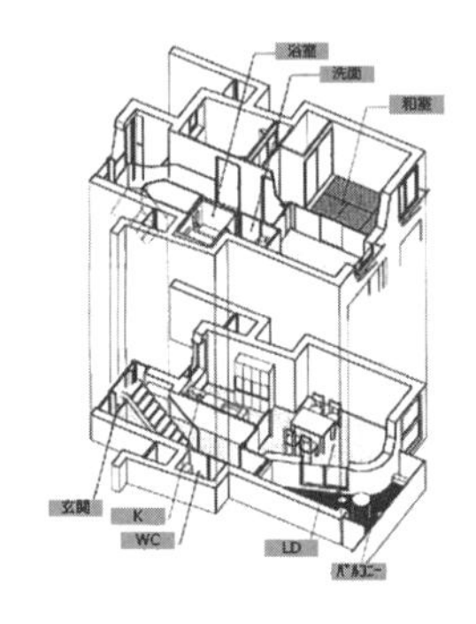

E.ディラー 棟
8F 106 戸
ワンフロアを可動間仕切りで間取り自由度が高いデザイン

妹島和世 棟
10F 107 戸
並列する居室させ、どの部屋からもアクセスできる広縁を介して採光を取ったデザイン

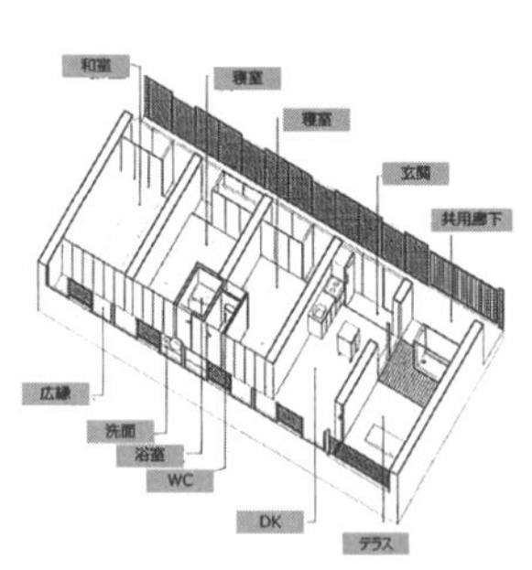

図 2-3-6：岐阜県ハイタウン北方プロジェクト[20]

(3) 改良住宅で実践された、住民参加型によるハウジングデザイン

もう一つ、紹介しておきたい事例があります。それは、住宅地区改良事業等による改良住宅(公的住宅)団地の実践です。この事例の多くは、一度、公的事業によって建設された改良住宅団地の再・再生の取組みです(第Ⅲ部13章)。

事業特性から、従前住民が入居することが前提となった住宅団地ですので、比較的コミュニティが構築されているという特徴がありますが、高齢化や生活困難層の問題、差別の問題など複層的な社会課題と向き合いながら、ハウジングやまちづくりを進めていく必要がある地域の実践です。

残念ながら、これらの取組みは、あまり知られていないのですが、とくに、住民参加型ハウジングとして「コーポラティブ方式」(第Ⅲ部13章 コラム)を取り入れた事例が多く、今後のハウジングとまちづくりにとって多くの知見が蓄積されている実践です。

本稿では2つの実践を取り上げます。まず、北九州市「北方団地」は、「団地づくり委員会」という地域組織をつくり、専門家である設計やコンサルタント事務所・大学(若竹まちづくり研究所/熊本大学延藤安弘研究室)、そして行政が協働して取組んだ実践です。暮らしや住まいをはじめ、間取りや共用空間などについて住民参加型ワークショップが行われ、新しい住宅団地ができあがっていきます。計画的には、リビングを廊下に面して交流を図るリビングアクセスや共用菜園の設置、路地的な空間など、人が出会う場面を創出しながら、持続的なコミュニティ形成を促す計画です。実施後の共有空間の使われ方調査に参加した際に、住戸からの「あふれ出し」がつむぐコミュニティの可能性を感じたことを思い出します[21]。

次に、和歌山県御坊市「島団地」[22]では、住民・行政・専門家(現代計画研究所)・大学(神戸大学平山研究室)が協働する住民参加型のワークショップ方式が採用されました。「立体のまち」というコンセプトどおり、町並みが立体的につながった形状で、立体廊下・路地が各ユニットと住戸をつなぐユニークなデザインです。

特筆すべきは、福祉・生活などに関わる分野横断型の事業やコミュニティ再生にむけた「みなおし会」の設置など、極めて包括的なハウジング事業であったこ

図 2-3-7：島団地遠景

とにあります。建替えにあたる居住者へのヒアリング調査に同行した際には、居住者の様々な想いが吐露されましたが、オンサイトの行政機関である「島団地対策室」職員の方々の誠実で前向きな姿勢に感銘を受けたものです。

(4) 高齢化・環境共生・災害復興

1980 年代から 2000 年代は、新築を中心に新しいモデル住宅団地が建設されていました。国交省と厚労省が連携した**シルバーハウジング**や災害公営**コレクティブ住宅**「ふれあい住宅」や、**環境共生住宅**「世田谷区営深沢環境共生住宅」[23]（70 戸、RC 造・地上 3～5 階・デイホーム、1997）など多様なモデル事業が展開されていきます。

とくに 1987 年に建設省（現 国交省）行政と厚生省（現 厚労省）行政が連携したシルバーハウジングプロジェクトがはじまり、阪神・淡路大震災の被災地では、「ふれあい住宅」というコレクティブ住宅が試行されます（県営 7 団地 232 戸・市営 3 団地 109 戸）[24]。

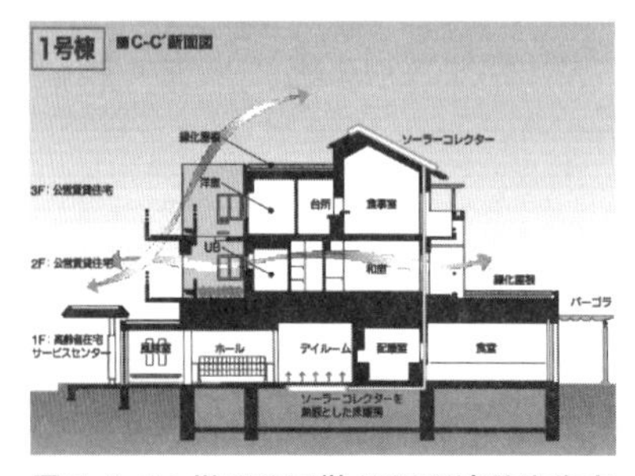

図 2-3-8：世田谷区営 深沢環境共生住宅 環境計画図

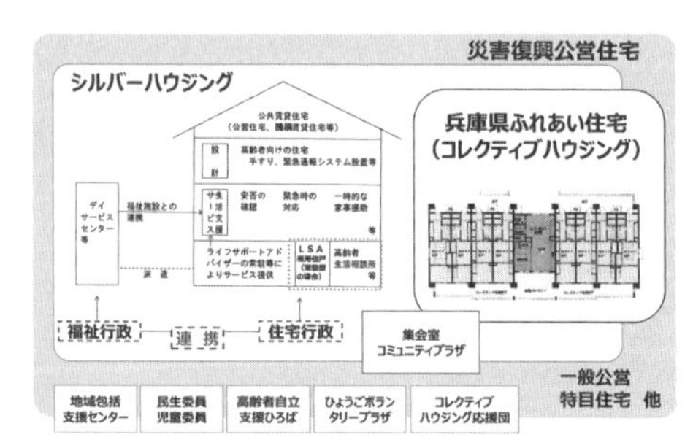

図 2-3-9：シルバーハウジングプロジェクト
兵庫県ふれあい住宅（コレクティブ住宅）

03 団地というエリアをつむぐ ひと・もの・こと

3-1 団地ストック再生とリノベーション

2000年頃から、建設から築30～40年以上経過した団地における居住者の高齢化と建物の老朽化が進行し、団地を含むエリアの活性化が課題になっていきます。

当時76万戸の住宅ストック〔2022年現在 約70万戸（1,459団地）〕を有するUR都市機構や、各地の住宅供給公社において、これまでに多様な実践が積み重ねられています。2010年頃までは、遅々として進まなかったように思いますが、その後一気に実践事例が増え、現在は百花繚乱の状況にあります。

この潮流は、UR都市機構による2009年の**「ルネッサンス計画1・2」**[1]が一つの要因になったといえます。ストック再生方針が策定され、その具体化を図る実

表3-1-1：ルネッサンス計画2「多摩平」の試み

名称	りえんと多摩平	AURA243 多摩平の森	ゆいま～る多摩平の森
事業者	東電不動産㈱	たなべ物産㈱	㈱コミュニティネット
事業方式（建物賃貸期間）	民間事業者賃貸住宅型※（15年）	民間事業者賃貸住宅型※（15年）	民間事業者賃貸住宅型※（20年）
棟数	2棟（244,247号棟）	1棟（243号棟）	2棟（237,238号棟）
改修前戸数	56戸	24戸	64戸
主な用途	・団地型シェアハウス140室 ・共用ラウンジ・シャワー室 ・ランドリー	・菜園付き賃貸住宅24戸 ・貸し菜園 ・小屋付専用庭	・サービス付高齢者向け住宅32戸 ・コミュニティハウス30戸 ・小規模多機能居宅介護施設
主な居住者像	若い社会人 近隣の大学に通う学生	スローライフカップル アクティブシニア子育てカップル	高齢者を中心とした多世代向け
完成時期	平成23年3月	平成23年7月	平成23年10月
WEBサイト	http://www.shareplace.com/project/tamadaira/	http://www.tanabebussan.co.jp/aura243/	https://yuimarl.jp/tamadaira/data/
写真 各WEBサイトより			

※機構が設立した躯体等を民間事業者に賃貸し、民間事業者が内装等を設けて民間賃貸住宅として供給する方法

験は、社会に大きなインパクトを与えました。ルネッサンス計画1は、解体予定の住棟を活用した実証実験で、ルネッサンス計画2は、民間事業者の提案による社会実験でした。とくに「多摩平」の実験は、多様な世帯が共生（ソーシャルミックス）する、洗練された試みであり、次につながるグッドプラクティスだといえます（**表3-1-1**）。

3-2 団地再生にむけた新たな挑戦の時代へ

（1）大学の連携・協働

大学（教育）と団地再生には親和性があるため、全国の大学が、行政やUR都市機構、公社などと連携しています（**表3-2-1**）。主に建築やデザイン、まちづくり系、そして社会学や看護系、国際学部の連携がみられます。拠点運営や居場所形成、イベント支援、学生入居などの特徴があります。なかでも千葉大は、**NPO法人ちば再生リサーチ**[2]を創設し、「シェアスタイルタウン」というコンセプトで、リノベーション事業、子ども支援、起業支援、IoTハウジングなど多岐にわたる事業を展開しています。

① UR都市機構・公社

基本的には、若者や子育て世帯の入居促進を目指した募集メニューに多様さがみられます。UR賃貸では、「近居割」・「U35割」・「そのママ割」・「子育て割」などの対象者を絞った割引制度や、「URライト」・「フリーレント」のような中・短期居住、「ステージセレクト住宅」・「ペット共生住宅」・「ハウスシェア」・「マルチハビテーション」などの多様なライフスタイルを受け止めたメニューもあります(2025年2月現在)。

また、全国の住宅供給公社の取組みも全国的に増えており、たとえば大阪府住宅供給公社では、『SMALIO（スマリオ）』というブランディングで、リノベーションをテーマにした募集に特徴があり、「ニコイチ」・「リノベ45･55」・「L＋DR」・「Re-KATTE」などのメニューを用いて若者や新たな入居者の獲得を目指しています。とくに、リーディング事業である茶山台団地では、住民が主体となったコミュニティ事業が数多く実践されています。不要になった本や子ども向けのおもちゃを持ち寄り、誰もが立ち寄れるサードプレイスとして機能する「茶山台と

表 3-2-1：大学の連携・協働

団地名	大学名	連携主体	活動年月日	市町村名	概要
幸・西郡団地	近畿大学	八尾市	2015 年～	大阪府八尾市	市と大学の連携協定をもとに、まちづくり構想策定、移動支援、学生入居、地域サロン、建替支援、子どもの居場所事
富士見が丘団地	大分県立看護科学大学	大分市	2016 年～	大分県大分市	地（知）の拠点整備事業として、予防的家庭訪問実習を通したまちづくりを実践
左近山団地	横浜国立大学	横浜市、地元自治体	2016 年～	神奈川県横浜市	団地の魅力を発信し、住民との交流を促進するワークショップやイベントを開催
海浜ニュータウン	千葉大学：NPO 法人ちば地域再生リサーチ	千葉市、千葉県	2016 年～	千葉県千葉市	市と連携して団地の調査・再生プロジェクトを展開。現在、NPO 法人として NT 全体でまちづくりを推進。
菱野団地	愛知工業大、南山大学、名城大学	愛知県住宅供給公社、地元自治体	2018 年～	愛知県瀬戸市	空き住棟を学生シェアハウスとして活用。学生が主体となり団地の再生を推進。
男山団地	関西大学	八幡市、京都府住宅供給公社	2018 年～	京都府八幡市	関西大学が八幡市と京都府住宅供給公社と協力し、男山団地の再生プロジェクトを展開。住民参加型のワークショップ
相武台団地	相模女子大学	神奈川県住宅供給公社、商店街組合	2019 年～	神奈川県座間市	商店街や地域住民と連携し、学生が居住しながら地域活動を展開し、コミュニティ活性化を支援。
武庫川団地	武庫川女子大学	西宮市、地元自治体	2019 年～	兵庫県西宮市	旧阪神電鉄の車両を活用し、学生がイベントを企画して地域住民との交流を促進。
高島平団地	東京大学	UR 都市機構、板橋区	2019 年～	東京都板橋区	東京大学と UR 都市機構が協力し、留学生と地域住民の共生をテーマに国際交流を通じた地域活性化を推進。
香里団地	大阪市立大学	UR 都市機構、大阪府住宅供給公社	2020 年～	大阪府寝屋川市	大阪市立大学と UR 都市機構が協力し、DIY による団地リノベーションを実施。学生と住民が共同で団地の空き室を改
竹山団地	神奈川大学	神奈川県住宅供給公社、NPO 法人	2020 年～	神奈川県横浜市	未来研究所「竹山セントラル」や空気研究所を設置し、団地内で実験的な都市環境の研究を推進。
高蔵寺ニュータウン	中部大学	春日井市、地元自治体	2020 年～	愛知県春日井市	学生が団地に居住し、地域イベントの企画・運営を担当し、ニュータウンの活性化を支援。

しょかん」をはじめ、空き家を活用した「やまわけキッチン」では、住民が食事を共にすることで、地域の絆を深める場となっています。また、建設会社と連携した「DIY のいえ」は、住民が自らの手で住環境を改善し、創造的な活動を行うスペースです。これらの取組みは、団地再生プロジェクト「響き合うダンチ・ライフ」の一環として、住民と公社が協力しながら進められています[3]。

このような、集会所や空き家を多様なコミュニティ活動の拠点として活用する事例が全国的に急増しています。いわゆる「居場所」づくりの取組みが展開されているといってよいでしょう。

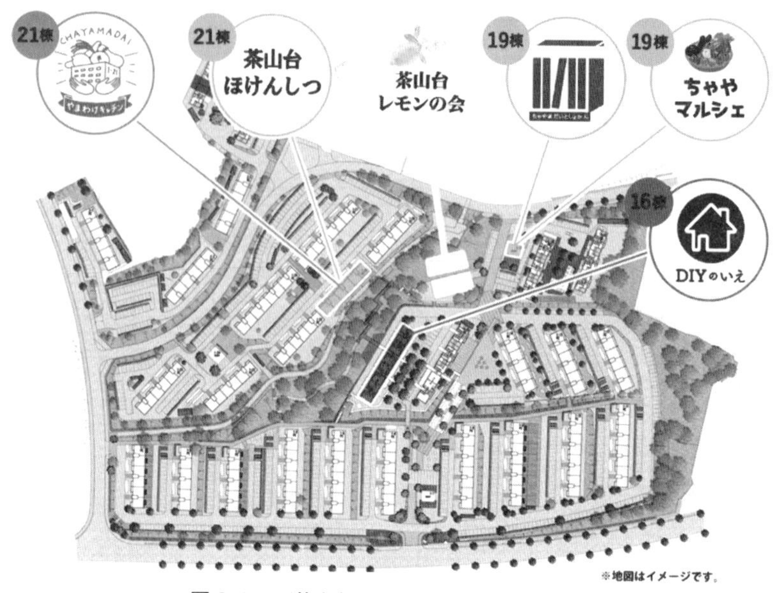

図 3-2-1：茶山台団地のコミュニティ事業

また、他業種事業者との連携も増えており、なかでも無印良品（良品計画）とUR都市機構は、2012年に関西で「MUJI × UR団地リノベーションプロジェクト」[4]（新千里西町、泉北茶山台、リバーサイドしろきた団地）を開始し、新たな2015年以降、全国に展開され、2020年時点で1,000戸をこえています。このモデルは、IKEA、TSUTAYA、東急ハンズなどにも波及し、ニトリは公営住宅（熱海市：若年・子育て世帯向住宅）[5]で実践しています。他にも、コンビニエンスストアや移動スーパーとの連携なども見られるようになりました。

その他、「そうぞうする団地」[6]プロジェクト（取手市 井野団地）では、取手アートプロジェクト（TAP）が住民と協働し、団地の未来の景色を創造する実験的なプログラムが、「団地の未来プロジェクト」[7]（横浜市 洋光台北団地）では、隈研吾や佐藤可士和が参画した、団地の価値向上と地域コミュニティの活性化を目指したリニューアルとして注目されています。また、赤羽台団地（東京都北区）では、「まちとくらしのトライアル実践」というコンペによって選出された「赤羽台農耕団地」[8]が実践中など、メディアに取り上げられる事例も増えてきました。

○ 生活困窮者などの居住支援を行うため、あまがさき住環境支援事業「REHUL（リーフル）」を開始し、支援団体等を中心としたネットワークグループと尼崎市が協定を締結。
○ 各支援団体や地域活動団体に対して、除却前で入居者募集を停止している市営住宅の空き室を低料金で提供することにより、経済的に困難な事情を持つ人等の住宅確保や自立を支援するとともに、自治会を支援し、地域コミュニティの活性化を図る。

■ **実績**
・36戸(公営住宅等総戸数10,312戸)

■ **提供期限**
・各住宅の建替えに伴う移転支援の開始まで（最長でR17年度頃まで）

■ **対象団体**
・生活困窮者の支援や地域コミュニティの活性化を図る団体等

■ **用途**
・対象団体が行う事業の利用対象者の住居やシェルターのほか、対象団体の事務所など

■ **使用料**
・1戸あたり月額6,500円
（別途、共益費、自治会費※などが必要）
※自治会への加入が要件

■ **事業スキーム**

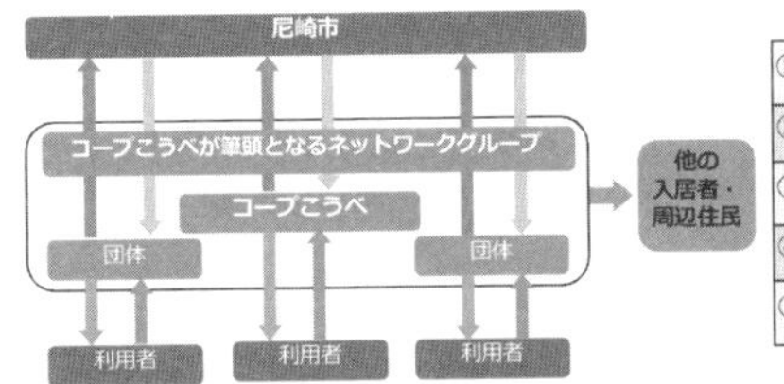

活用中の市営住宅の外観

シェアハウスとして
入居者自身でDIYしている様子

イベント時の様子

図 3-2-2：尼崎市営住宅における民間連携型要配慮者対応住宅[9]

②地方自治体

公営住宅団地では、公営住宅法や立地適正化計画などの規制があるために、UR賃貸や公社のように柔軟に活用することが難しい状況があります。しかし、高齢化する居住者対策や地域コミュニティの活性化はもちろん、とくに住宅要配慮者に対する事業や活動が中心になります。尼崎市営住宅における「コープこうべ」の連携（**図 3-2-2**）や、大阪府営住宅におけるハローライフの引きこもり若者支援[10]などは特徴的な実践です。

3-3 時間デザインの不在：入居者と建物のエイジング、戸建住宅団地の危機

前項までは、とくに公共賃貸やUR賃貸等の共同住宅団地が中心でしたが、国交省が全国の地方公共団体に対して実施した「**住宅団地の実態に関する調査**」[11]によると、全国の市町村が認識しているものが2,866団地。面積ベースで、約半分が三大都市圏に立地しています。そして、100ha以上の大規模住宅団地のうち、公的賃貸住宅またはURや公社の賃貸住宅を含まないものが約7割。全団地の約半分の団地は戸建住宅のみで、戸建住宅を含む団地が9割を占めています。

また、この調査では、短期間に一気に開発されたNTや住宅団地では、住民の高齢化と住宅や施設等の老朽化やバリアフリー未対応、子どもの減少による小中学校廃校、そして空き家や空き地の増大が課題になっていると指摘しています。

市区町村の意識については、6割が「問題意識あり」としているものの、7割が取組みをしていません。その理由として「ノウハウの不足」、「人的資源の不足」をあげ、医療・福祉分野の行政需要の増大によって、公的支援だけに頼る困難さをあげています。また、取組みをしている約2割においても、「高齢者対応」「若年世帯転入促進」「空き家利活用支援」などの対処療法的な取組みにとどまっています。一方で、地域や団地による格差も生まれてきています。人口移動状況（過去5年間）をみると、団地計画に時間をデザインしていなかったことで、まちの新陳代謝が行われずに、オールドタウン化している現状を示しています。

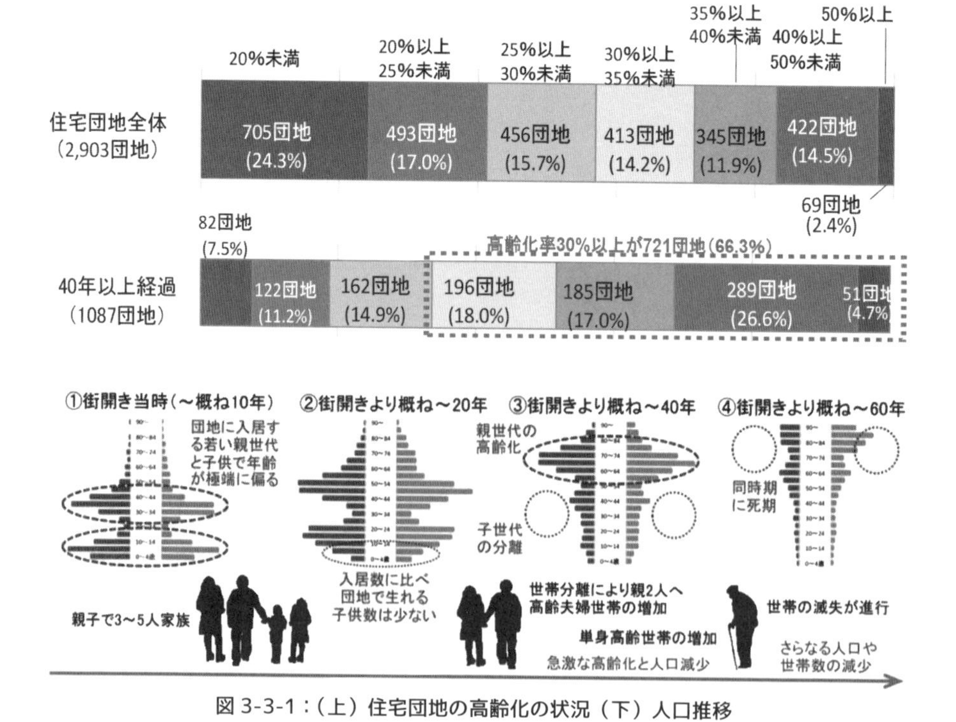

図3-3-1：(上) 住宅団地の高齢化の状況 (下) 人口推移

3-4 「日常生活圏」における住宅と施設機能の再構築

政府は、2024 年 10 月に改正地域再生法を施行し、官民共創による住宅団地の再生が進めようとしています[12]。とくに、住宅団地の再生に際して、**「日常生活圏」**において、機能の再構築を図る施策を整備しています。主な施策としては、**「住宅市街地総合整備事業（住宅団地ストック活用型）」、「スマートウェルネス住宅等推進事業」**などがあります。とくに、「地域居住機能再生推進事業」では、NPO 法人等の非営利法人または地域再生の推進を図る活動を行うことを目的とする会社を自治体が地域再生推進法人として指定し、直接交付可能にしている点が特筆できます。過疎化が進

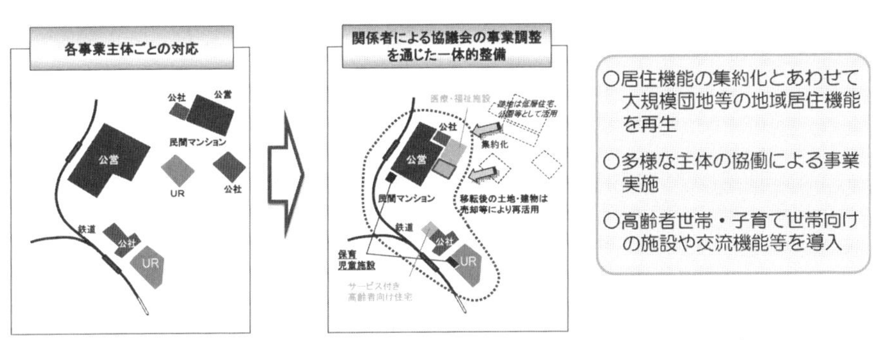

図 3-4-1：地域居住機能再生推進事業における機能再生のイメージ

図 3-4-2：地域居住機能再生推進事業の概要

む団地では「移動スーパー」や「コミュニティバス」などの導入が進められています。

廃校を活用した多世代交流拠点施設の整備
高蔵寺ニュータウン（愛知県春日井市）

●実施主体：市、高蔵寺まちづくり株式会社（指定管理者）
●取組内容：多世代が交流する拠点の形成を目指し、旧小学校施設周辺の用途地域を第一種中高層住居専用地域から第一種住居地域へ用途地域を変更し、同施設を活用した多世代交流拠点施設として、2018年「高蔵寺まなびと交流センター（愛称：グルッポふじとう）」を開所。図書館、児童館、コミュニティカフェ等の複合施設で、まちづくり会社が管理・運営を担う。

低層住宅地にコンビニ併設型コミュニティ施設を整備
上郷ネオポリス（神奈川県横浜市）

●実施主体：地域住民、一般社団法人、民間事業者
●取組内容：商業施設の建設ができない第一種低層住居専用地域に、建築基準法48条ただし書き許可を受けコンビニ併設型コミュニティ施設「野七里テラス」をオープン。地域住民が立ち上げた一般社団法人がボランティアを募集し、店舗運営の支援や施設内外の美観整備、イベントの企画・運営を担う。コミュニティスペースは地域住民の憩いの場として機能を果たしている。

空き家を活用したコミュニティ拠点の整備
緑が丘ネオポリス（兵庫県三木市）

●実施主体：民間事業者
●取組内容：築46年の戸建住宅を子どもから高齢者まで気軽に立ち寄れるようバリアフリー設計を取り入れたコミュニティ拠点に改修。日常的な利用に加え、多世代が交流できるイベントを開催している。

官民連携による買い物支援事業
大和地区等（兵庫県川西市）

●実施主体：市、民間事業者、社会福祉協議会
●取組内容：民間事業者が市、社会福祉協議会、自治会等と連携し、住宅団地内の公園や自治会館等において移動販売を実施。買い物に出かけるのが難しい地域において、自宅近くで直接品物を見て買い物が可能になるほか、地域交流の場になること等が期待される。このほかにも、実店舗への送迎を実施している。

廃校にサテライトオフィス、高齢者介護事業所等を整備
東小川住宅団地（埼玉県小川町）

●実施主体：町、民間事業者
●取組内容：第一種低層住居専用地域から第一種住居地域へ変更し、旧小学校・旧中学校にサテライトオフィス、コワーキングスペース、カフェスペース等を整備。今後、お試し居住用賃貸住宅、子育て支援施設、高齢者介護事業所等の整備も予定している。

町田市提供

町田市提供

グリーンスローモビリティを活用した高齢者送迎事業
鶴川団地（東京都町田市）

●実施主体：社会福祉法人
●取組内容：高齢者に対する買い物等の送迎サービスに、グリーンスローモビリティを活用。4人乗りゴルフカート型車両2台が団地と鶴川団地センター名店街の間を運行。団地居住の高齢者が年間登録料500円で利用可能。グリーンスローモビリティによる自家用有償旅客運送としては全国初の事業化。

図 3-4-3：地域居住機能再生推進事業の事例

04 住宅セーフティネットとハウジング

4-1 住宅確保要配慮者の実態

わが国の住宅政策は、2006年に制定された「**住生活基本法**」が根本法になりますが、とくに住宅に困窮する世帯に対し、2007年に「住宅セーフティネット法」が制定されました[1]。この法律により、**住宅確保要配慮者**の支援が制度化され、住まいの確保を支える枠組みが整えられました。主に、①住宅確保要配慮者の入居を拒まない賃貸住宅の登録制度、②専用住宅の改修・入居への経済的支援、③住宅確保要配慮者のマッチング・入居支援で構成されていますが、2017年の改正では、民間賃貸住宅の活用促進や居住支援法人の指定制度が導入され、さらなる実効性の向上が図られました（**図4-1-1**）。2024年には追加の支援策が導入され、より幅広い支援が提供されつつあります。

ここでいう「住宅確保要配慮者」とは、①低額所得者、②被災者、③高齢者、

住宅確保要配慮者の範囲

① 低額所得者
（月収15.8万円（収入分位25%）以下）
② 被災者（発災後３年以内）
③ 高齢者
④ 障害者
⑤ 子ども（高校生相当まで）を養育している者
⑥ 住宅の確保に特に配慮を要するものとして国土交通省令で定める者

国土交通省令で定める者

・外国人　等
（条約や他法令に、居住の確保に関する規定のある者を想定しており、外国人のほか、中国残留邦人、児童虐待を受けた者、ハンセン病療養所入所者、ＤＶ被害者、拉致被害者、犯罪被害者、矯正施設退所者、生活困窮者等）
・東日本大震災等の大規模災害の被災者
（発災後３年以上経過）
・都道府県や市区町村が供給促進計画において定める者

※　地域の実情等に応じて、海外からの引揚者、新婚世帯、原子爆弾被爆者、戦傷病者、児童養護施設退所者、ＬＧＢＴ、ＵＩＪターンによる転入者、これらの者に対して必要な生活支援等を行う者などが考えらえる。

住宅の登録基準

○ 規模
・床面積が一定の規模以上であること
※ 各戸25㎡以上
　ただし、共用部分に共同で利用する台所等を備えることで、各戸に備える場合と同等以上の居住環境が確保されるときは、18㎡以上
※ 共同居住型住宅の場合、別途定める基準
○ 構造・設備
・耐震性を有すること
・一定の設備（台所、便所、浴室等）を設置していること
○ 家賃が近傍同種の住宅と均衡を失しないこと
○ 基本方針・地方公共団体が定める計画に照らして適切であること　　等

共同居住型住宅の基準

○ 住宅全体
・住宅全体の面積15 ㎡ × N ＋ 10㎡以上（N:居住人数、N≧２）
○ 専用居
室専用居室の入居者は１人とする
・専用居室の面積９㎡以上（造り付けの収納の面積を含む）
○ 共用部分
・共用部分に、居間・食堂・台所、便所、洗面、洗濯室（場）、浴室又はシャワー室を設ける
・便所、洗面、浴室又はシャワー室は、居住人数概ね５人につき１箇所の割合で設ける

※ 地方公共団体が供給促進計画で定めることで、耐震性等を除く基準の一部について、強化・緩和が可能
※ １戸から登録可能

図4-1-1：住宅確保要配慮者の範囲と登録住宅の基準

④障害者、⑤子ども（高校生相当まで）を養育している者、⑥住宅の確保にとくに配慮を要する者、という6つの範囲があり、⑥については、国交省（省令）で定めた、災害時要配慮者や各自治体が定めたもの、外国人等という範囲が示されています。

しかし「住宅要配慮者」は、それぞれが異なる事情を抱えており、住宅の確保においてさまざまな課題があります。ここでは、各要配慮者の課題を概観します。

①高齢者

日本の65歳以上の高齢者は約3,600万人（総人口の29.1%）に達しており、世界でも有数の高齢化社会となっています[2]。単身高齢者の増加も顕著で、2020年には男性約200万人、女性約400万人が単身世帯で、孤立や生活支援の不足が深刻な課題です[3]。高齢者向け住宅の不足や、賃貸市場での入居拒否問題も依然として解決されていません。

②障害者（身体・知的・精神）

障害者手帳を持つ人は約964万人[4]。種類別では、身体障害者約436万人、知的障害者約120万人、精神障害者約408万人が確認されており、それぞれ支援ニーズが異なります。公共住宅や民間賃貸ではバリアフリー住宅の整備が進んでいますが、精神障害者の住宅確保は困難な状況にあります。

③ひとり親世帯・子ども・DV被害者

日本のひとり親世帯は約140万世帯[5]。そのうち、母子家庭の貧困率は44.5%とOECD加盟国の中でもとくに高く、安定した住居の確保が課題です。育児と仕事の両立が困難なため、低所得世帯向け住宅や家賃補助の拡充が求められています[6]。

日本の子どもの貧困率は13.5%[7]で、ひとり親世帯ではさらに高い傾向にあります。児童養護施設の入所児童は約30,000人にのぼり、家庭養護や支援型住宅の拡充が求められています。貧困家庭の子どもへの食料支援や教育機会の確保も大きな課題です。

また、関連する要配慮者にDV被害者がいます。DV被害の相談件数は年間約13万件[8]にのぼり、シェルターの受け入れ枠は限られています。被害者の多くは子どもを抱えており、住宅問題が深刻です。とくに、賃貸契約時の保証人の問題が障壁となることが多く、住宅支援の拡充が求められています。

その他にも、児童虐待や家庭の事情により約30,000人の子どもが児童養護施設や里親のもとで生活しています[9]。しかし、18歳で施設を退所した後の住居確保が大きな課題となっています。多くの退所者は、保証人や十分な収入がないために民間賃貸の契約が難しく、就学や就労を継続しながら安定した住まいを確保することが困難です。

④被災者

2024年1月の能登半島地震により、避難者数は最大約3万人に達しました[10]。2025年の1月時点では、石川県内では2024年9月の奥能登豪雨と合わせ、20,699人が仮住まいや避難を余儀なくされています。住宅被害は4県で計15万棟。2025年には、災害公営住宅約3,000戸など恒久的な住まいの整備が本格化します。また、災害公営住宅の空き家問題やコミュニティ再生に課題があります。

⑤ホームレス

日本のホームレス人口は2,820人（2024年調査）[11]とされていますが、この数字にはネットカフェ難民などが含まれておらず、実際の数はさらに多いと推測されています。

近年、ホームレス支援は一時的な宿泊提供だけでなく、自立支援を含む包括的な施策へと変化しており、とくに中間的就労を含めた雇用支援や地域とのつながりを強化しています。生活保護申請については、住所不定でも制度上は申請可能になりましたが、運用上は困難な場合も多く、家主からの忌避も今なお問題であり、持続的な社会復帰が実現できるかという課題があります。

⑥その他（引きこもり若者・LGBTQ・刑余者・中国残留邦人など）

○引きこもり若者：15～64歳の引きこもりは約146万人[12]と推計され、10年以上にわたる長期化ケースも増えています。親と同居しているものの、親の高齢化に伴い「8050問題」（親80代、子50代）が社会問題化しています。自立を支援するための住宅提供や就労支援が急務です。

○ LGBTQ：LGBTQの人々のうち、約40%が「住宅差別を経験した」と報告されています[13]。同性パートナーの住宅確保や、LGBTQフレンドリー住宅整備が進められているものの、支援はまだ不十分な状況です。

○刑余者：元受刑者については、出所後の住居が確保できない刑余者は約3割に達し[14]、再犯防止の観点からも住居支援が求められています。とくに、社会復帰を支援する施設やシェルターの不足が課題となっています。

○中国残留邦人：戦後、中国に取り残された中国残留邦人は約 2,300 人[15]。帰国後の生活基盤が脆弱で、年金受給の困難さや住宅支援の不足が問題視されています[16]。

なお、実際の現場では、これら課題が単独で表出することはなく、複合的・複層的に表れることを忘れてはなりません[1]。

住宅確保要配慮者等と居住支援に関わって、対象者、法制度と関係省庁、そして住宅や施設など、かなり複雑な関係のなかにあって、わかりにくく、見えにくい状態にあります。本稿ではこの複雑な横断の仕組みを示す見取り図(**図 4-1-2**)を示しておきます。主に、公営住宅が横断的に担っていることがわかりますが、経験上、緊急性が高い事案や制度上困難な事案も多く、また対象者が複合的な特性を持つこともあり、各現場では（無意識的に）この複雑な状態に対応しているというのが実情でしょう。

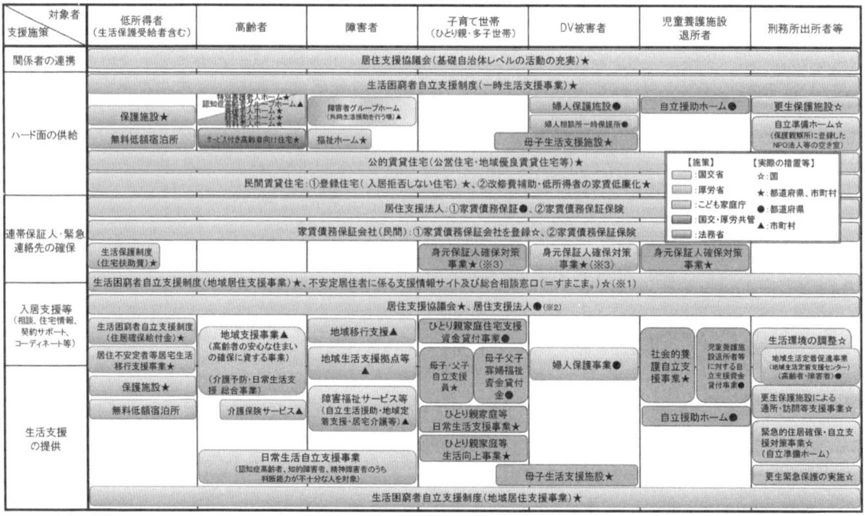

<table>
<tr><th>支援施策＼対象者</th><th>低所得者
(生活保護受給者含む)</th><th>高齢者</th><th>障害者</th><th>子育て世帯
(ひとり親・多子世帯)</th><th>DV被害者</th><th>児童養護施設
退所者</th><th>刑務所出所者等</th></tr>
<tr><td>関係者の連携</td><td colspan="7">居住支援協議会(基礎自治体レベルの活動の充実)★</td></tr>
<tr><td rowspan="4">ハード面の供給</td><td colspan="7">生活困窮者自立支援制度(一時生活支援事業)★</td></tr>
<tr><td>保護施設★
無料低額宿泊所</td><td>特別養護老人ホーム★
認知症高齢者グループホーム▲
養護老人ホーム★
軽費老人ホーム★
有料老人ホーム★
サービス付き高齢者向け住宅★</td><td>障害者グループホーム
(共同生活援助を行う場)▲
福祉ホーム★</td><td colspan="2">婦人保護施設●
婦人相談所一時保護所●
母子生活支援施設★</td><td>自立援助ホーム●</td><td>更生保護施設☆
自立準備ホーム☆
(保護観察所に登録したNPO法人等の空き室)</td></tr>
<tr><td colspan="7">公的賃貸住宅(公営住宅・地域優良賃貸住宅等)★</td></tr>
<tr><td colspan="7">民間賃貸住宅:①登録住宅(入居拒否しない住宅)★、②改修費補助・低所得者の家賃低廉化★</td></tr>
<tr><td rowspan="3">連帯保証人・緊急連絡先の確保</td><td colspan="7">居住支援法人:①家賃債務保証●、②家賃債務保証保険</td></tr>
<tr><td colspan="7">家賃債務保証会社(民間):①家賃債務保証会社を登録☆、②家賃債務保証保険</td></tr>
<tr><td>生活保護制度
(住宅扶助費)★</td><td></td><td></td><td>身元保証人確保対策事業★(※3)</td><td>身元保証人確保対策事業★(※3)</td><td>身元保証人確保対策事業★</td><td></td></tr>
<tr><td rowspan="2">入居支援等
(相談、住宅情報、契約サポート、コーディネート等)</td><td colspan="7">生活困窮者自立支援制度(地域居住支援事業)★、不安定居住者に係る支援情報サイト及び総合相談窓口(＝すまこま。)☆(※1)</td></tr>
<tr><td colspan="7">居住支援協議会★、居住支援法人●(※2)</td></tr>
<tr><td rowspan="2">生活支援の提供</td><td>生活困窮者自立支援制度
(住居確保給付金)★
居住不安定者等居宅生活移行支援事業★
保護施設★
無料低額宿泊所</td><td>地域支援事業▲
(高齢者の安心な住まいの確保に資する事業)
(介護予防・日常生活支援 総合事業)
介護保険サービス▲</td><td>地域移行支援▲
地域生活支援拠点等▲
障害福祉サービス等
(自立生活援助・地域定着支援・居宅介護等)▲</td><td>ひとり親家庭住宅支援資金貸付事業●
母子・父子自立支援員★
母子父子寡婦福祉資金貸付金●
ひとり親家庭等日常生活支援事業★
ひとり親家庭等生活向上事業★</td><td>婦人保護事業●
母子生活支援施設★</td><td>社会的養護自立支援事業★
児童養護施設退所者等に対する自立支援資金貸付事業●
自立援助ホーム●</td><td>生活環境の調整☆
地域生活定着促進事業
(地域生活定着支援センター)
(高齢者・障害者)●
更生保護施設による通所・訪問等支援事業☆
緊急的住居確保・自立支援対策事業☆
(自立準備ホーム)
更生緊急保護の実施☆</td></tr>
<tr><td></td><td colspan="2">日常生活自立支援事業
(認知症高齢者、知的障害者、精神障害者のうち判断能力が不十分な人を対象)</td><td colspan="4"></td></tr>
<tr><td></td><td colspan="7">生活困窮者自立支援制度(地域居住支援事業)★</td></tr>
</table>

【施策】 :国交省 :厚労省 :こども家庭庁 :国交・厚労共管 :法務省
【実際の措置等】 ☆:国 ★:都道府県、市町村 ●:都道府県 ▲:市町村

(※1)すまこま。は「入居支援等」について対応。
(※2)居住支援協議会等活動支援事業により、国による直接補助を実施(R3より、住宅と福祉の連携強化促進のため、地方公共団体を補助対象に追加)
(※3)ひとり親及びDV被害者は、母子生活支援施設や婦人保護施設等の施設退所者に限る。

図 4-1-2：住宅確保要配慮者等に対する居住支援施策（見取り図）[17]

4-2 住宅セーフティネット法の背景と制度の変遷

このような住宅要配慮者が抱える課題は多く、住まいの確保はますます難しくなっています。本来、公営住宅がその一翼を担うことになっていますが、現状としては、新規・直接の住宅供給数は増えず、また厳格な入居基準があるため、柔軟な対応が難しいという課題を抱えています。

その一方で、民間の賃貸住宅市場では空き室が増加していることからも、この未活用の住宅を活用できれば、住宅確保要配慮者の支援と空き家対策の両立が可能になります。

とくに、2024年の住宅セーフティネット法の改正では、住宅確保要配慮者の支援を強化するために重要な措置が講じられました。主な改正点は、①住宅セーフティネット制度の対象拡大、②家賃補助の充実、③居住支援法人の役割強化です。国交省と厚労省が共同で**『住宅・福祉連携の基本方針』**を策定し、市区町村による**『居住支援協議会』の設置**が促進されます。主な改正点は、①大家と住宅確保要配慮者の双方が安心して利用できる市場環境の整備、②居住支援法人等が入居中サポートを行う賃貸住宅の供給促進、③住宅施策と福祉施策が連携した地域の

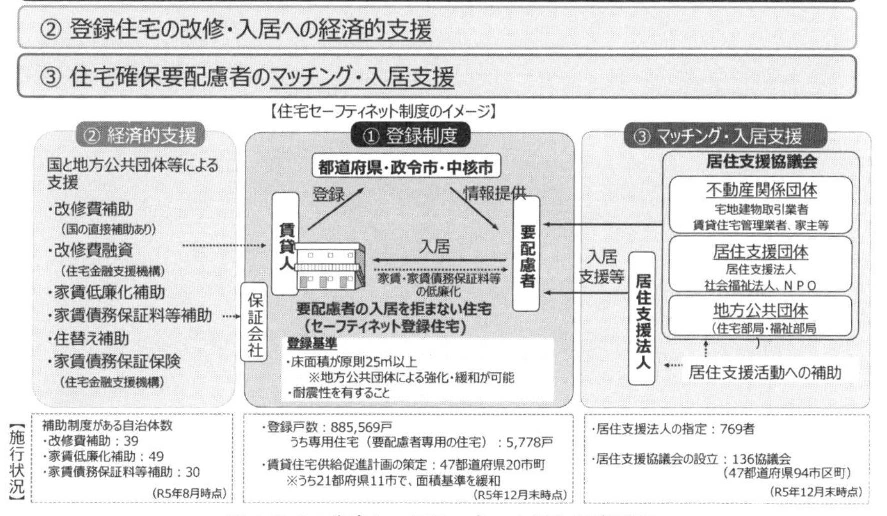

図 4-2-1:住宅セーフティネット法と制度概要

居住支援体制の強化です。なかでも、ひとり親家庭やLGBTQなど多様な層が支援対象に含まれるようになり、また、家賃補助制度が改善され、低所得者層の住宅確保がより容易に、かつ地域で柔軟に運用できるようになりました。さらに、居住支援法人が提供するサービス拡充と、要配慮者が利用しやすい家賃債務保証業者の設置住宅供給者の連携強化が進められています（**図4-2-1**）。

4-3 居住支援における横断的施策と「地域」への広がり

2012年に厚生労働省から出された「**地域包括ケアシステム**」[18]は、高齢者が住み慣れた地域で安心して暮らせるよう、住まい・医療・介護・予防・生活支援を一体的に提供する仕組みを示したものです(約30分以内に必要なサービスが提供される日常生活圏域;中学校区を想定)。住まいの確保だけでなく、生活全般にわたる包括的な支援を通じて、高齢者の地域社会での継続的な生活を支えています。この方針は、2025年が完了年なので今後の展開に注視したいと思います。

また、2016年に提示された「**我が事・丸ごと**」[19]**政策**は、福祉分野を横断的に統合し、地域住民全体が支え合う仕組みを構築するという大きな政策ですが、現在、 地域共生社会の実現に向けた支援策の一環として、高齢者・障害者・子育て世代が支え合う地域福祉モデルとして、自治体での実践が進められています。

とくに社会福祉法の改正により、社会的孤立をはじめとして、生きる上での困難・生きづらさはあるが既存の制度の対象となりにくいケースや、いわゆる「8050」やダブルケアなど個人・世帯が複数の生活上の課題を抱えており、課題ごとの対応に加えてこれらの課題全体を捉えて関わっていくことが必要なケースなどが明らかとなっていたことから「**重層的支援体制整備事業**」(2021) が創設されました[20]。地域住民が抱える課題を解決するために、属性を問わない包括的な支援体制の構築を、市町村が、創意工夫をもって円滑に実施するための制度で、「相談」「参加支援」「地域づくり」を一体的に実施する事業で、現在の福祉分野の重点施策の一つです。

一方、このように政府は、『地域共生型社会』や『生涯活躍のまち』の推進を通じて、制度の縦割りを超えた「ごちゃまぜ」のコミュニティづくりを推進してい

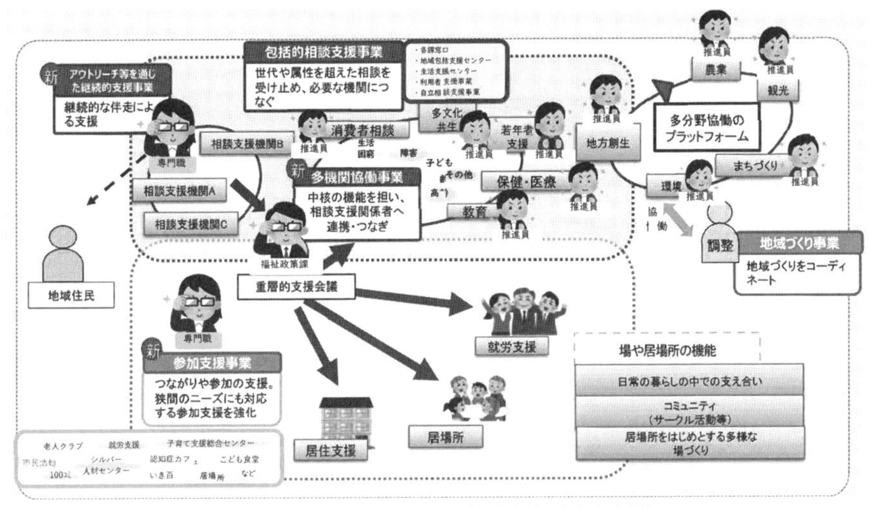

図 4-3-1：重層的支援体制整備事業（生駒市）[21]

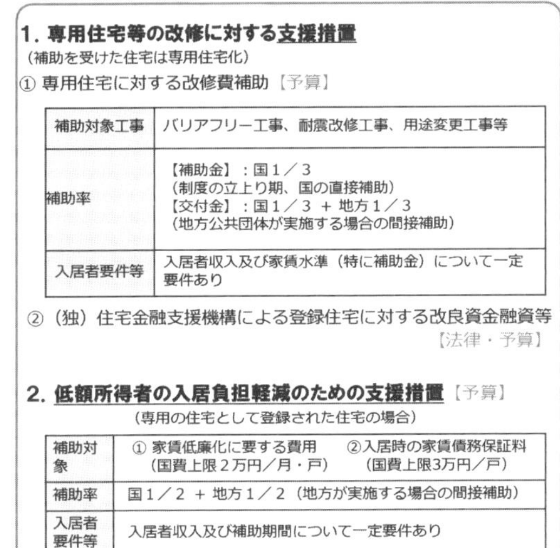

支援措置の概要

1. 専用住宅等の改修に対する支援措置
（補助を受けた住宅は専用住宅化）

① 専用住宅に対する改修費補助【予算】

補助対象工事	バリアフリー工事、耐震改修工事、用途変更工事等
補助率	【補助金】：国１／３ （制度の立上り期、国の直接補助） 【交付金】：国１／３ ＋ 地方１／３ （地方公共団体が実施する場合の間接補助）
入居者要件等	入居者収入及び家賃水準（特に補助金）について一定要件あり

②（独）住宅金融支援機構による登録住宅に対する改良資金融資等
【法律・予算】

2. 低額所得者の入居負担軽減のための支援措置【予算】
（専用の住宅として登録された住宅の場合）

補助対象	① 家賃低廉化に要する費用 （国費上限２万円／月・戸） ②入居時の家賃債務保証料 （国費上限3万円／戸）
補助率	国１／２ ＋ 地方１／２（地方が実施する場合の間接補助）
入居者要件等	入居者収入及び補助期間について一定要件あり

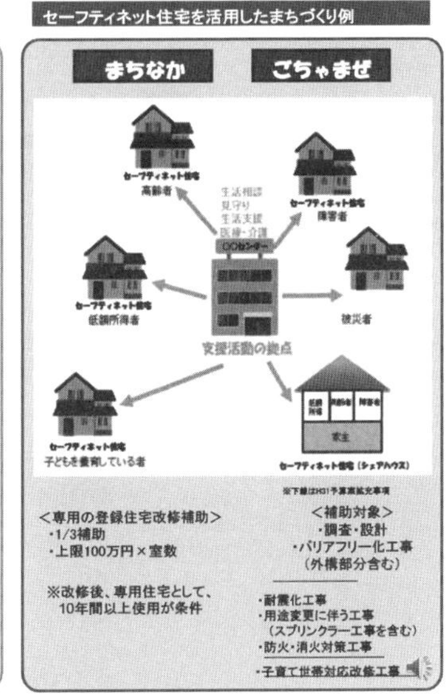

図 4-3-2：専用住宅の改修・入居への経済的支援制度[22]〔国交省資料より〕

ます。これらの取組みは、多世代共生型の都市開発や住宅施策の指針として位置づけられており、住宅セーフティネット制度などと連携し、住まい・福祉・地域の融合を図る取組みが各地で進行しています。今後も「住まいとコミュニティの連携強化」を目指し、まちづくりの中で福祉施設や医療機関、子育て支援施設の併設推進が強化されています。各自治体が相談窓口の一本化や支援の包括化を進め、住宅だけでなく、生活や就労の課題を抱える人々を支援する仕組みを整えています。

4-4 住宅確保要配慮者をめぐる施設と住宅

(1) バリアフリーとハウジング

とくに、住宅確保要配慮者のなかでも、高齢者や障害者の住まいにおいて、バリアフリー対応は、重要な要素になります。

厚生労働省の「令和4年人口動態統計」[23]によれば、高齢者の転倒・転落・墜落による死亡者数は1万809人で、交通事故による死亡者数の5倍以上となっています。浴室でのヒートショックや溺死者のうち、65歳以上の高齢者が全体の約9割を占めているというデータ（2019年人口動態統計）など、適切なバリアフリー設計（対策）によって、事故予防につなげる必要があります。

関連する法制度には、**「バリアフリー法」**[24]（建築物・交通機関・都市環境全般に関し、とくに建築設計標準が設定されており、2025年より、建築設計標準・バリアフリー基準が見直されます[25]。）、と**「福祉のまちづくり条例」**（各都道府県・市町村が独自に制定する条例で、バリアフリー法基準よりも、厳しい基準を設定可能）があります。

その他、年齢や身体的特徴を問わず誰もが使いやすい**「ユニバーサルデザイン」**も重視されています。音声操作が可能なIoT設備、視認性の高いカラーユニバーサルデザイン、振動や光の通知システムなど、その人の特性に応じたライフスタイルに対応した住まいが求められています。快適性と安全性を両立しながら、誰にとっても住みやすい環境を整える住宅設計が重要になるでしょう。

(2) 地域共生のリアル

近年、日本の高齢者や障害者の福祉施策は、「施設中心」から「地域共生」へと移行しており、高齢者や障害者が社会の一員として地域で生活できる環境整備が進んでいます。ここでは、障害者の視点からみてみましょう。

「障害者総合支援法」(2013年施行）は、障害者福祉の基幹となる法律で、身体・知的・精神障害の別をなくし、必要に応じた支援を提供する法律です。2024年4月1日より、障害者に関する法律制度が改正・施行されました。今回の改正では、障害者が住み慣れた地域で安心して暮らし、働けるよう、住宅や地域支援の充実が重要なテーマとなっています。住まいと地域に関連する部分としては、

①障害者差別解消法の改正（地域・住宅での配慮の義務化）[26]

これまで公的機関のみ義務化されていた「合理的配慮の提供」が、民間企業にも義務づけられました。例えば、賃貸住宅の貸し出しにおいて、障害を理由に入居を拒否することは違法となります。また、バリアフリー対応の住宅を求める障害者に対し、合理的な範囲で間取りの調整や、補助器具の設置を許可する配慮が求められます。

②障害者総合支援法の改正（地域生活の支援強化）[27]

障害者が地域で安心して暮らせるよう、住宅・地域生活支援が大幅に強化されました。主な特徴は、障害者が共同生活を営むグループホームの支援内容が明確化され、入居者の生活支援の充実や、施設の質の向上を求めています。また、障害者が緊急時に支援を受けられる体制を強化するため、各自治体で「地域生活支援拠点」の設置が進められています。例えば、突然の介護者不在時に短期間利用できる支援施設の整備が促進されています。そして、「地域移行支援の強化」があり、施設や病院から地域社会へ移行する障害者のための支援制度も強化されました。

③障害者雇用促進法の改正（住環境と雇用の両立）[28]

障害者が働きながら地域で安定した生活を送れるよう、短時間労働の雇用機会が拡大されました。短時間労働（週10時間以上）の雇用率算定、在宅勤務・テレワークの推進、職場環境のバリアフリー化などが求められるようになりました。

(3) まちに開くか閉じるか：施設コンフリクト

一方、障害者・高齢者・児童養護施設をはじめ、生活保護受給者向けの施設、刑余者（出所者）向けの更生施設、精神障害者向けグループホーム、DV被害者シェ

ルター など、「迷惑施設」として敬遠されるという現実もあります。

反対する住民の懸念として、治安の悪化、地価の下落、騒音、施設利用者とのトラブルなどを挙げています。

例えば、出所者や精神障害者が安定した生活を送るためには、適切な住環境が不可欠ですが、住民の不安や偏見から受け入れが難しい現状があります。不動産業者も、オーナーや近隣住民の意向を考慮し、賃貸契約を避けたり、告知をためらうことが少なくありません。結果として、刑余者や精神障害者は住居が見つからず、不安定な生活を余儀なくされ、社会復帰が妨げられることがあります。

施設に対する、また人に対する正しい情報、支援の有無をはじめ、認知する機会や情報を得ることが重要となっています。

一方、DV 被害者のためのシェルターは、異なる形での「地域との関わり方」が問われる施設です。加害者から逃れるために居場所を隠す必要がある一方で、被害者が孤立しないためのつながりも求められます。そのため、近年では、周囲と適度な距離を保ちつつ支援を受けられる仕組みが模索されています。例えば、一般住宅に見える支援施設や、関係者のみが利用できる交流スペースを設けるなどの工夫が進められています。

このような施設コンフリクトを解決するには、住民の理解を得ながら、支援を必要とする人々の生活環境を整えていくことが不可欠です。行政や事業者は、住民との対話を深め、情報を適切に提供しながら、自然な出会いの場の創出が不可欠であり、緩やかに合意形成を進めていく必要があります。

ただし、すべての施設が単純に地域とのつながりを強めればよいわけではありません。一定の「閉じた環境」を維持しつつ、安全とプライバシーを確保することが最優先となる施設もあります。それぞれの施設の特性に応じた「まちとの関係性」を柔軟に設計し、個別の対応を進めていくことが求められます。

4-5 共生とケアを支える住まいの未来:矛盾をこえる社会のイメージは?

日本の社会は、少子高齢化や単身世帯の増加、所得格差の拡大など、大きな変化に直面しています。こうした課題に対応し、人々が安心して暮らせる住環境を整えるためには、従来の住宅政策や福祉制度だけではなく、新たな視点を取り入れたハウジング戦略が求められます。

(1) 施設依存からの脱却と地域共生型すまいづくり

これまで日本の高齢者福祉は、特別養護老人ホームや介護施設への入所を中心とする「施設依存型」でした。しかし、施設不足や人手不足が深刻化する中で、高齢者自身の「住み慣れた地域で暮らし続けたい」という希望を実現するために、新たな選択肢が求められています。

ここで、この分野で用いられるキーワードを示しておきます。まず、**「ケア・イン・プレイス」(Care in Place)**[29]は、施設ではなく、地域や自宅でケアを受けながら生活する仕組みを指します。また、**「エイジング・イン・プレイス」(Aging in Place)**[30]は、高齢者が自宅や地域で最期まで安心して暮らせることを示します。**「ケアリングコミュニティ」(Caring Community)**[31]とは、住民同士が支え合い、必要なケアやサポートを提供し合える仕組みを持つ地域のことです。さらに、**「ソーシャル・キャピタル」(社会関係資本)**[32]とは、信頼・規範・ネットワークという3つの要素からなる、人と人とのつながりが価値を生みだす資源のことです。

ともあれ、「共生型すまいづくり」の推進において、地域資源を活用しつつ、福祉機能を備えた「すまい」と「まち」を一体的に構築することが肝要でしょう。

(2) スマートウェルネスと IoT 技術の活用

これらを展開するための事業の一つに、国交省の**「スマートウェルネス住宅等推進事業」**[33]があります(**図4-6-1**)。主な取組みは以下の6つがありますが、全国でモデル事業支援することで、様々な実践が積み重ねられてきていることは特筆すべき成果だと考えます。

①サービス付き高齢者向け住宅の整備を促進し、補助を提供
②既存住宅の改修(バリアフリー化、省エネ・耐震改修)を支援
③高齢者の地域生活を支える住宅環境整備(シェアハウスや見守りシステム)
④多世代交流型住宅の整備を進め、地域ぐるみの支え合いを促進

⑤地域生活拠点型の再開発と連携し、高齢者が住みやすい都市を形成
⑥子育て支援型住宅の整備（保育施設併設住宅など）を推進

また、ICT（遠隔医療・オンライン相談）やIoT（センサー見守り・スマートホーム技術）の導入が進められています。例えば、センサーを活用した異常検知システムや、オンライン診療と連携した自宅ケアがその一例です。課題としては、初期費用の高さや地方での普及遅れがありますが、国は**デジタル戦略（デジタル田園都市構想）**（**7-2**（3）参照）を打ち出して、その支援強化や技術開発が図ろうとしています。また、最近では、80の地方自治体が**「スマートウェルネス シティ首長研究会」**[34]を立ち上げ（2009年発足）、連携が図られています。

一方で、社会が目指す「地域共生」と「デジタル化」という、一見矛盾するテーマを、社会や個人がどう受け止めるかに注視する必要があります。誰が、誰と、どこで、どのようなつながりを持つのか。これからの時代には、単なる「住宅供給」ではなく、「サステナブルな地域マネジメント」の視点が重要だといえます。

①サービス付き高齢者向け住宅整備事業

○サービス付き高齢者向け住宅の供給促進のため、整備費に対して支援を実施

補助率：新築　1/10　（補助限度額：70・120・135万円／戸）
　　　　改修　1/3　（補助限度額：195万円／戸）　等

②セーフティネット住宅改修事業（住宅確保要配慮者専用賃貸住宅等改修事業）

※社会資本整備総合交付金等による支援も実施

○既存住宅等を改修して住宅確保要配慮者専用住宅等とする場合や、これに子育て支援施設を併設する場合等の改修費に対して支援を実施

補助率：1/3　補助限度額：50万円／戸・1,000万円／施設　等
対象工事：バリアフリー改修工事、耐震改修工事、シェアハウス化工事、間取り変更工事、省エネ改修工事、安否確認の設備の設置改修工事、防音・遮音工事　等

③人生100年時代を支える住まい環境整備モデル事業

○高齢者、障害者、子育て世帯等の居住の安定確保と健康の維持・増進に資する先導的な事業として選定される取組に対して支援を実施

補助率：新築1/10、改修2/3、技術の検証等に係る費用2/3

④みんなが安心して住まいを提供できる環境整備モデル事業

○居住支援法人や家賃債務保証業者等が連携して行う、居住サポート住宅等を供給する大家等の不安の軽減に資する先導的な取組に対して支援を実施

補助率：定額　補助限度額：1事業あたり300万円／年

⑤地域生活拠点型再開発事業

○子育て世帯等のための支援施設や住まいの整備を伴う市街地再開発事業等に対して、集中的・重点的に支援を実施

補助率：国1/3（ただし地方公共団体の補助する額の1/2以内）
補助対象：調査設計計画費、土地整備費、共同施設整備費

⑥子育て支援型共同住宅推進事業

○子どもの安全・安心や、子育て期の親同士の交流機会創出に資する共同住宅整備（賃貸住宅の新築・改修、分譲マンションの改修）に対して支援を実施

補助率：①「子どもの安全確保に資する設備の設置」：新築1/10、改修1/3（上限100万円/戸）
　　　　②上記①と併せて、「居住者等による交流を促す施設の設置」：新築1/10、改修1/3（上限500万円/棟）
　　　　※賃貸住宅の新築に対する補助の際は、上記②を必須とする。

※土砂災害特別警戒区域、浸水被害防止区域（①のみ）及び災害危険区域（急傾斜地崩壊危険区域若しくは地すべり防止区域と重複する区域に限る）における住宅の新築は、原則、補助対象外
※「立地適正化計画区域内の居住誘導区域外」かつ「災害レッドゾーン内」で建設された住宅のうち、3戸以上のもので、都市再生特別措置法に基づく市町村長の勧告に従わなかった旨の公表にかかるものは、原則、補助対象外

図 4-5-1：スマートウェルネス住宅等推進事業

【事例】佛子園[35] 居場所をつむぐ「ごちゃまぜ」のまちづくり

きっかけは、2000年頃に起きた出来事。社会福祉法人「佛子園」が、障害者グループホーム建設時に住民の反対に遭った。「障害者が社会で活躍するのは素晴らしいが、自分たちの町には来ないでほしい」という声があがったという。

その後、2008年、廃寺をリノベーションした「三草二木西圓寺」が開設。地域との共生の模索が始まる。そして、2014年、実践を契機として市内に「Share金沢」という「ごちゃまぜ」のまちづくりを始める。

はじめての訪問は、2019年。降りるバス停を間違えて坂の下から歩いていると、自然とこの町に入り込んでいた感覚。小さな街並みには、いろんな趣味や活動の拠点であろう居場所があり、あこがれの銀色エアストリーム・キャンピングカーもあった（芸大生の住宅）。

Share金沢には、32戸のサービス付き高齢者住宅があり、手作りの朝食と夕食のサービスもある。敷地内にある畑で野菜作りに汗を流し、さらに施設内の高齢者向けデイサービスで働くなど、住人は、生きがいを持ちながら生活しているようだ。

また、学生や障害者も暮らしている。先ほど紹介した学生用住宅は光熱費込みで家賃は約4万円。条件として、地域内で、高齢者の入浴介助や対話などのボランティア活動が課せられている。障害者も温泉やレストランで、健常者と一緒に働き、40人の雇用を生み出している。

そこには、支援する側・される側といった固定的な関係をつくらない「お互い様」の精神が街全体に根付いている。

たとえば、Share金沢内の温泉は、地域住民に無料で開放されている。その結果、率先して地域住民が自主的に温泉の掃除や施設の補修を手伝う。

また、Share金沢の飲食店では、障害者が働いているが、訪問者は「支援する」ためでなく、料理を食べに来ることが目的。彼らはいう。福祉ではなく、「ごちゃまぜ」の関係があることで住民同士が特定の役割に縛られることなく、自由に交流できると。

建築的にも、コミュニティを活性化させる仕組みがデザインされている。例えば、施設の狭い小道は、すれ違う際に自然と挨拶を交わし、譲り合いの機会をつくる。学生住宅には洗濯機がないため、施設のコインランドリーを使う。そこで住人同士の会話の場が生まれる。このような生活動線上に「偶然の出会い」を増やす仕組みが組み込まれている事が特徴であろう。

このような、「日常で関わり合う場」を

つくるために、多世代が「縦・横・斜」に関わり合うデザインがなされている。縦とは、高齢者と若者。横は同世代。斜めは、異なる立場の人たち。住人が参加しながら施設運営に関わるっていることも重要である。

このような多層的な関係性で成り立つ「まちごと福祉」の活動は、石川県内に広がり、東北でも展開されている。

2024年夏、能登半島の被災地支援で輪島KABURETを訪れた。被災者の家族が高齢者施設を横切って銭湯に、施設内の食事処兼休憩所、2階の障害者のサロンなど、壁や扉の隔てはない。被災地だが、被災地ではないような雰囲気。これが、日常にある居場所は、災害時にも機能している気づきを得た。

輪島KABURETの銭湯入口には、町内世帯の名札が掛かっている。

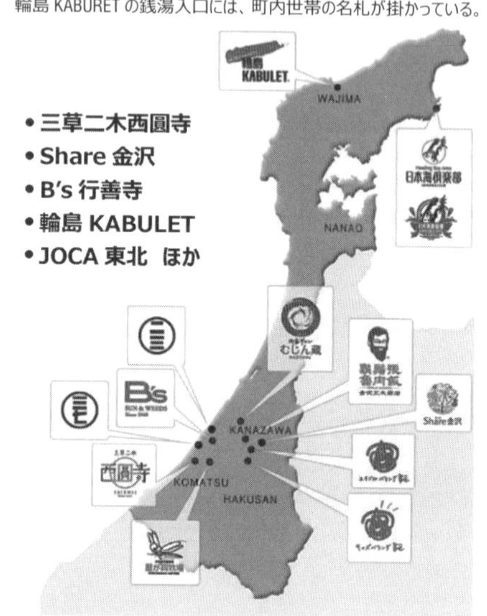

〔佛子園HPより〕

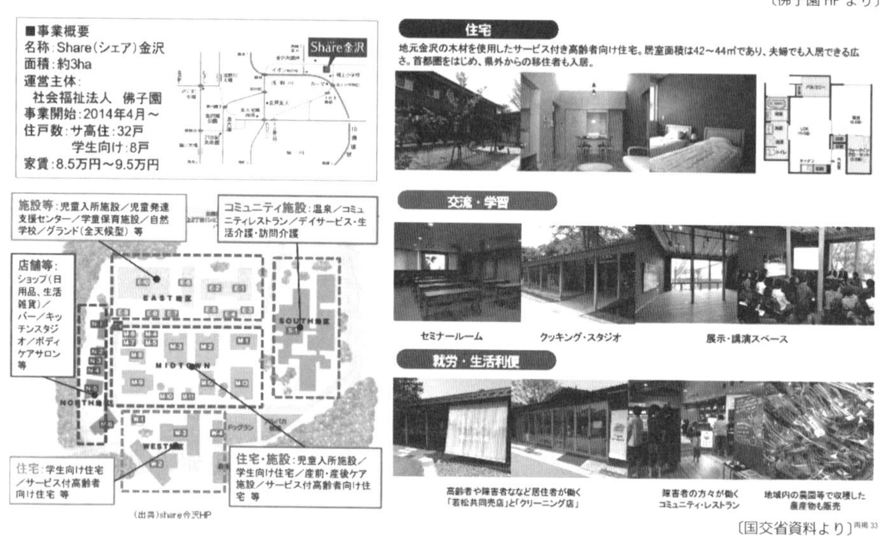

〔国交省資料より〕再掲33

見えないホームレスと見たくない社会

あなたは、「ホームレス」と聞いて、どのような人を思い浮かべるだろう。

公園のベンチや駅の片隅で暮らす高齢の男性、段ボールを敷いて寝ている人、手製のリヤカーに荷物を積んで歩く姿を思い浮かべるかもしれない。しかし、現代のホームレスの実態は、それだけではない。

○ホームレスとは？

『ホームレスの自立の支援等に関する特別措置法』では、「都市公園、河川、道路、駅舎その他の施設を故なく起居の場所とし、日常生活を営んでいる者」と定義している。

なるほど、法の言葉はいつも冷静で、どこか他人事のようだ。しかし、ホームレスは公園にいるだけじゃない。最近はネットカフェや24時間営業のファストフード店も含まれるだろう。

「見えにくいホームレス」という言葉が登場したのも、実は単に社会が彼らを「見たくない」だけなのかもしれない。

ネットカフェ難民、DV被害者、若者・女性・外国人……。社会は彼らを「自己責任」という言葉で片付け、ますます視界の外へ追いやる。見えなくなったら、問題は消えたことになるのか？ そんな都合のいい話はないだろう。

○「仮」という住まい

ホームレス対策としては、「自立支援センター」(期限付きの仮家)、「生活困窮者一時宿泊施設（シェルター)」(とりあえず寝床を確保)、「無料低額宿泊所（無低)」 などがあり、こうした施設の存在は、いざという時の「行く場所がある」という安心感をもたらす。しかし実際には、これらは住まいではなく、仮の場にすぎないことが多い。保証人がいなければ民間賃貸住宅には入れず、福祉施設に行っても次のステップが見えない。いつの間にか、仮の住まいが終の住処になる。

○新しい住宅セーフティネットの効果は？

本法によって、国は、住宅確保要配慮者（低所得者・高齢者・障害者など）への賃貸住宅供給を促進すると位置づけた。その実態はどうか？空き家を活用した賃貸住宅登録制度、入居者への家賃補助、居住支援法人の認定が示されているが、結局、この制度が機能するかどうかは、自治体や支援団体の努力にかかっている。

○見えない支援の現場

全国には本気で取り組む人々がいる。

たとえば、東京の「NPO法人ふるさとの会」(空き家を活用し、居住支援を行う)。北九州・福岡の「NPO法人抱樸」

(自立支援付きの地域住宅を提供)。大阪の「NPO法人釜ヶ崎支援機構(及び法人の関連組織)」、「サポーティブハウス連絡協議会」(簡易宿所を転換したケア付き住宅)など。

彼らは、人に寄り添い、現場のリアルに応じながら、国の制度の隙間を埋めるように動き、結果的に法律や制度につなげている。実際は、まだ多くの溝があるが、極めてまれで、意義深い取組みも多い。

しかし、こうした活動は(活動資金はあっても)、ボランティア精神に依存し、資金や人材の確保は常に課題である。結局、「住まいは権利」というだけでは何も解決しない。

〇未来はどこにあるのか?

ホームレス問題の解決には、単なる住居支援にとどまらず、次のような取組みが必要だ。一般的に言われていることは、

①居住・就労・福祉の統合支援(支援の断絶をなくす)
②社会的な住宅・不動産市場の開発(空き家や未利用物件の活用)
③地域コミュニティとの連携(孤立を防ぎ、生活の安定を図る)
④持続可能な支援体制の確立(NPOや支援団体の支援強化)等がある。

しかしこれもまた、環境を整えたからと言って、すべて解決することはないだろう。また、新たな問題が土筆のように湧いてくるだろう。とくに現在のような急激な社会変化に対応できずに、零れ落ちてしまう人々が生まれることが容易に推測できる。

実践的には、現場の状況に応じた、施策横断的で柔軟に対応可能な資金や権限委譲が必要だと感じる。また、それを実現するためには、担い手が生まれる環境整備と、実践に対する検証、評価の仕組みも必要だろう(ただし、現場では、数値では測れない取組みも多いので、評価指標のあり方は重要)。

だが、これを実現するには、社会全体の意識が変わらなければならない。

ホームレスと聞くと「自己責任」という言葉が浮かぶ人もいるかもしれない。しかし、リストラや病気、家族の事情、災害など、誰もが突然、住まいを失う可能性がある。

果たして、誰もが「自己責任」という言葉を手放す日は来るのだろうか。

ホームレス問題は、誰かの遠い話ではない。ほんの少しの運命のいたずらで、明日はあなたが「見えにくいホームレス」になっているかもしれないのだから。

05 居住支援と不動産

5-1 居住支援協議会と居住支援法人の動向

2023 年 6 月時点で、**居住支援協議会**が全国で 132 協議会（都道府県 47 か所、100%、市町村 90 か所、5%）、**居住支援法人**が 716 法人登録されています（4-2）。

2017 年当初の協議会は、国の指示で作った、形式的な集まりになっていたかもしれないと、関係する自治体担当者から聞くことがよくありました。制度の建付け上、調整機能を担っていたために具体的な活動につながりにくかったこと。不動産業者と地域や福祉系の諸団体をはじめ、各主体間の温度差があったこと。とくに不動事業者からの反発（リスク管理・負担増）もあって、あまり機能していないという話でした。また、登録住宅の活用も進まず、スピード感を持って現場の対応ができる体制にはなっていませんでした。そこで、「実務を担う組織」を明

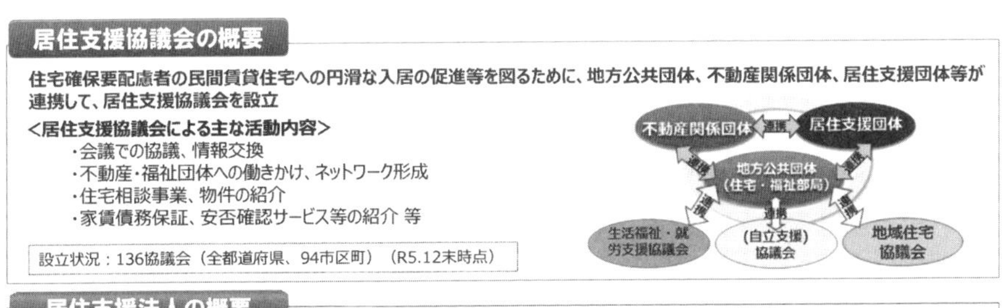

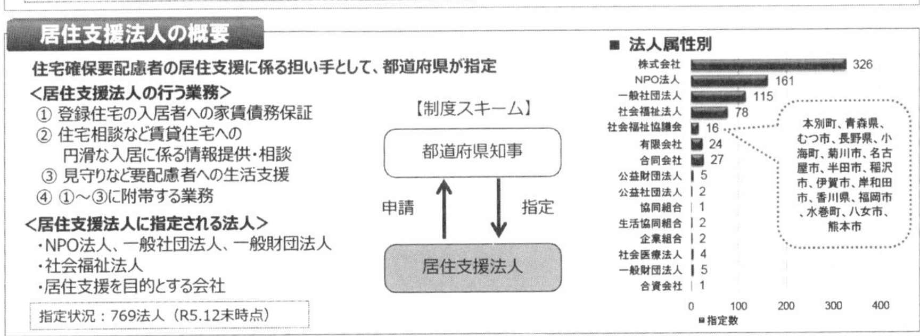

図 5-1-1：居住支援協議会と居住支援法人概要

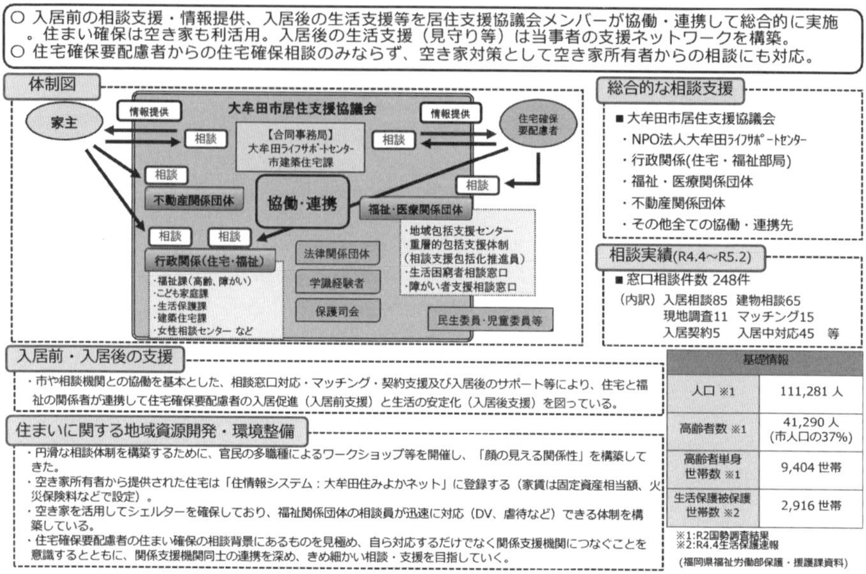

○ 入居前の相談支援・情報提供、入居後の生活支援等を居住支援協議会メンバーが協働・連携して総合的に実施。住まい確保は空き家も利活用。入居後の生活支援（見守り等）は当事者の支援ネットワークを構築。
○ 住宅確保要配慮者からの住宅確保相談のみならず、空き家対策として空き家所有者からの相談にも対応。

体制図

大牟田市居住支援協議会
【合同事務局】
大牟田ライフサポートセンター
市建築住宅課
家主
住宅確保要配慮者
情報提供
情報提供
相談
相談
相談
相談
相談
相談
協働・連携
不動産関係団体
福祉・医療関係団体
・地域包括支援センター
・重層的包括支援体制（相談支援包括化推進員）
・生活困窮者相談窓口
・障がい者支援相談窓口
行政関係（住宅・福祉）
・福祉課（高齢、障がい）
・こども家庭課
・生活保護課
・建築住宅課
・女性相談センター など
法律関係団体
学識経験者
保護司会
民生委員・児童委員等

総合的な相談支援

■ 大牟田市居住支援協議会
・NPO法人大牟田ライフサポートセンター
・行政関係(住宅・福祉部局)
・福祉・医療関係団体
・不動産関係団体
・その他全ての協働・連携先

相談実績(R4.4～R5.2)

■ 窓口相談件数 248件
（内訳）入居相談85 建物相談65
現地調査11 マッチング15
入居契約5 入居中対応45 等

入居前・入居後の支援

・市や相談機関との協働を基本とした、相談窓口対応・マッチング・契約支援及び入居後のサポート等により、住宅と福祉の関係者が連携して住宅確保要配慮者の入居促進（入居前支援）と生活の安定化（入居後支援）を図っている。

住まいに関する地域資源開発・環境整備

・円滑な相談体制を構築するために、官民の多職種によるワークショップ等を開催し、「顔の見える関係性」を構築してきた。
・空き家所有者から提供された住宅は「住情報システム：大牟田住みよかネット」に登録する（家賃は固定資産相当額、火災保険料などで設定）。
・空き家を活用してシェルターを確保しており、福祉関係団体の相談員が迅速に対応（DV、虐待など）できる体制を構築している。
・住宅確保要配慮者の住まい確保の相談背景にあるものを見極め、自ら対応するだけでなく関係支援機関につなぐことを意識するとともに、関係支援機関同士の連携を深め、きめ細かい相談・支援を目指していく。

基礎情報	
人口 ※1	111,281 人
高齢者数 ※1	41,290 人 (市人口の37%)
高齢者単身世帯数 ※1	9,404 世帯
生活保護被保護世帯数 ※2	2,916 世帯

※1:R2国勢調査結果
※2:R4.4生活保護速報
（福岡県福祉労働部保護・援護課資料）

図 5-1-2：居住支援協議会の先進事例（大牟田市）

〔国交省「住宅確保要配慮者に対する居住支援機能等のあり方に関する検討会」（2024.6）の資料〕

確に制度化する必要が生じ、居住支援法人の設置へとつながったように思われます。

当時、筆者もこれら実務に関わっていたこともあり、ようやく実態的に動けるようになるのではと、この制度に期待したことを思い出します。一方で、「居住支援法人は、あくまで暫定措置なので継続しない（来年、補助金はなくなるらしい）。国から梯子を外されないように注意すべし！」という噂が流れ、まちづくりの世界でもわざわざ作らなくても良いだろう、と見送る法人も多くありました。

8年が経過し、政策検討会の有識者や地域関連団体、行政担当者の熱意もあり、本制度や事業は国や自治体の重要政策として継続しており（予断を許さないですが）、全国でも注目すべき実践が積み重ねられつつあるのを見ると感慨深いものがあります。

5-2 新たな不動産事業「ソーシャル不動産」

居住支援を考える時、その物件としての「不動産」はその根幹部分となります。一方で、このテーマとは相容れない（なかった）業界であるというのも実態でしょう。国交省が2019年に実施した不動産業者に対する調査では、入居制限（条件付き含む）している世帯属性として、外国人世帯が約6割、低額所得者が約5割、高齢者、障害者世帯も約4割近い業者が入居を制限していると答えています。その理由としては、高齢者世帯で孤独死と保証人問題、低所得者の家賃滞納、障害者や外国人世帯で生活習慣や近隣とのトラブルなどが挙がっています。

そして、今後必要な支援としては、見守り生活支援の充実と家賃債務保証、高齢者では死亡時の残存家財処理があがっています。

2021年の調査報告書（**図5-2-1**）でも、高齢者、障害者、外国人に対して、6～7割の業者が、依然と拒否感を持っており、とくに精神障害者を不可とするものは25%と他に比べて多く、総じて、近隣とのトラブルや生活サイクルの齟齬に関する理由が多いと報告されており、今後必要な支援として、見守り生活支援の充実と家賃債務保証、高齢者では死亡時の残存家財処理が挙がっています。

この様な実態を踏まえながら居住支援関連の制度が修正、充実が図られてきていますが、実践的に進んでいる個別事例も増えてきています。なかでも筆者が注目している実践にみられる**「ソーシャル（社会的）不動産事業（者）」の萌芽**があります[2]。

全国の不動産関係団体等会員事業者へアンケート調査（令和元年度実施、回答数１，９８８件）

世帯属性	入居制限の状況		入居制限の理由（複数回答）		必要な居住支援策（複数回答）●50%以上 ◎40～49% ○30～39%						
	制限している	条件付きで制限している	第１位（%）	第２位（%）	入居を拒まない物件の情報発信	家賃債務保証の情報提供	契約手続きのサポート	見守りや生活支援	入居トラブルの相談対応	金銭・財産管理	死亡時の残存家財処理
高齢単身世帯	5%	39%	孤独死などの不安(82%)	保証人がいない、保証会社の審査に通らない（43%）		◎（49%）		●（61%）			●（61%）
高齢者のみの世帯	3%	35%	孤独死などの不安（60%）	保証人がいない（46%）	○（32%）	◎（48%）		●（58%）			●（50%）
障がい者のいる世帯	4%	35%	近隣住民との協調性に不安（52%）	衛生面や火災等の不安（28%）	◎（42%）	○（32%）		●（60%）	◎（48%）		
低額所得世帯	7%	42%	家賃の支払いに不安(69%)	保証会社の審査に通らない(54%)	○（37%）	●（61%）		○（31%）	○（38%）	○（37%）	
ひとり親世帯	1%	14%	家賃の支払いに不安(50%)	保証会社の審査に通らない(42%)	○（37%）	●（52%）		◎（42%）	○（35%）		
子育て世帯	1%	9%	近隣住民との協調性に不安（40%）	家賃の支払いに不安（34%）	○（38%）	◎（43%）		○（33%）	◎（47%）		
外国人世帯	10%	48%	異なる習慣や言語への不安（68%）	近隣住民との協調性に不安(59%)	◎（43%）	◎（45%）	◎（44%）		●（76%）		

国土交通省　住宅建設事業調査「住宅確保要配慮者の居住に関する実態把握及び継続的な居住支援活動等の手法に関する調査・検討業務報告書」（令和2年3月）より

図5-2-1：不動産事業者からみた住宅要配慮者別入居制限と必要施策

この言葉はまだ定義されておらず、一般的ではないのですが、筆者の関わっている現場で出会う居住支援に関わる建築・不動産事業者を見た時に、その必要性と社会的意義を強く感じているところです。

居住支援法人の特性として、不動産業者が法人格を取っている割合が多いようですが、実態は玉石混交のようです。単に物件の裾野を広げ、「利益」だけをもとめた業者については、居住支援しない（形式的な支援のみの）貧困ビジネスとも取られかねない業者、利潤が少ないことや体制が整っていないために開店休業中である業者、取組んだもののリスクや負担が多くて休止している業者などがみられます。一方、日頃の不動産業務を通して出会う課題を抱えた世帯の存在に気づき、社会的意義・意識を持って居住支援に関わった不動産業者をはじめ、日頃から生活困窮世帯等の支援業務に関わるなかで、要配慮世帯に対する物件確保や支援の枠を広げることを目的に本法人格を得た、福祉法人やNPO法人も多くあります。

とくに、筆者がいう「ソーシャル不動産事業（者）」の実践事例は、全国に数多くあり、その多くを紹介するには紙幅がありませんが、特筆しておきたい事例を紹介します（図5-2-2・コラム）。

①生活困窮者、高齢者、障害者等に対し、生活・住まい支援や「ひとりにしない」支援を実施

NPO法人 抱樸（福岡県北九州市）

- 制度や属性で分けず、困窮者、高齢者、障害者等が入居する支援付住宅「プラザ抱樸」（　ごちゃまぜ型）を運営。入居者負担の「生活支援費」やサブリース差益から事業費と人件費を確保。
- 従来家族が担ってきた機能を補完する地域互助会を設立し、会員の居場所としてのサロン運営や看取り、葬儀まで実施。

②要配慮者が希望する物件を法人が借り上げて住まいと見守りを提供

社会福祉法人悠々会（東京都町田市）

- 要配慮者にヒアリングをして希望にあった物件を一緒に探す。賃貸人と交渉し、法人として一部屋ごとにサブリース契約を締結。
- 入居後の24時間見守りサービス（警備会社の見守りサービス）や日常生活支援をサブリース差益を活用して提供。

③NPO法人と不動産会社が連携して「断らない」支援を実施

NPO法人 ワンエイド（神奈川県座間市）

- NPO法人が不動産会社と連携し、住宅探しから生活相談まで、あらゆる住まいに関する相談を断らずに対応。
- フードバンク活動も併せて展開。

④要配慮者からの相談窓口を運営

NPO法人おかやまUFE（岡山県岡山市）

- 空き家の活用、住まいに関する相談、入居後の生活に関する相談等を受ける窓口「住まいと暮らしのサポートセンターおかやま」を運営。
- 多様な専門家が連携して障害者などの要配慮者の入居後のサポート体制をコーディネート。

⑤緊急連絡先不要の生活支援付き住宅を運営

NPO法人コミュニティワーク研究実践センター（北海道札幌市）

- 職員がいる事務所のある「三栄荘」において、生活支援付き住宅12部屋を運営し、日々の見守り・サポートを実施。
- 三栄荘を拠点として近隣に複数の生活支援付き住宅を運営し、移動時間15分圏内での支援体制を構築。
- 三栄荘にシェルター4部屋、居場所としての共同リビングを設置。

⑥「すべての人に快適な住環境を提供すべくお部屋探しを実施」

株式会社 三好不動産（福岡県福岡市）

- 単身高齢者、外国人、LGBTQなど、その属性にとらわれることのなく、基本的に断らない住まい探しを実施。
  - 単身高齢者：NPO法人を設立して見守り・入居手続を支援
  - 外国人：外国人を複数採用。入居から退居までの相談に対応
  - LGBTQ：レインボーマークを表示し、店舗に専従担当者を配置

※各法人のHPの内容等を国土交通省で整理

図5-2-2：居住支援法人の実践事例

「おせっかい不動産」アオバ住宅社[3]

アオバ住宅社は、横浜市青葉区に拠点を構える不動産会社である。生活保護受給者や高齢者、DV被害者、障害者など、住まい探しに困難を抱える人々の支援に積極的に取組んでいる。

代表は齋藤瞳氏。ある日、生活保護受給者からの相談を受けたことが転機となった。住まい探しを手伝う中で、福祉の知識がないことから区役所に足を運び、行政との信頼関係を築いた。これを機に、高齢・障害支援課や地域包括支援センター、児童相談所、NPOなど、多様な支援機関とのネットワークが広がる。

とくに注力したのは、大家、入居者、不動産会社の三者がフラットな関係を築くことである。当初は大家の理解が得られずに苦労されていたが、現在では理解のある大家や管理会社が増加している。

また、入居者との信頼関係を築くために、時間をかけて身の上話を聞き、不安を和らげる。家賃滞納や強制退去を経験した人には、再自立の可能性を見据え、サブリースを活用して部屋を提供している。

○

日常の一コマ。ひとりの生活保護の男性は掃除が得意だ。ということをきっかけに管理物件の清掃業務を担うことになる。また、一人の閉じこもりがちな青年は、入居者の「居場所」と化している会社兼リビングをとおしてコミュニケーションスキルが高められつつあるという。

この一人暮らし世帯の見守りとして、月に一度の交流会を開催し、家賃持参のタイミングで顔を合わせることで、入居者同士やスタッフとの交流を促進している。この交流会を通じて、参加者の表情や態度に変化が見られ、自立への意欲が高まるケースも多いという。

○

一方、入居者が「無料で何でもしてくれる存在」と誤解されないよう、自立の意欲を持つ人々への支援が必要だという。「持ちつ持たれつ」や「お互いさま」という言葉を大切にし、関わる人すべてに少しずつ利益が出る関係性を築くことを目指す。

見守りサービスに関しては、機器に頼るのではなく、人とのつながりを重視している。地域の人々との連携を深めるため、「まちの相談所ネットワーク（まち相青葉）」を設立。困ったときに助け合う仕組みを構築している。このネットワークを通じ、DV被害者への家電提供や地域イベント参加など、地域とのつながりを強化している。

居住者による清掃は、本事業の持続可能性を高めるために、不動産業以外の清掃事業を展開。管理物件の清掃を入居者に依頼し、大家や管理会社との関係強化や入居者の収入確保を実現している。この取り組みにより、行政や大家からの信頼を得るとともに、入居者の社会参加を促進している。また現在、医療との連携を図っており、これからの重要なテーマだという。

○

不動産業界はややもすると「やっかい」な物件には関わらない文化があるなかで、目の前に表れた問題に目を閉じず、様々なネットワークを駆使して解決している。

実際、いろんな問題もあったことも聞いた。しかし、明るく、人懐っこい斎藤氏の姿をみると、深刻な問題も、うまくイナシながらポジティブに捉えた実践を積み重ねてきたように思える。

彼女は言う。「重要なのは、逃げないこと。居場所の存在。雇用の創出。そして事業として持続させることだ。」という。

ある生活保護の男性とのつながりが、ある普通の不動産事業者を変え、問題を抱えた人たちと住まいをつなぐ取り組みが積み重ねられている。

制度と現実の間を埋める活動は、今後の居住支援法人のメルクマールとなると思われる。「おせっかい不動産」というキャッチフレーズがそれを物語っている。

06 住宅ストックと空き家再生

6-1 空き家の実態

『空き家が過去最多900万戸、30年で2倍に…「放置」385万戸の2割強で腐朽・破損』。これは、2024年4月30日の読売新聞の見出しです。各メディアが報道していたので、皆さんも聞いたことがあるのではないでしょうか？ しかし、数字を聞いてもピンとこない人がいるかもしれないですね。

現在の日本の総住宅数は6,504万7千戸(2023年10月1日現在)[1]のうち900万2千戸（13.8%）が空き家という現実。例えば戦災で不足していた住宅戸数は420万戸といわれていましたのでその倍以上。現在の東京都の住宅戸数は約820万戸、大阪府の住宅戸数は約493万戸という数字を示すと、その多さを感じていただけたでしょうか？　実は、世帯数と住宅戸数が逆転したのが1968年なので、その頃から始まった現象でもあるといえます。

今後もこの傾向は続くと予想されており、民間シンクタンクによると、最近の情報では人口減少や少子高齢化に伴う住宅需要の減少による空家率上昇に鈍化傾向があるものの、2040年には24.3%に達すると予測しています[2]。

センセーショナルな数字ですが、厳密には、空き家には賃貸用、売却用、二次的利用、その他空家に分類され、とくに問題になっているのは「その他空家」のことで、その数は約385万戸になります。なお、現在、2023年調査では、「その他空家」は「賃貸・売却及び2次的住宅を除く空き家」＝居住目的のない空き家として分類されています。

一般的に空き家・空き地を巡る課題には、**「防災性の低下」「防犯性の低下」「ごみの不法投棄」「衛生の悪化・悪臭の発生」「風景、景観の悪化」**などを特徴とする **“外部不経済”** があるとされています。

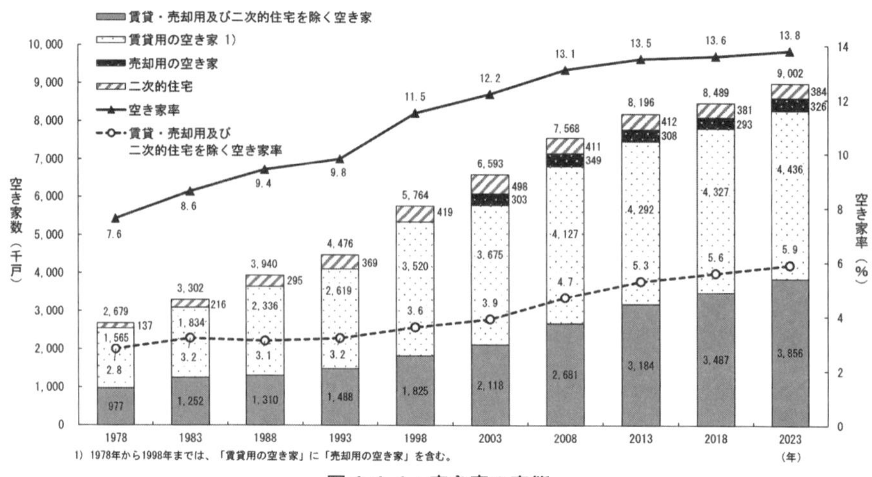

図 6-1-1：空き家の実態

表 6-1-1：空き家を巡る主な特長と課題

空き家の取得経緯・所有者の居住地との関係	空き家の取得経緯は相続が 55%／所有者の約 3 割は遠隔地（車・電車等で 1 時間超）に居住
空き家にしておく理由	物置利用／更地の使い道がない／低い住宅の質／買い手・借り手がない
利活用上の課題	買い手・借り手がない／傷み・設備や建具の古さ／解体費用／労力や手間／特に困っていない
空き家の集中状況と取組み意向（市区町村）	中心市まち地・密集住宅市まち地・郊外住宅団地での空き家集中状況あり、利活用意向も上位回答（しかし密集住宅市まち地は低い）
空家法等に基づく管理不全の空き家等に対する措置の状況（自治体把握）	管理不全空き家は約 50 万戸（うち除却や修繕等がなされた空き家は 14 万戸）特定空家等は約 2 万戸、その他の管理不全空き家は約 24 万戸／約 10 万戸は状況不明、約 9%が所有者未判明
市区町村における体制上の課題と第三者団体の活用	6 割以上の市区町村が空き家担当部署のマンパワー不足、専門的知識の不足を課題としている。1/3 を超える市区町村で空き家対策業務をアウトソーシング（空き家等の実態調査、空き家バンクの設置・運営、空き家対策の普及・啓発、等）第三者団体の活用ニーズが高い

2022・2023 年の国交省の調査[3・4]を基に空き家の課題と特徴をまとめたのが**表 6-1-1** です。なかでも空き家の所得経緯の半数以上が「相続」で遠隔地にあることがわかりましたが、とくにこれから団塊の世代（1947 年〜 1949 年生）が亡くなる時代に入り、住宅ストックの相続問題がより顕在化するでしょう（2040 年頃にピークに達すると予測）。また、共同住宅の空き家の増加は減少気味ですが、戸建て空き家は厳しい状態にあり、用途を見ても物置的な利用や積極的な利活用が意識されず、放置されやすい状態にあります。一方で、この問題に携わるべき自治体のマンパワーや専門性が不足していると認識されています。

国は、この問題を解決するために**『空家等対策の推進に関する特別措置法（以**

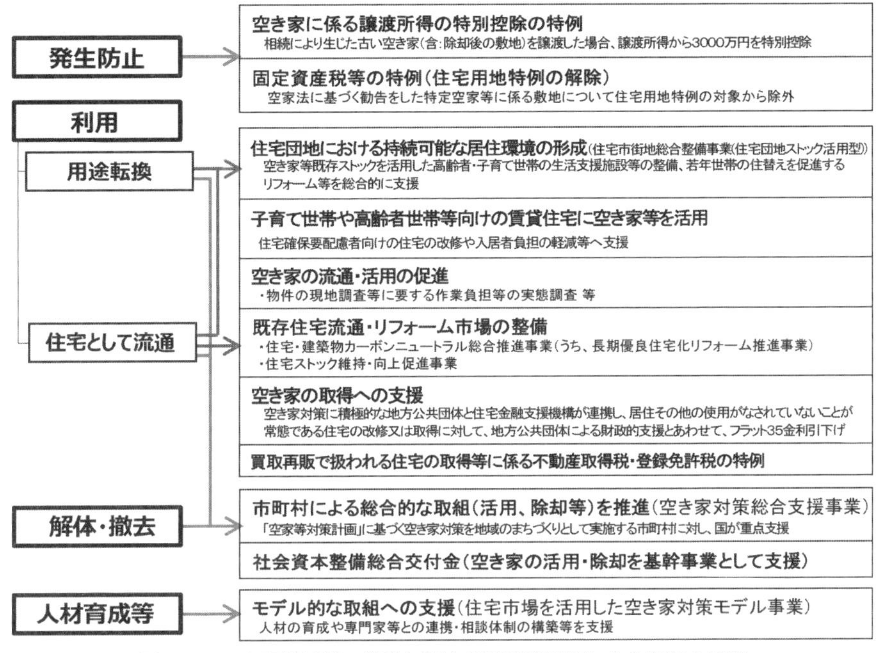

図 6-1-2：空家等対策の推進に関する特別措置法による施策の展開

降、空き家法)』(2015/5/26 施行・2025/2/26 改正)[5]を定め、「特定空き家」「発生防止」「利用」「解体・撤去」「人材育成等」の施策を展開してきました(**図 6-1-2**)。

6-2 空き家法の改正で何が変わるか

国は、このような状況を改善するために、2023 年 12 月に空き家法を改正しました。改正点は、①空き家の活用促進、②管理不全空家の新設、③特定空家への対策強化、の 3 点が改正の主な柱です。

①については、**「空家等活用促進区域」**を創設し、用途変更や建替えを推進することになりました。また、**「空家等管理活用支援法人」**を設立し、自治体や所有者へのサポート体制が構築可能になりました。

②については、**「特定空家」**に加えて、放置し続けると特定空家になり得る空き家を**「管理不全空家」**として指定し、市区町村が指導・勧告できるようになりました。勧告を受けた空き家は、固定資産税の住宅用地特例が解除されます(固定

資産税の減免解除)。メディア等では「税金が6倍も上がる」という情報が拡散されていますが、実質的には4倍程度[6]の増加になります。

③については、代執行の円滑化が盛り込まれ、緊急時には、速やかに代執行に取り掛かれるようになります。

そして、とくに課題であった相続放棄や所有者不明・不在の空き家、いわゆる**「所有者不在」**へのアプローチとして、市区町村長が、所有者の代わりに**「財産管理人」**および**「管理不全建物管理人」**を裁判所に請求でき、修理・管理・処分ができるようになりました。また、特定空家への勧告・命令等を円滑に行うことも可能となりました[7]。

このような課題を改善する上で、重要だと思う視点を6つ挙げておきます。

①**「空き家」を問題として捉えるのではなく、アフォーダブルな拠点(居場所)ストックになりうるというポジティブな視点です。**また、問題や課題を抱える固定化されたハード(名詞)ではなく、不動産という極めて市場性や営利性、そして個人資産として公的関与が難しいとされてきた世界(福祉や市民活動とは縁遠いと思われてきた世界)にある資源を、コミュニティや社会資源(ソーシャルキャピタル)として引き寄せてマネジメントする「動的な媒体として捉える視点です。言い換えれば、個別(分野)では困難とされてきた社会課題を乗り越える契機を生む媒体になるという考えです(図 6-2-1)。

「空き家・空地」の活用方策の検討にあたり

空き家
空店舗
プレ空家
空地

≠ 問題や課題を抱える固定化された状態
名詞(ハード/不動産)

＝ 社会関係資本を再構築する動的媒体
動詞(ハード+ソフト)

と考えてみる。

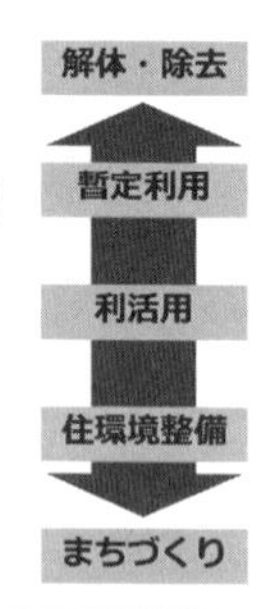

1対1の関係 ▶ 関与するプレイヤーを増やす

所有者
土地・建物
行政
業者
購入者

思考停止(フリーズ)や
空き家モラトリアムからの脱却

図 6-2-1:もう一つの空き家・空地ストックのみかた

②空き家をめぐる時間のデザインと、分野や制度などの横串化のデザインです。

空き家になる前の**「プレ空家」対策**です。一度、空き家になるとその対応が困難になることが多いといえます。とくに、単身高齢者の問題も含めて、福祉や相続を含めた世帯対応が必要な、いわば「住まいの終活」という視点です。

③総住宅ストックのなかでも「空き家以外」の膨大なストックへの視線が重要です（**図 6-2-2**）。2018 年度の住宅・土地調査では、「新耐震基準」[8]（1981 年 6 月 1 日以降）以前の建物（約 1,300 万戸）で、耐震性が不足している建物（約 700 万戸）をはじめ、省エネ性能が低い建物（約 2,300 万戸）をどのように改善するかということが重要で、②とも関連する視点でもあります。

④ 2025 年 4 月に施行した改正建築物省エネ法・建築基準法等が大きく影響します[9]。主な改正は、**「4 号特例の見直し」「構造規制の合理化」「省エネ基準への適合義務化」**の 3 点で、アメとムチが混在しているのが特徴です。

まず、4 号特例の見直しによって 2 階建ての建物のリノベーション（大規模改修・模様替）には、これまで省略可であった構造計算書や省エネ指標の書類が必須になりました（時間とコスト等が増えます）。

一方、**「木造建築物の構造計算基準および大規模木造建築物の防火規定の変更」**や**「中層木造建築物の耐火性能基準合理化」**によって木造建築物計画の幅が広がりました。そして、**「既存不適格建築物に対する現行基準の一部免除」**が組み込まれたことで、これまで建物再生時にボトルネックであった接道義務や道

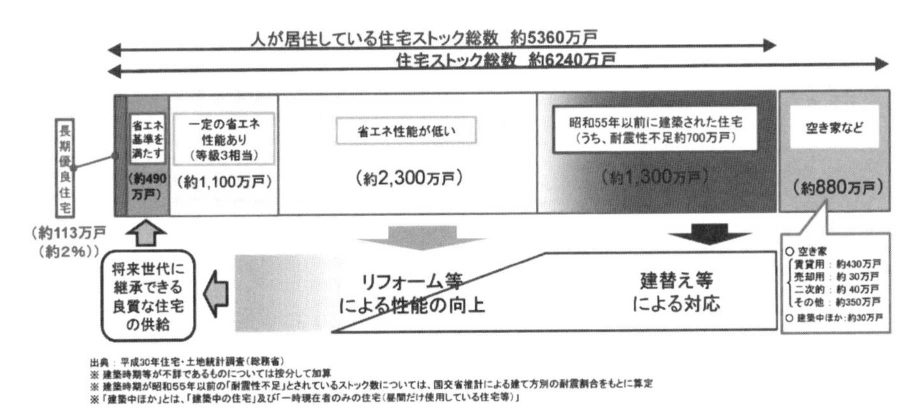

図 6-2-2：住宅ストックの内訳[10]

表 6-2-1：大阪市空家利活用改修補助事業 HP 資料[11]

補助の種類	住宅再生型	地域まちづくり活用型
改修後の用途	住宅	地域まちづくりに資する用途 （地域に開かれた居場所等） ※区との事前協議が必要
補助対象者	・空家所有者 ・空家取得予定者、賃借予定者　等	・非営利団体（NPO 法人、社会福祉法人、公益法人等）等 ※区との事前協議が必要
補助内容 戸あたり限度額：補助率	①インスペクション　3 万円：1/2 ②耐震診断　5 万円：10/11 ③耐震設計　10 万円：2/3 ④耐震改修工事　100 万円：1/2 ⑤性能向上に資する改修工事　75 万円：1/2	①インスペクション　3 万円：1/2 ②耐震診断　5 万円：10/11 ③耐震設計　10 万円：2/3 ④耐震改修工事　100 万円：1/2 ⑤地域まちづくりに資する改修工事　300 万円：1/2

路内建築制限違反の建物に関して、特定の条件下において現行基準を適用しない免除規定が導入されたことは特筆できます。

⑤**実態と施策のタイムラグ**を埋めるためにも、基礎自治体が率先して空き家等の課題に取組む必要もあります。とくに現場での対応には柔軟性と即効性のある対応も求められているため、それを受け止める独自制度、条例、支援の工夫が必要です。一般的には、各自治体に空き家活用のための補助（インスペクション、耐震に関する診断・設計・工事、そして環境性の向上など[12]）があります。

その他、自治体政策としては、京都市で「京都市非居住住宅利活用促進税条例」[13]を設定し（2022 年 3 月）、2023 年には、総務大臣の同意を得て、2026 年より全国初の「非居住住宅利活用促進税（空き家税）」[14]が導入される予定です。

空き家の発生抑制と、財源を確保することを目的に導入されますが、空き家所有者やセカンドハウス利用者、投機目的の所有のみしている人が、売却や利活用することで供給量が増やせるか、各自治体も見守っている状態です。

表 6-2-2：京都市非居住住宅利活用促進税

非居住住宅利活用促進税の課税標準	
家屋価値割	非居住住宅に係る固定資産評価額（家屋）
立地床面積割	非居住住宅の敷地の用に供する土地に係る 1 平方メートル当たり固定資産評価額 × 当該非居住住宅の延べ床面積

非居住住宅利活用促進税の税率		
	家屋価値割の課税標準	税率
家屋価値割	―	0.7%
立地床面積割	700 万円未満	0.15%
	700 万円以上 900 万円未満	0.3%
	900 万円以上	0.6%

〔京都市情報館 https://www.city.kyoto.lg.jp/gyozai/page/0000296672.html〕

⑥**最後に、「空地」や「低・未利用地」への視線**も忘れてはなりません。いわゆる空き家ストックの状態が悪い現状からいうと、基本的に国は、解体撤去を強く意識しているといえます。開発による更新を求めているきらいもありますが、地域資源をつむぐまちづくりという視点が重要だと思います。**民法改正「所有者不明土地の利用の円滑化等に関する特別措置法」**(2023年4月1日 施行)[15]によって、空地を防災空地やポケットパーク、自治会館にする事例など、地域等が管理する道筋も生まれています。

6-3 民泊新法と空き家

まちなかで、旅行バッグを引く観光客の姿をみるのが日常的になりつつあります。観光局(JNTO)が2025年1月15日に発表[16]した訪日外客数をみると、2024年12月は約349万人、年間で約3,687万人に達し、いずれも過去最高を記録したようです。また、観光庁のインバウンド消費動向調査によると、2024年の訪日外国人旅行消費額は約8兆1,395億円で、これも過去最高となっています。

そもそも国が民泊を導入した背景には、東京オリンピックなどの国際イベントへ対応をはじめ、インバウンド需要を成長戦略の一つとして組み入れたことが契機ですが、急増する訪日外国人旅行者に対する宿泊施設が不足し、とく都市部でホテル需要に追いつかず、民泊が補完的役割を果たすことを期待したものです。

その際、主に使われたのが「空き家(室)」でした。しかし、民泊急増に伴って、違法民泊の増加、安全性や衛生面、騒音やゴミ出しなどによる近隣トラブルが社会問題化しました。これらの課題に対応し、健全な民泊サービスの普及を図るため、2017年6月に**「住宅宿泊事業法(民泊新法)」**[17]が成立し、2018年6月から施行されました。その特徴を挙げると、①民泊を住宅と位置づけ、宿泊施設を作ることができなかった住宅街でも民泊営業を可能に、②「家主居住型」と「家主不在型」の2つに区別し、一定要件の範囲内で住宅活用を認める(年間営業日数は最大180日以内に制限)、③家主は都道府県知事への届出義務、④管理者の国土交通大臣の登録義務、⑤住宅宿泊事業者と宿泊者(ゲスト)をマッチングする民泊プラットフォーム運営事業者には観光庁長官の登録を義務付ける、というものです。

表 6-3-1：宿泊施設関連法の比較

	旅館業法	住宅宿泊事業法（民泊新法）		特区民泊
	簡易宿所営業	家主居住型	家主不在型	大阪市
行政への手続者	事業者	事業者	事業者	事業者
行政への申告	許可	届出	届出	認定
営業日数上限	なし	180 日	180 日	なし
宿泊日数制限	なし	なし	なし	2 泊 3 日以上 ※1
建物用途	ホテル・旅館	住宅、長屋、共同住宅又は寄宿舎	住宅、長屋、共同住宅又は寄宿舎	住宅、長屋、共同住宅
苦情受付者	事業者	家主（事業者）	住宅宿泊管理業者	事業者
フロント設置	原則なし ※2	なし	なし	なし
居室の床面積	3.3m² 以上 ※3	なし	なし	25m² 以上
行政の立入検査	あり	あり	あり	条例で制定
住居専用地域での営業	×	△（条例で禁止の自治体有り）	△（条例で禁止の自治体有り）	× ※4
自動火災報知機	要	△	要	要
契約形態	宿泊契約	宿泊契約	宿泊契約	賃貸借契約
宿泊者名簿	要	要	要	要
標識の掲示	要	要	要	要
目的	投資収益	文化交流	休眠地活用	投資収益
収益性	○	△	△	○

※ 1：2016 年 9 月 9 日の国家戦略特別区域諮問会議で決定　※ 2：条例で義務付けている自治体もあり
※ 3：宿泊者の数が 10 人未満と申請された簡易宿所　※ 4：条例で特区民泊の用途地域制限をなくしている自治体もあり

筆者が関わっている地域に民泊が急増したことで、2 つの課題が浮上しました。一つは、地域の宿泊事業者が民泊反対を訴えました。彼らは、厳しい基準が求められる「旅館業法」などの法的基準に対応して、危険で不公平な民泊に対する問題提起でした。もう一つは、自治会長やマンション組合の人たちからの、旅行者への苦情でした。騒音やごみ問題も含め、観光地の過剰利用による自然環境への影響（オーバーツーリズム）も含め、コミュニティの維持の問題でもありました。

一方、家主居住型の民泊では、外国人との交流が密に図られることで、他の日本人宿泊者や地域との新たな関係が生まれた事例や、空き家を使い、町全体をホテルとして活用して地域貢献する事例（次ページコラム）なども生まれているなど、玉石混交状態にあるように思います。

現在、コロナ禍で一度失速した観光需要も回復傾向にあります。違法民泊も増加していることから、無許可での民泊営業に対する罰金の上限引上げなどの旅館業法改正をはじめ観光庁と厚生労働省を中心に構成される**「違法民泊対策関係省庁連絡会議」**[18]でも、違法民泊に対する取り締まりや対策が検討されています。

空き家再生の特徴と先進事例紹介

1：まちごとホテル 「SEKAI HOTEL」[19]（大阪市他）

ある学生が、「先生、実際に『コレクティブタウン』を実践されている人と会いました。今度社長と会うので一緒に行きませんか。」といわれたのが、2017年。

筆者の実践上のテーマである『コレクティブタウン』とは、住まいや暮らしの機能をまちに拡張して紡ぎなおすシェア型のまちづくりであるが、それをすでに具体化している事例があるときいて、早速訪問。

その会社は、2007年設立。西九条を拠点に、地域コミュニティを形成する不動産開発や空き家リノベーションに取組み、「まち全体をホテル化する」SEKAI HOTELを展開されていた。

まちなかの住宅をリノベーションした事務所で、㈱クジラ/ SEKAI HOTELの矢野浩一社長に対面した。温厚で好奇心旺盛、アグレッシブな好青年という第一印象で、学生との関係も大切にしていただいている様子がうかがえた。また元調理人という経歴も含めて、とても面白い方である。

話によると、当初この地域に入った頃は、住民から「何か怪しい組織」が入ったのではないかと、怪訝に思われていたようだが、日々まちの掃除や活動への参加を通じて、少しずつ関係が構築されていったという。

興味深いのは、ホテルの機能を町に広げている事だろう。話を聞いている事務所は、一軒の空き家を改修したフロント棟ともいえる場所。その他、まちなかの空き家を改修して宿泊室とし、商店街が食堂や売店、大浴場を銭湯が担う。そしてある喫茶店は、ホテルのカフェ的機能を担い、外国人旅行者の拠点でもある。

また、特筆すべき点は、リノベーションを担う工務店を同時に経営されている事だろう。会社のミッションに即座に反応し、具体化するうえで効果的な体制であろう。

もう一つ重要な点は、出資者を募る仕組みを持っていることがある。一般的に、投資者は、高い利回りを追求するものだが、社会貢献への投資を求める投資家が一定存在しているとのこと。投資も含めてマネジメントしている事業モデルとして興味深い取組みである。

その後、この取組みは東大阪市でも同様の事業展開につながった。そのコンセプトは「工場に泊まる」である。日本を代表する“ものづくりの街”を体験できる宿泊形態は、体験型モデルとしても興味深い。また、SEKAI PASS というパスカードを使って商店街店舗との連携や、子どもの成長を商店街のみんなで見守ろう。というコンセプトで、ゲストの寄付から生まれる地域イベント「icoima」の取組みなど、常に新たな仕組みが生み出されている。

現在は、富山県高岡市をはじめ、全国展開されているという。

新しい試みや仕組みは、考えることはできても、実践しているかどうかが重要で、そこには大きな違いがあるだろう。

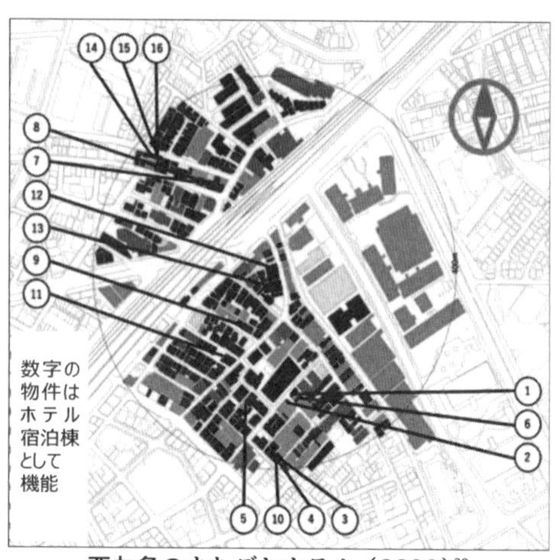

西九条のまちごとホテル（2020）[20]

フロント・事務所棟

宿泊棟の室内

ホテルの一部としてイメージされている銭湯

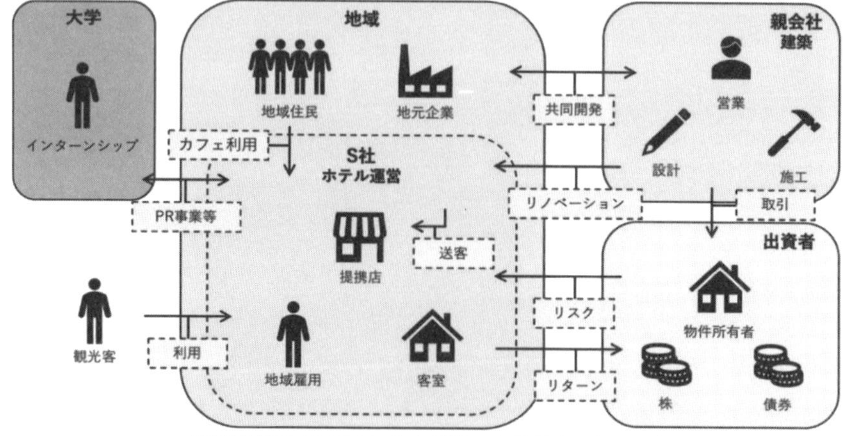

事業関係図（2020 年時点学生の卒業論文から引用）[20]

2：がもよんにぎわいプロジェクト[21]（大阪市城東区）

城東区蒲生4丁目は空襲を免れたために古い木造住宅が多く残っている地域であり、空き家も多い地域であった。

このエリアのまちづくり活動のリーダーである和田欣也氏は、1995年の阪神・淡路大震災をきっかけに、人が安全に暮らせる住宅を目指し、耐震工事の活動を開始。2008年より古民家リノベーションをスタート（築120年以上の米蔵をリノベーションしたイタリアンレストラン）。

とくにこのエリアに空き家を数多く所有する地主と連携し、地域の活性化を目指して関わり始めた。

この地域の地主が所有する100軒ほどの空き家を、個別の改修をまちづくりという「面」として展開するエリアリノベーションを行うことで、地域全体の魅力を高めているところが特徴である。

主に「食」にこだわりながら、“がもよんモデル”といわれる手法を通して、地域の活性化に積極的に関与している。

耐震補強を実施し、利回り3割を超える事業ビジネスは、不動産事業をサービス業として再構築し、「四方よしのビジネス」として展開しているのが特徴である。

なかでも特筆できることは、公的な補助金に依存せずに、地域に利益がある形で事業を進めていることであろう。地域のオーナーや住民と共に歩むことを重要視し、成功体験を積むことが若手の育成につながると考え、地元の人々がまちの「コンシェルジュ」になるような活動を支援している。

最近では、若手の地域の担い手が中心となり、地域の特色を活かした商業活動や文化活動が盛り上がりを見せており、「がもよんマルシェ」などの定期的なイベントが、新たな来訪者を地域に呼び込み、住民との交流の場を提供している。

また、福祉的活動として、障害者雇用を生み出すビール醸造工場リノベーションや、がもよんファームなども展開している。単なる店舗の開業や物理的な再生に留まらず、住民同士が協力して地域全体を育てていくことに重きが置かれており、空き家を「地域資源」として活用し、地域全体の価値を高めることを目標にしている。

孤軍奮闘されていた時代に、一度お声掛けいただき、ご一緒する機会があったが、その時のまちに対する思いと熱意は、今なお健在で、様々なまちのモデルになるような実践を、持続的に積み重ねられている貴重なプロジェクトである。

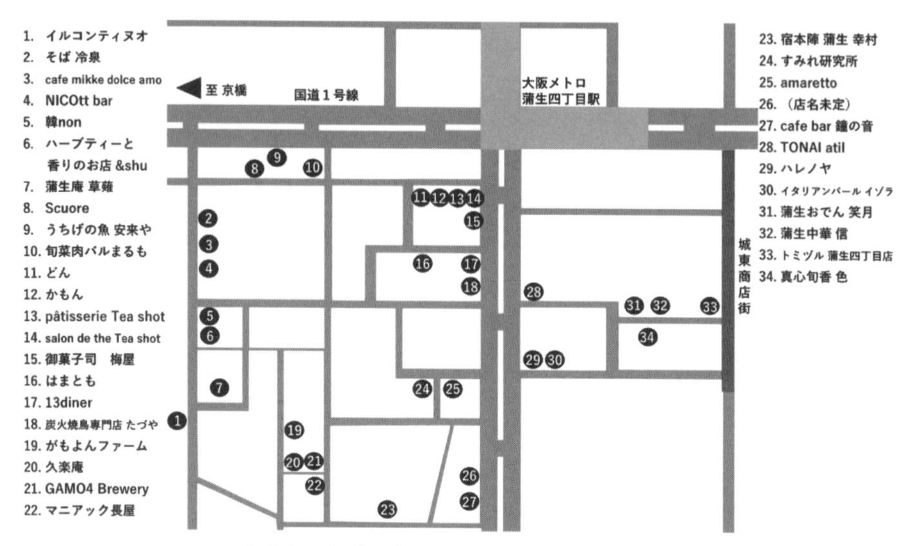

古民家再生プロジェクト MAP〔MAP・写真は HP より〕

マニアック長屋

がもよんファーム

ガモヨンブリュワリー

IL CONTINUO イル コンティヌオ

3：ヨリドコ大正メイキン・るつぼん[22]（大阪市大正区）

大正区は、工業地域として栄えたが、近年では工場閉鎖や人口減少などの課題が浮き彫りになっている。このような背景の中で、再生をあきらめかけていた文化住宅〔木造賃貸住宅〕のオーナー（小川拓史氏）とデザイナーの細川裕之氏が一念発起。築70年の二棟の「小川文化」をリノベーションし、「ヨリドコ大正メイキン・るつぼん」が完成。再生を担うプロ集団「一般社団法人 大正・港エリア空き家活用協議会」（WeCompass：川幡祐子代表）と行政（大正区）が協働して完成した、先進的でユニークな地域拠点。

〇ヨリドコ大正メイキン：地域の中小企業や自営業者を支援する「アトリエ＋店舗＋住居」一体型シェア・アトリエ。地域の職人や作家、事業者が集まり、スキルを活かして新しい商品やサービスを生み出す場所を提供。2階住戸は、多様な主体によるDIY施工（近大学生も協力）。マーケティング支援も実施。

〇ヨリドコ大正るつぼん：地域住民が集まり、情報交換や交流を深めるためのスペースとして、「福祉×アート×小商い」という、多世代が交流する地域の相互扶助コミュニティ長屋。ワークショップやイベントが定期的に開催され、住民同士が直接交流できる場を提供。とくに訪問介護事業所が参画し、就労継続支援B型施設や語り場サロンなどがある。また、地域の子どもたちや若者たちに向けた活動を重視し、次世代を育成する教育的要素も取り入れている。区内の住民同士の交流も深まり、地域外訪問者も増え、地域経済の活性化に寄与している。

〇

緩やかに人がつながり、施設の秩序やルールづくりを決める際にも、利用者か

右が「ヨリドコ大正メイキン」、
左が「大正るつぼん」

ヨリドコ大正メイキン・アトリエ

大正るつぼん（小商テナント）
おばんざいカフェまにまに

ら自然に生まれることを意識するという。この心地の良い環境に集まるプレイヤーが後を絶たないのがわかる貴重な実践。

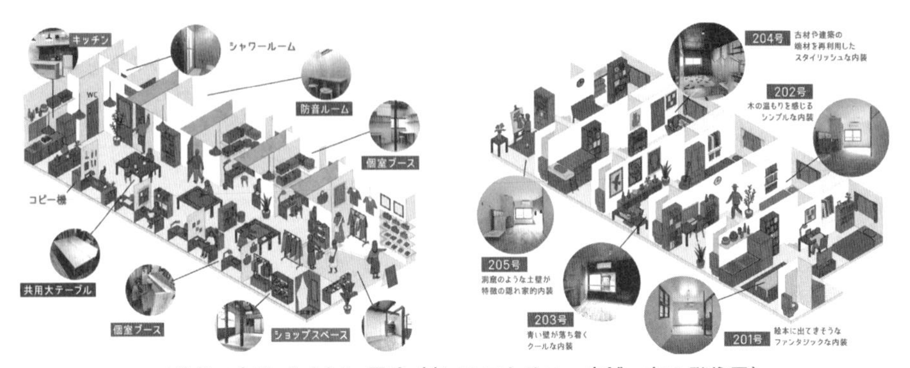

ヨリドコ大正 メイキン 用途（左 1F アトリエ・店舗・右 2 階住居）

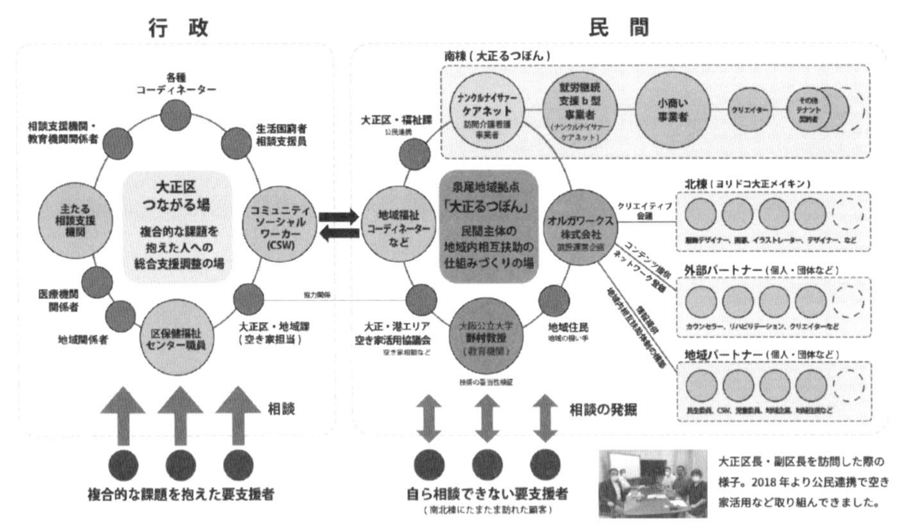

大正区長・副区長を訪問した際の様子。2018 年より公民連携で空き家活用など取り組んできました。

ヨリドコ大正 るつぼん 体制図

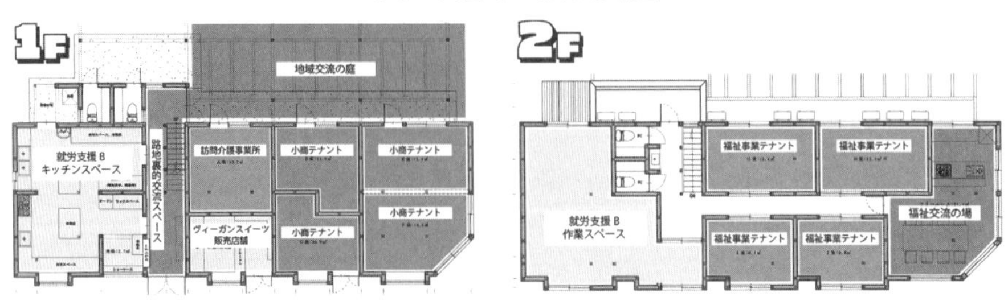

ヨリドコ大正 るつぼん 平面図

4：龍造寺 Lab.「造」・からほり「悠」[23]（大阪市中央区）

大阪ミナミから徒歩圏内にある空堀エリアでは、2001年に設立した「からほり倶楽部」(長屋すとっくばんくねっとわーく企業組合）によるプロジェクトが数多くある。「萌・練・惣」が有名だが、それに続くプロジェクトがこの「造」・「悠」である。

○龍造寺 Lab. 造（みやつこ）：路地奥にある3軒長屋をまとめて再生したシェアオフィスで、2017年10月に完成（ワークスペース数44席・共用会議リビング・カフェ)。改修時に、学生たちもDIY支援でお世話になった物件。

「トキワ荘のようなクリエイターの『たまり場』」がコンセプト。家や仕事場とは別にひとりの時間をつくる居場所が欲しい。SOHOやサテライトオフィスが欲しいなど、様々な想いに応えるべく作られた。個別デスクや共用スペース、会議室などがあり、利用者は自身の働き方に合わせた使い方ができる。

また、定期的にワークショップや勉強会が開かれ、利用者同士が知識を共有したり、共に新しいアイデアを生み出したりする機会が提供されており、フリーランスや小規模企業、スタートアップの人々が集まり、自然にネットワーキングやコラボレーションが生まれやすい環境が整っている。

○からほり悠：クリエイティブキッチン＋シェアオフィスがコンセプト。「レンタルキッチン」＋「食品製造許可」＋「飲食店営業許可」のある場所として、一般的なレンタルスペースのような利用だけではなく、菓子や惣菜等の製造所としても活用可能なことが特長である。これは、新型コロナ禍でフードデリバリーが注目されたことを契機に、お店を持たない、お料理作りに特化したビジネスの可能性に注目したプロジェクト。

5：北加賀谷 KCV 構想[24]（大阪市住之江区

北加賀屋エリアは、大阪市住之江区にある「造船のまち」として栄えたまちである。その後、空工場など地域の活力の減退が課題になる中、2009年にこのエリアの土地を多く所有する千鳥土地㈱が、近代化産業遺産に認定された「名村造船所大阪工場跡地」を拠点に、構想提唱。

大阪メトロ「北加賀屋」駅の北エリアに点在する空き物件や空き地で、アーティストやクリエイターがアトリエやオフィス等を開設・運営し、「芸術・文化が集積する創造拠点」として再生することを目指し、現在では街中に壁画やモニュメントが数多く点在する「アートのまち」として生まれ変わった。あらゆるジャンルのアーティストや、ものづくりに関わるクリエイターなどが集う仕掛けと世界に情報発信することで、このエリアの魅力が向上し、「行ってみたい」「住んでみたい」と思われる場所になることを目指している。

とにかく訪れたくなるような、「発見」が散らばったまちという印象がある。

「みんなのうえん」（北加賀屋クリエイティブファーム）を運営するグッドラックの金田康孝代表は言う。「行政に頼らない持続可能な仕掛けには、参加やチャレンジのしやすさとワクワク感が必要だ」と。

活動の歩み

2009年～	KCV（北加賀屋クリエイティブ・ビレッジ）	構想始動
2012年	みんなのうえん	空き地を活用したコミュニティ農園
2014年	MASK	旧工場・倉庫跡を大型アート作品の収蔵庫
2016年	APartMENT	8組のアーティスト、クリエイターが、旧鉄工所社宅を賃貸住宅として改装
2017年	千鳥文化	築約60年の文化住宅を補修した食堂、ギャラリー、テナントが入居するまちの文化複合施設
2018年	モリムラ@ミュージアム（M@M）	旧家具屋を再生し、現代美術家・森村泰昌氏がプロデュースする自身初の個人美術館
2020年	Super Studio Kitakagaya（SSK）	旧名村造船所倉庫を、アーティストやクリエイターのためのシェアスタジオを含む複合施設

MASK

千鳥文化

みんな農園

出典・参考文献

リンク先 URL はこちらの QR から

01 かわる家族と世帯の住まい

1 2025年10月に国勢調査が実施されるため、データはさらに更新予定
2 2025年（令和7年）2月1日現在（概算値）総人口、2025
3 「統計からみた我が国の高齢者」総務省、2024/9/15
4 「高齢社会白書」厚生労働省、令和6年版
5 「人口動態統計月報年計（概数）の概況」厚生労働省、令和5年
6 『アジアの合計特殊出生率ランキング』世界経済のネタ帳、2024
7 「国民生活基礎調査の概況」厚生労働省、令和5年
8 「こども大綱」子ども家庭庁、令和5年12月22日
9 「男女共同参画白書」内閣府、令和4年版
10 『幼児期と社会』エリク・H・エリクソン（著）二木皓（訳）、誠信書房、1977
11 Duvall, E. M.(1977). Marriage and Family Development (6th ed.). J.B. Lippincott.
12 『地域内循環居住の実態とこれを支援する地域内での供給住宅に関する研究』野嶋慎二・佐藤滋『日本建築学会計画系論文集』第501号、1997.11
13 不安定な世帯の生活移行において滞在（流動）と定住および施設と住宅の間を埋める過渡期・段階的な居住の場を「中間的居住」（ステップハウジング）と位置づけ、短期的な滞在と居住の間を埋めるものを「暫居」、一時的な居住と定住の間を埋めるものを「暫住」として定義している（2020、寺川）。
14 大月敏雄による「同潤会の研究」や寺川政司の「軍艦アパートの研究」において隣居・近居の実態とその可能性について示された「アネックスっ居住やサテライト居住」（1993）があり、近江隆や金貞均らによる「ネットワーク居住」（1997）がある
15 低所得地域に富裕層が流入し、地価や家賃が上昇する現象。地域が再開発され、商業施設が充実する一方、元の住民が住み続けられなくなる問題が生じる。都市再生の一環として注目されるが、社会格差を拡大させる側面もある。
16 人口減少や産業衰退により都市が縮小し、空き家増加やインフラ維持の課題が生じる都市のこと。都市機能を効率化する「コンパクトシティ」政策が対策として進められている。
17 住宅で消費するエネルギーと、太陽光発電、高断熱性能の強化、高効率な設備を活用するなどで、自ら生み出すエネルギーの収支をゼロにすることを目指した住宅のこと。
18 居住者の働きかけにより、住まいの機能をまちに拡張してシェアするまちのこと。所有から共用へと概念を転換し、地域資源を活かした多様な居場所が社会関係資本を育み、互いに役割を変化させることで、孤立や排除を生まない、持続可能で魅力的なまちづくりを指す。
19 個人や企業が所有する資産やサービスを、インターネットを通じて他者と共有・交換する経済モデルのこと。具体的には、カーシェアリング、民泊、空地、スキルのシェアなどがある。所有から利用へと価値観の変化にともなって生まれた概念
20 「住宅双六」1973、上田篤、朝日新聞、1973年1月30日
21 「住宅双六」2007、上田篤、日本経済新聞、2007年2月25日

02 時代とあゆむ住宅政策と住宅地計画

1 「令和5年住宅・土地統計調査」総務省、「社会資本整備審議会住宅宅地分科会（第36回）資料2」国交省 社会資本整備審議会、2015
2 “住宅・都市整備公団（1981）、都市基盤公団（1999）、都市再生機構〔UR都市機構〕（2004）へと移行”
住生活基本計画（概要）国交省
3 国交省によってリスト化されているニュータウンの定義は、「1955年度（昭和30年度）以降に着手された事業」「計画戸数1,000戸以上又は計画人口3,000人以上の増加を計画した事業で、地区面積16ha以上のもの」「郊外での開発事業（事業開始時に人口集中地区（DID）外であった事業）」の3条件にあてはまる開発事業（面的な開発を対象とした単体のマンション等は含まない）
4 『大正「住宅改造博覧会」の夢―箕面・桜ヶ丘をめぐって』西山夘三・石川康介・吉田高子ほか、INAXo、1988年3月
5 『「明日の田園都市」への誘い―ハワードの構想に発したその歴史と未来―』東秀紀・風見正三・橘裕子・村上暁信、彰国社、2001
6 日本建築協会
7 建築写真類聚「改造住宅」巻一（住宅改造博覧会出品住宅）
8 『田園都市案内』田園都市株式会社、大正12年
9 『同潤会のアパートメントとその時代』佐藤滋・高見沢邦郎・伊藤裕久・大月敏雄・真野洋介（著）、鹿島出版会、1998
『同潤会基礎資料　近代都市生活調査』内田青蔵ほか、柏書房、1996
10 アトラス江戸川アパートメント〉プレミアムサイト
11 1920年代のベルリンで建設された、公的資金援助による社会的住宅のことで、都市をジードルンクの建設から始めて形成していく計画の中で、建築というハード面だけでなく、住民やコミュニティ、生活習慣の中に共同体（コミュニティ）意識を持たせることを示唆した計画。B・クウトが参画。
12 『昭和住宅物語』藤森照信、新建築社、1990
13 日経映像チャンネル、日経新聞企画・日本住宅公団監修、日経映画社、1960
14 『近隣住区論―新しいコミュニティ計画のために』クラレンス・ペリー（著）、倉田和四生（訳）、鹿島出版会、1975
コーネル大学図書館デジタル・コレクション
15 『坂出人口土地における開発手法に関する研究』近藤裕陽・木下光『都市計画論文報告集』2008
16 基町プロジェクト HP
17 google map
18 UR 都市機構

19 くまもとアートポリスプロジェクト一覧
20 ハイタウン北方概要（岐阜県 HP）
21「住み手参加型改良住宅と従来型改良住宅におけるコミュニティの特性に関する研究」『都市計画論文集』No.38-3、2003
22 現代計画研究所 HP より
23 深沢環境共生住宅（世田谷区 HP）
24『被災地における多様な復興住宅政策のあり方 ―コレクティブハウジングの課題と将来像―』㈶ひょうご震災記念 21 世紀研究機構、2009

03 団地というエリアでつむぐ ひと・もの・こと

1 『ルネッサンス計画について』UR 都市機構 HP
2 NPO 法人ちば地域再生リサーチ
3 『響き合うダンチ・ライフ』大阪府住宅供給公社、団地再生プロジェクト
4 MUJI × UR 団地リノベーションプロジェクト
5 「熱海市とニトリが連携、市営住宅を入居者好みにリフォーム」新・公民連携最前線 HP
6 そうぞうする団地 HP（取手市 井野団地）
7 団地の未来プロジェクト
8 UR まちとくらしのミュージアム（赤羽農耕団地）
9 「住宅セーフティネット制度の見直しについて」国土交通省 住宅局、令和 6 年 3 月
10「住宅つき就職支援プロジェクト MODEL HOUSE」HELLOlife HP
11「住宅団地の実態調査―現状及び国土交通省の取組について―」国土交通省 住宅局 市街地建築課 資料 5
12「改正地域再生法等について」内閣府・国土交通省、令和 6 年 6 月

04 住宅セーフティネットとハウジング

1 「住宅セーフティネット法等の一部を改正する法律について」国土交通省
2 「高齢者人口・単身高齢者データ」総務省 統計局
3 「高齢社会白書」厚生労働省、令和 6 年版
4 「障害者白書」厚生労働省、令和 6 年版
5 「ひとり親家庭の現状」厚生労働省、令和 6 年版
6 OECD「Income inequality and poverty」
7 「全国ひとり親世帯等調査」こども家庭庁、令和 3 年度
8 「男女共同参画白書」令和 3 年版
9 「社会的養護の施設等について」厚生労働省
10「被災者（能登半島地震・東日本大震災）住宅状況」復興庁
11「全国ホームレスの実態調査」厚生労働省
12「孤独・孤立の実態把握に関する全国調査」内閣府、令和 5 年実施
13「LGBTQ に関する調査・報告書」NPO 法人 ReBit
14「犯罪をした者等の住居の確保等の現状と課題について」法務省
15「在留外国人統計」法務省
16「中国残留邦人等の現状」厚生労働省
17「住宅確保要配慮者に対する居住支援機能等のあり方に関する中間とりまとめ 参考資料、住宅確保要配慮者に対する居住支援機能等のあり方に関する検討会」国土交通省、2024.6
18「地域包括ケアシステム」厚生労働省
19「『我が事・丸ごと』の地域づくりについて」厚生労働省
20「重層的支援体制整備事業とは」厚生労働省
21「重層的支援体制整備事業の取組み」生駒市、2023.6
22「居住に課題を抱える人（住宅確保要配慮者）に対する居住支援について」厚生労働省・国土交通省
23「令和 4 年人口動態統計」厚生労働省
24 高齢者、障害者等の移動等の円滑化の促進に関する法律（バリアフリー法）の概要
25「建築物のバリアフリー基準等の見直しについて」国土交通省
26「障害者差別解消法の改正」内閣府
27「障害者総合支援法の改正」厚生労働省
28「障害者雇用促進法の改正」厚生労働省
29 Milbrey McLaughlin, "Care in Place: Aging in America"(2019)
30 Stephen M. Golant, Aging in the Right Place (2015)
31 John McKnight & Peter Block, The Abundant Community: Awakening the Power of Families and Neighborhoods (2010)
32 Robert D. Putnam, Bowling Alone: The Collapse and Revival of American Community (2000)
33「スマートウェルネス住宅等推進事業について」国土交通省、2018/6
34 スマートウェルネス シティ首長研究会
35 佛子園 HP

05 居住支援と不動産

1 住宅確保要配慮者に対する居住支援機能等のあり方に関する中間とりまとめ 参考資料、住宅確保要配慮者に対する居住支援機能等のあり方に関する検討会、2024/6
2 このテーマ（キーワード）は、神戸 YWCA が 2020 に創設した「居住支援ネットワーク会議」（障害者、外国人、高齢者関連支援団体、不動産事業者で構成）の居住支援の実践の場から生まれたテーマで、このテーマに関わる不動産事業者の意義や可能性から用いるようになったもの。
3 アオバ住宅社 HP

06 住宅ストックと空き家再生

1 住宅・土地統計調査 住宅及び世帯に関する基本集計（確報集計）結果、令和 5 年
2 「2040 年の住宅市場と課題」野村総合研究所、2024
3 「空き家政策の現状と課題及び検討の方向性」国土交通省 住宅局、令和 4 年 10 月
4 「社会資本整備審議会住宅宅地分科会空き家対策小委員会とりまとめ参考データ集」国土交通省 住宅局、令和 5 年 2 月
5 空家等対策の推進に関する特別措置法の一部を改正する法律（令和 5 年法律第 50 号）について
6 非住宅用地（更地）係数が 7/10 となるため、1/6 の時に比べると実質約 4 倍
7 空き家対策と所有者不明土地等対策の一体的・総合的推

進（政策パッケージ）について
8 現在、1981年以前の旧耐震基準で建てられた建物は、大地震時に倒壊するリスクが高いため、耐震補強や建て替えが推奨されている。空き家活用時（可否）の一つの判断材料
9 「改正建築基準法について」国土交通省、令和4年6月17日公布
10 既存住宅流通市場活性化のための優良な住宅ストックの形成及び消費者保護の充実に関する小委員会とりまとめ、令和3年1月
11 大阪市空家利活用改修補助事業HP資料
12 インスペクション（住宅診断）とは、専門の建築士や住宅診断士が、建物の劣化状況や欠陥の有無を調査・評価することを指す。主に中古住宅の売買時やリフォーム前に行われることが多く、住宅の安全性や資産価値を確認するために活用される
13 京都市非居住住宅利活用促進税条例（京都市条例第1号）令和5年4月13日
14 「非居住住宅利活用促進税について」京都市HP
15 所有者不明土地の利用の円滑化等に関する特別措置法（所有者不明土地法）
16 「訪日外客数」（2024年12月および年間推計値）日本政府観光局
17 「住宅宿泊事業法（民泊新法）とは？」国土交通省HP
18 「第5回違法民泊対策関係省庁連絡会議」国土交通省HP
19 SEKAI HOTEL HP
20 「空き家再生による地域資源活用型ホテルに関する研究」本庄はるな『近畿大学卒業論文』2020
21 がもよんにぎわいプロジェクトHP
22 ヨリドコ大正メイキン・るつぼんFaceBook
23 龍造寺Lab.「造」・からほり「悠」HP
24 北加賀谷KCV構想

第Ⅱ部 まちづくりのこれまでとこれからにつなぐ物語

第Ⅰ部では、世帯と住まいについて〝ハウジング〟の視点から施策や計画の変遷から現在の情勢をみてきましたが、第Ⅱ部では、都市・地域計画やまちづくりの視点から、市街地や地方再生、防災など、各種テーマにおける現状をみていきましょう。

07 国土形成計画とまちづくり

7-1 国土計画の変遷と現在

実際のハウジングやまちづくりの現場では、個別の法律や施策をいかに活用するかに奔走している感がありますが、現場からのフィードバックによって、新たな制度設計につながることも多々あります。一方、その大本の部分、日本における国造りを担う政策や方針はどこで示されているのでしょうか。

高度経済成長期、夢のマイホームとマイカーが日本を象徴していた時代、全国を走る高速道路や新幹線は、経済の血流をつくる動脈として整備されました。そんな時代に生まれたのが**「全国総合開発計画（全総）」**でした。次期計画である「新全総」も含めて、東京一極集中を是正し、「新産業都市」や「工業基地」の整備によって日本全体の経済成長を加速するための国家プロジェクト計画として位置付けられました。当時、1970年の大阪万博もあり、大阪を中心にした「近畿圏整備」推進と同時に、全国でインフラ整備が進みました。しかし、東京一極集中は止まらず、全総は、新たな国土形成計画法に基づく**「国土形成計画」**へと代わり、2015年に策定された**『第三次国土形成計画』**[1]は、2025年を目標年次とし、全国各地域で施策が進められています。2023年現在、次期国土形成計画に向けた

表 7-1-1：国土計画ビジョンの変遷

	全国総合開発計画（一全総）	新全国総合開発計画（新全総）	第三次全国総合開発計画（三全総）	第四次全国総合開発計画（四全総）	21世紀の国土のグランドデザイン	国土形成計画（全国計画）	第二次国土形成計画（全国計画）	第三次国土形成計画
根拠法	国土総合開発法					国土形成計画法		
閣議決定	昭和37年10月5日（1962年）	昭和44年5月30日（1969年）	昭和52年11月4日（1977年）	昭和62年6月30日（1987年）	平成10年3月31日（1998年）	平成20年7月4日（2008年）	平成27年8月14日（2015年）	令和5年7月28日（2023年）
目標年次	昭和45年	昭和60年	（概ね10年間）	概ね平成12年（2000年）	平成22年から27年（2010-2015年	（概ね10年間）	（概ね10年間）	（概ね10年間）
基本目標	地域間の均衡ある発展	豊かな環境の創造	人間居住の総合的環境の整備	多極分散型国土の構築	多軸型国土構造形成の基礎づくり	・多様な広域ブロックが自立的に発展する国土を構築 ・美しく暮らしやすい国土の形成	対流促進型国土の形成	新時代に地域力をつなぐ国土列島を支える新たな地域マネジメント構築
開発方式等	拠点開発方式	大規模開発プロジェクト構想	定住構想	交流ネットワーク構想	参加と連携：多様な主体の参加と地域連携による国土づくり	〔5つの戦略的目標〕東アジア連携／持続可能な地域／災害レジリエンス／美しい国土／新たな公	重層的かつ強靱なコンパクト＋ネットワーク	シームレスな拠点連結型国土

議論が進められており、今後の国土政策の方向性が検討されています。

図 7-1-1 は、政府が示した第三次国土形成計画の概要図です。複雑非常に細かく、複雑な図ですが、網羅していましたので、ここに掲載しました。

この計画では、まず**「新時代に地域力をつなぐ国土〜列島を支える新たな地域マネジメントの構築〜」**というメインビジョンの下で、人口や諸機能を国土全体に分散させることで東京一極集中を是正し、交通やデジタルネットワークでシームレスにつながる国土を構築すること。そして重点テーマに、**「地域生活圏」の形成／持続可能な産業の構造転換／グリーン国土の創造／人口減少下の国土利用・管理。をあげ、「新しい資本主義デジタル田園構想」**の実現をあげています。

たとえば、日本海側＋太平洋側の二面を活用する「回廊ネットワーク」を作る構想では**スーパーメガリージョンプロジェクト**[2]が示されています。東京－大阪間を結ぶリニア中央新幹線は、この構想の一環であるといえます。

本稿では、本書に関連した部分について次の３つを挙げておきます。

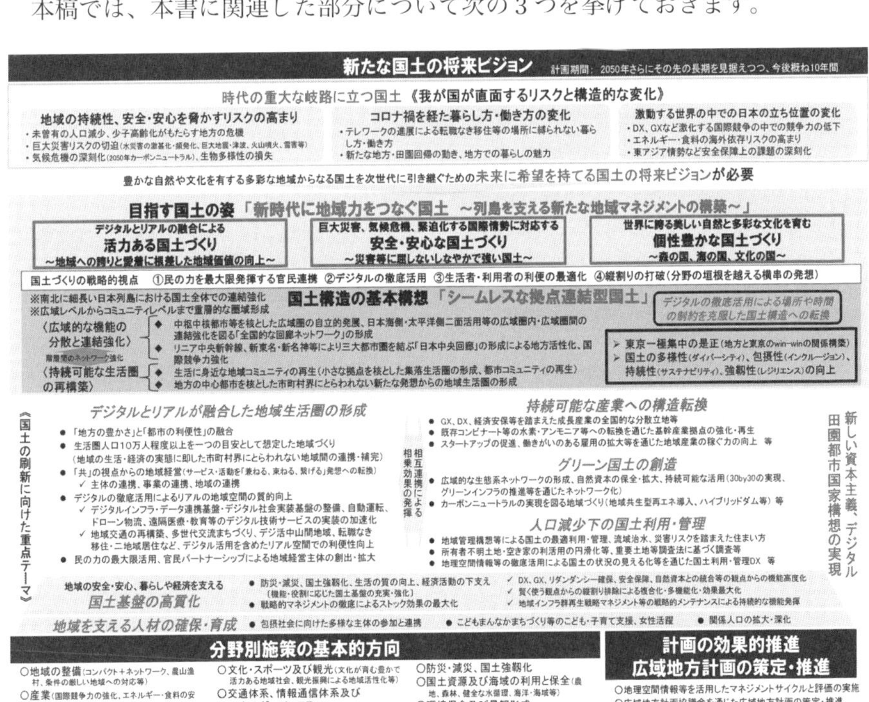

図 7-1-1：「第三次国土形成計画」概要図

①**「地域力」の活用**：地域資源を総動員し、地域への誇りと愛着を原動力に、地域の多様な主体の参加と連携を進め、地域の総合力・底力を最大限に発揮して、地域課題を克服し、積極的に魅力を高める力を活用するとしています。

②**地域マネジメントのパラダイムシフト**：従来の行政主導の地域運営や、縦割り分野ごとの地方公共団体での対応だけでは限界があることから、デジタル技術を活用しながら、多様な主体が連携し、持続可能な地域づくりを進める新たな管理・運営の枠組みへの転換を指しており、従来の行政依存型から、自律分散型の地域経営へと転換することを意味しています。自治体・企業・住民が共同で運営する「地域運営組織（DMO）」の創設などがイメージされています。

③**「コンパクト＋ネットワークの強化」**：人口減少時代における持続可能な地域づくりの指針として、「コンパクトシティ」の推進、公共交通の維持・強化、地域間連携の強化が含まれます。これにより、過疎化の進行を抑制し、都市と地方のバランスの取れた発展を目指すとしています。そして、デジタル技術の活用と新たな交通システムが重点施策として位置づけられています。

そして、2014年に将来ビジョンとして示されたのが**「国土のグランドデザイン2050～対流促進型国土の形成～」**[3]です。

グランドデザインに掲げられた12のゲート（基本戦略）には、観光立国や田舎暮らしの促進、災害に強い国土づくり、技術革新、エネルギー政策などが並びます。ここでも、そのカギを握るのが、**“コンパクト＋ネットワーク”**です。

少なくとも、各省庁や地方自治体は、このビジョンと方針に紐づいた法制度をもとに具体的な施策や事業を展開することになります。とくに、現代日本の土台となる施策の代表格が、国土づくりを支える**「国土形成計画」**（2015）、そして社会資本整備の青写真となる**「社会資本整備重点計画」**（2021）です（**図7-1-2**）。

さらに、この戦略のバックボーンには、これまでの法整備が脈々と流れています。1998年改正の「まちづくり三法」[4]でエリアマネジメントの芽を育て、1999年の「PFI法」（民間資金等の活用による公共施設等の整備等の促進に関する法律）[5]で官民連携を推進し、2012年の「都市の低炭素化の促進に関する法律」（エコまち法）[6]などが絡んでいます。

『経済財政運営と改革の基本方針2024』（骨太方針）（令和6年6月21日閣議決定）　経済・財政改革

第2章社会課題への対応を通じた持続的な経済成長の実現
5. 地方創生及び地域における社会課題への対応
・持続可能な国土形成に向け、各種サービス機能の集約拠点や地域生活圏の形成と国土全体の連結強化等を進め、コンパクト・プラス・ネットワークの取組を深化・発展させる。
・広域的な都市圏のコンパクト化を推進するとともに、立地適正化計画等のまちづくり計画を踏まえ、インフラ老朽化対策（修繕・更新、集約・複合化等）について優先順位等を検討した上で実施する。

『当面の重点検討課題』（令和5年6月16日デジタル田園都市国家構想実現会議決定）　地方創生

デジタルとリアルが融合した地域生活圏の推進
・交通活性化、自動運転、ドローン物流、建築・都市のDXのほか、人中心のコンパクトな多世代交流まちづくりや「道の駅」の拠点機能強化等の各種関連施策を強化し、政策パッケージとして取りまとめ等

『第5次社会資本整備重点計画』（令和3年5月28日閣議決定）　社会資本整備

3. 計画期間における重点目標、事業の概要
重点目標3：持続可能で暮らしやすい地域社会の実現
【3-1：魅力的 なコンパクトシティの形成】
・都市の中心拠点や生活拠点に、居住や医療・福祉・商業等の生活サービス機能を誘導するとともに、公共交通の充実を図ることにより、**コンパクト・プラス・ネットワークの取組を推進**

『健康・医療戦略』（令和2年3月27日閣議決定）　健康長寿社会の実現

4. 具体的施策
4. 2. 健康長寿社会の形成に資する新産業創出及び国際展開の促進等
4. 2. 1. 新産業創出／ (1)公的保険外のヘルスケア産業の促進等
○個別の領域の取組（まちづくり、住宅）
・**コンパクト**で歩きたくなるまちづくりを推進するとともに、公共交通の充実による移動機会の増大を図ることにより、予防・健康づくりや高齢者の社会参加を促進する。

『第3次国土形成計画（全国計画）』（令和5年7月28日閣議決定）　国土政策

第2節 人中心のコンパクトな多世代交流まちづくり
1. 都市のコンパクト化と交通ネットワークの確保
・居住や都市機能の誘導を進める**都市のコンパクト化**と、そのような拠点間や周辺地域を結ぶ公共交通軸の確保を通じた**交通ネットワークの確保**を更に推進していく必要がある。　…多様な暮らし方・働き方を支える人中心の**コンパクトな**多世代交流まちづくりの実現を図っていく。

『第2次交通政策基本計画』（令和3年5月28日閣議決定）　交通政策

第4章目標と講ずべき施策
目標②
まちづくりと連携した地域構造のコンパクト・プラス・ネットワーク化の推進
・地域公共交通計画と立地適正化計画について、市町村に対するコンサルティング等により、両計画の一体的な策定・実施を促進するとともに、
…関係省庁で構成される「コンパクトシティ形成支援チーム」の枠組を通じ、
…**コンパクト・プラス・ネットワークの取組の裾野を拡大する。**

図 7-1-2：政府方針におけるコンパクト＋ネットワークの位置づけ（抜粋）

表 7-1-2：「第三次国土形成計画」関連施策

施策名	用語の意味	省庁
カーボンニュートラル	温室効果ガスの排出量と吸収量を均衡させること	環境省
カーボンニュートラルポート CNP	脱炭素化に配慮した港湾機能の高度化や水素等の受入環境の整備等を図る港湾	国土交通省
関係人口	定住でもなく、観光で訪れる交流でもない、特定地域に継続的に多様に関わる人	内閣官房
グリーンインフラ	自然環境が有する多様な機能を活用し、持続可能で魅力ある国土づくりを進める概念	国土交通省
国際コンテナ戦略港湾政策	国際基幹航路の寄港を維持・拡大し、日本経済・産業の国際競争力を強化	国土交通省
国際バルク戦略港湾政策	資源・エネルギー・食糧等の海上輸送網の安定化・効率化を図る政策	国土交通省
国土強靱化	大規模自然災害時に被害を抑え、迅速に回復する強くしなやかな国土づくり	内閣府
ジオパーク	地球科学的意義のある景観を保護し、教育・開発を進める地域	—
女性デジタル人材育成プラン	女性のデジタルスキル習得を支援し、就業獲得や所得向上を目指す取組み	内閣府
スタートアップ・エコシステム	スタートアップを支援し、相互に関連しながら成長する仕組み	内閣府
スマートシティ	ICT 技術を活用し、持続可能な都市運営を行う概念	内閣府
スーパーシティ	規制改革やデータ連携を活用し、未来社会を先行実現する区域	内閣府
脱炭素先行地域	2030 年度までに CO_2 排出実質ゼロを実現する地域	環境省
地域インフラ群再生戦略マネジメント	地域の複数施設をまとめ、効果的にメンテナンスする戦略	国土交通省
地域運営組織	地域住民が主体となり、地域課題解決に取組む組織	総務省
地域循環共生圏	環境・経済・社会の課題解決を図り、地域の自立とネットワーク形成を進める考え方	環境省
地方創生テレワーク	地方のサテライトオフィス勤務を促進し、地方創生に貢献するテレワーク	内閣府
地理空間情報高度活用社会G空間社会	地理空間情報を高度に活用し、安心・豊かな生活を実現する社会	内閣官房
定住自立圏	都市と近隣市町村が協力し、地方の生活機能を確保する圏域	総務省
「デジ活」中山間地域	農林水産業とデジタル技術を活用し、地域の活性化を図る地域	農林水産省
デジタル田園都市国家構想	デジタル技術を活用し、地方の社会課題解決と魅力向上を推進する構想	内閣官房
農村 RMO	農業・生活支援を担う地域コミュニティの維持組織	農林水産省
ブルーカーボン生態系	海洋生態系に吸収された炭素を隔離・貯留する生態系	国土交通省

7-2 “コンパクト＋ネットワーク”と都市再生・地方創生

（1）都市再生への新たなアプローチ：立地適正化計画と都市再生整備計画事業

2014年の「都市再生特別措置法」改正で、新たに**「立地適正化計画」（コンパクトシティ）制度**[7]が誕生しました。都市のコンパクト化によって、「密度の経済」を発揮し、生活サービス機能維持や住民の健康増進、生活利便性の維持・向上、地域経済の活性化、行政サービスの効率化等による行政コストの削減、災害リスクを踏まえた居住地の誘導や安全性強化などを目指すものです。

そして、この計画は、市町村が地域の将来像を描き、**「都市機能誘導区域」と「居住誘導区域」を設定**することが前提となります。そして、都市機能誘導区域には、病院や商業施設、公共交通機関のハブといった生活の核となる施設が配置され、居住誘導区域には住宅地が計画的に整備されます。こうしたアプローチによって、都市の無秩序な拡大を防ぎ、生活利便性や防災力向上を目指しています。

一方、現行制度との関係について、市町村マスタープランとの違いがわかりにくいのですが、既存マスタープラン（の一部）として策定可能という建付けになっており、また、都市計画法に関しては、都市計画がハード整備に関する「規制」に主眼がおかれ、都市再生特別措置法に基づく立地適正化計画はソフト事業も含む「誘導」に主眼がおかれているといえます（図7-2-1）。

また、計画実現にむけた3つの支援事業[8]に、**「都市再生整備計画事業」**[9]**「都市構造再編集中支援事業」**[10]**「まちなかウォーカブル推進事業」**[11]が整備されています。

その他、地域公共交通活性化再生法の改正（2020年）ともつながって、**地域公共交通計画**[12]とリンクして、“コンパクト＋ネットワーク”政策がすすめられていることを押さえておく必要があります。

（2）地方再生と立地適正化計画

「地方創生」は、“コンパクト＋ネットワーク”戦略の、**「まち・ひと・しごと創生総合戦略（以降、地方創生戦略）」**に紐づいていき、わが国の政策においては、長年にわたり重要課題であり続けるテーマでした。

もとは2014年の第二次安倍内閣の政策として**「地域活性化総合特区」**や**「地方創生戦略」**などに位置づけられました。この政策は、地域経済の活性化や人口

都市計画法に基づく都市計画
（趣旨）都市計画区域指定や区域区分（線引き）、開発行為規制、都市計画事業により、郊外のスプロール化（無秩序な市街化）の抑制、効率的な都市基盤整備を実施
（手法）民間に対する規制、行政によるインフラ整備
→開発圧力に対し都市の規模拡大をコントロール

＋

都市再生法に基づく立地適正化計画
（趣旨）都市計画の規制を前提に、規制緩和、税財政支援等の誘導手法により、まちなか・公共交通沿線等に住宅、医療・福祉、商業等の機能の立地を誘導し、都市をコンパクト化
（手法）民間に対する経済的インセンティブ
→人口減少下で都市機能の適正立地をコントロール

都市計画区域
市街化区域
-既成市街地及び10年以内に優先的に市街化を図る区域
-用途地域（建物の用途、密度、形態等を規制）を指定
-都市施設、市街地開発事業を実施
市街化調整区域
-原則的に開発は認められない（開発許可）
-原則的に公共投資は行われない

立地適正化計画に対する支援措置
-計画の作成に対する補助、コンサルティング
-誘導施設の整備に対する補助・金融・税制支援
-公共交通ネットワークの整備に対する補助
-誘導施設の整備に対する容積率の特例（特定用途誘導地区）

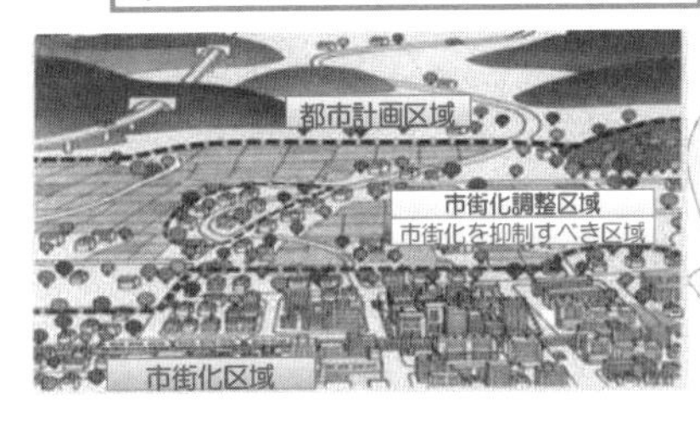

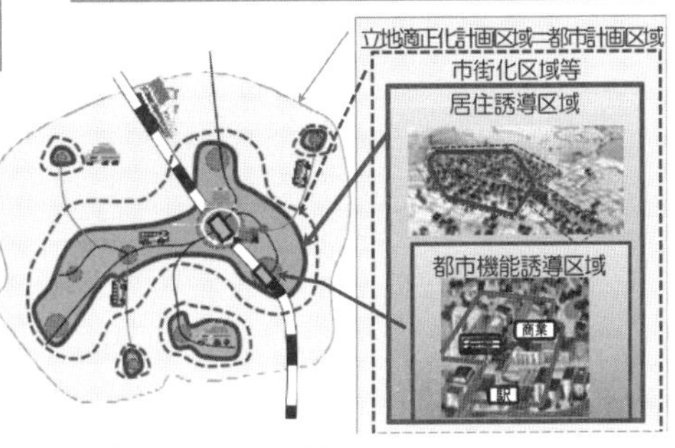

図 7-2-1：都市計画と立地適正化計画の関係＊

減少の克服を目指し、地方自治体ごとの独自性を活かした取組みを支援するための枠組みを提供するものでした。そして、現 石破内閣の看板政策は「地方創生2.0」。地方移住支援や産業振興推進、そして防災を新たな産業とする方針がだされました（2026 年度防災庁発足にむけて防災庁設置準備室設置）。

(3) デジタル田園都市構想に映る未来

2022 年 12 月 23 日に、第 2 期「まち・ひと・しごと創生総合戦略」を抜本的に改訂し、2023 年度を初年度とする 5 か年の**「デジタル田園都市構想」**[12]が制定されました。この構想は、「地方に都市の利便性を、都市に地方の豊かさを」をスローガンに、全国どこでも誰もが便利で快適に暮らせる社会の実現を目指すものです。都市と地方の格差を縮小するために、高速通信インフラ整備を進め、リモートワーク、オンライン教育、デジタル人材の育成・確保、遠隔医療、スマート農業などを促進するとともに、企業の地方移転や起業支援を強化し、地域経済の活性化を図るという政策です。さらに、自治体の行政手続きをデジタル化し、スマートシティ化を推進することで、住民サービスを向上させ、「どこでも働ける、学べる、生活できる」社会を実現するというのがこの政策の核心であり、地方創生の新たなモデルとなることが期待されています。

まだ、始まったばかりの政策なので、その成果や課題を記せる段階にはありませんが、明らかに現代の社会潮流を表す政策であるといえます。

筆者自身、全国どこでも、誰でも、という「魔法の杖」のような政策の急速な進展に追い付けずに少し戸惑っている、というのが正直なところです。

一方、注目していることもあります。2025年2月現在、全国で16の**国家戦略特区**[13]が指定され、500を超える認定事業が行われています。大阪府・京都府・兵庫県・和歌山県が「関西圏国家戦略特区」に指定され、大阪市域は**「スーパーシティ」**という社会実験が進行中です。たまたま筆者が住む大阪で展開されているとのこと。スマートハウスやスマートシティのような、ハードウェアへのデジタル技術の活用だけでなく、住民意識やニーズなどのまちづくり（コミュニティ）分野も含めた事業のようです。これまで、まちづくりの実践では、きわめてアナログな世界（白黒つけにくいマニュアルがないような場）で過ごしてきた筆者にとって、この変化の意味や意義の真偽を体感したいと考えています。

図 7-2-2：都市再生整備計画関連事業で実施可能な事業[11]

［資料］日本の都市計画の構造・仕組みと建築用途制限

都市計画法のもと自治体のマスタープランに基づき、図にある４つのレイヤーで開発と規制が行われます。とくに用途地域は、建築可能な建物の種類や用途を制限する規程です。

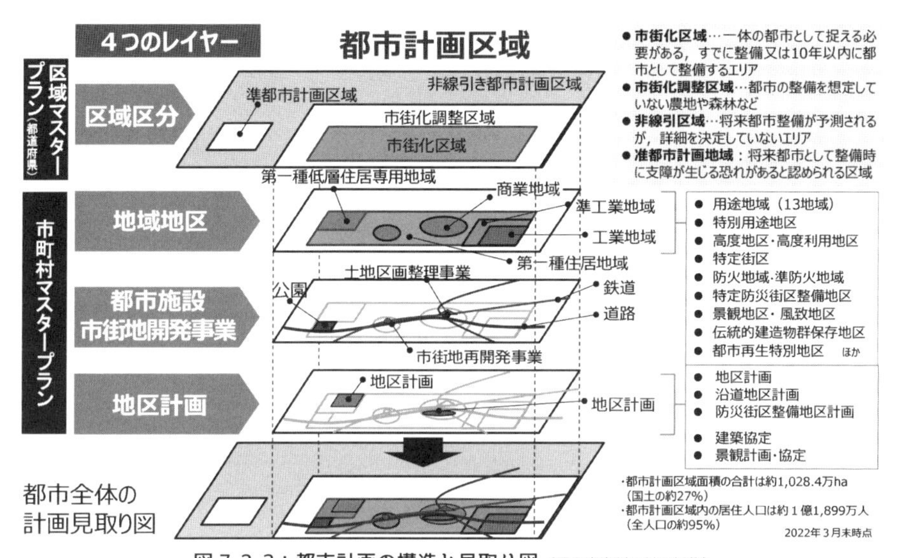

図 7-2-3：都市計画の構造と見取り図〔国交省資料を基に編集〕

表 7-2-1：用途地域における用途制限表（建築基準法別表第二の概要。制限すべては反映していない）

用途＼用途地域	第一種低層住居専用地域	第二種低層住居専用地域	田園住居地域	第一種中高層住居専用地域	第二種中高層住居専用地域	第一種住居地域	第二種住居地域	準住居地域	近隣商業地域	商業地域	準工業地域	工業地域	工業専用地域
神社・教会・寺院・診療所・公衆浴場・保育園 幼保連携型認定こども園	○	○	○	○	○	○	○	○	○	○	○	○	○
住宅・共同住宅・寄宿舎・下宿	○	○	○	○	○	○	○	○	○	○	○	○	×
老人ホーム	○	○	○	○	○	○	○	○	○	○	○	○	×
図書館・博物館・美術館	○	○	○	○	○	○	○	○	○	○	○	○	×
小学校・中学校・高校	○	○	○	○	○	○	○	○	○	○	○	×	×
大学・高専・専修・各種学校	×	×	×	○	○	○	○	○	○	○	○	×	×
病院	×	×	×	○	○	○	○	○	○	○	○	×	×
ホテル・旅館	×	×	×	×	×	○	○	○	○	○	○	×	×
劇場・映画館・ナイトクラブ（200m²未満）	×	×	×	×	×	×	×	○	○	○	○	×	×
劇場・映画館・ナイトクラブ（200m²以上）	×	×	×	×	×	×	×	×	○	○	○	×	×
カラオケボックス・ダンスホール（10,000m²以下）	×	×	×	×	×	×	○	○	○	○	○	○	○
店舗・飲食店（２階以下かつ150m²以内）	×	○	○	○	○	○	○	○	○	○	○	○	×
店舗・飲食店（10,000m²超）	×	×	×	×	×	×	×	×	○	○	○	×	×
料理店・キャバレー	×	×	×	×	×	×	×	×	×	○	○	×	×
倉庫業を営む倉庫	×	×	×	×	×	×	×	○	○	○	○	○	○
自動車修理工場（150m²以内）	×	×	×	×	×	×	×	○	○	○	○	○	○

08 エリアマネジメントとPPP/PFI

8-1 エリアマネジメント

(1) エリアマネジメントというまちづくりプラットホーム化

最近のまちづくりで「**エリアマネジメント**」[1]という言葉を聞くことが増えましたが、政策的には、2005年頃から国土交通省が積極的に推進するようになり、2011年のまちづくり三法改正や2018年の地域再生法改正などを経て、制度的な整備が進められました。

その定義について、国交省は『**地域における良好な環境や地域の価値を維持・向上させるための、住民・事業主・地権者等による主体的な取り組み（合意形成、財産管理、事業・イベント等の実施、公・民の連携等の取り組みを指し、専門家や支援団体の支援等を含む）**』。内閣府でも、『**地域における良好な環境や地域の価値を維持・向上させるための、住民・事業主・地権者等による主体的な取組**』と定義しています。

エリアマネジメントの活動内容として、快適で魅力的な環境の創出、美しい街並みの形成、資産価値の保全・増進、人を惹きつけるブランド力の形成、安全・安心な地域づくり、良好なコミュニティの形成、地域の伝統・文化の継承など、ソフト面の取組みも含まれます。

このようなエリアマネジメントの施策が生まれた背景には、地域の街並みや安全・安心といった身近な環境への関心の高まり、高齢化社会や人口減少社会における土地利用の変化（都市部の低・未利用地の増加やニュータウンの高齢化など）、行政のコスト削減意識の高まり、都市再生や国土基盤マネジメントの担い手としての期待の高まり、「コミュニティ・ビジネス」としての可能性と支援の増加などが挙げられます。

その後、全国で様々な実践タイプ〔HOA タイプ[2]／BID タイプ[3]／公園・緑地、河川等管理タイプ／遊休土地・建物活用タイプ ／まち並み景観形成タイプ／コミュニティ運営タイプ／農村・中山間地域等活性化タイプ ／防災まちづくりタイプなど〕がうまれました。当初は、各地のまちづくり実践を「エリアマネジメント」という枠組みで整理しなおしたものだと思いますが、その後、推進する各種関連制度（**表 8-1-1**）が制定され、駅前や公共空間、住宅地の管理・運営、再開発、活動のための資金提供など多様なスキームで展開されています。

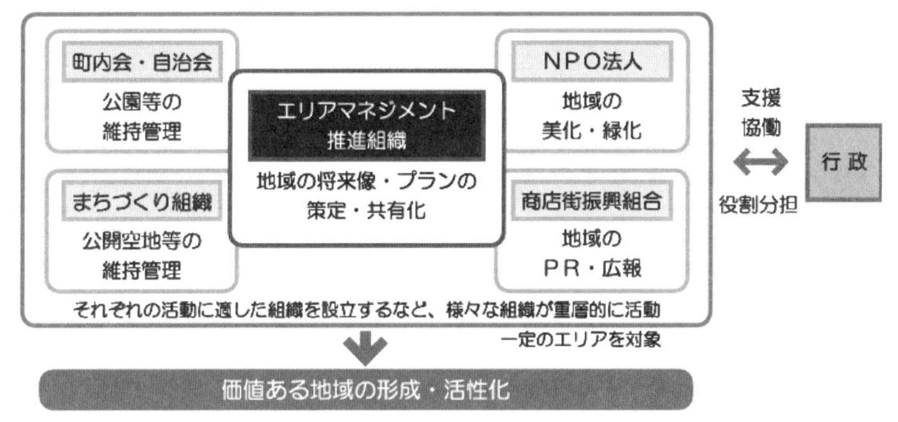

図 8-1-1：エリアマネジメントのイメージ

表 8-1-1：エリアマネジメントの代表的な支援制度

活動団体の指定	都市再生推進法人	まちづくりを担う法人として市町村が指定。
活動の円滑化のための制度	都市利便増進協定	地域住民や都市再生推進法人が、広場等の自主的な管理のために締結する協定。
	道路占用許可の特例	オープンカフェ、広告板等の道路占用許可基準の特例制度。
	都市計画提案制度	土地の所有者やまちづくり団体等による都市計画の提案制度。
活動への財政的支援	住民参加型まちづくりファンド	住民等によるまちづくり事業への助成等やまちづくり会社への出資を行う「まちづくりファンド」に対して、資金拠出を行う支援制度。
	民間まちづくり活動促進事業（社会実験・実証実験等）	協定に基づく施設の整備・活用や、まちの賑わい・交流等に資する社会実験等に対する支援制度。
人材育成	民間まちづくり活動促進事業（普及啓発事業）	ワークショップ等を通じて実際の事業の実践を促し、人材の育成等に対して支援を行う制度。

(2) PPP(官民連携)によって公共空間・施設の市民復権は可能か[4-5]

PPP(Public Private Partnership)は、**公共施設やサービスの提供において、行政と民間が連携し、民間の資金やノウハウを活用することで、持続可能な公共サービスの提供を目指す仕組み**です。これにより、行政の財政負担を抑えつつ、サービスの質の向上を図ることが可能となります。

その主な手法には、① **PFI**(民間資金を活用した公共施設の建設・運営)、②**指定管理者制度**(公共施設の管理を民間に委託)、③**包括的民間委託**(公共サービスを包括的に委託)、④ **DBO 方式**(設計・建設・運営を一括委託)、⑤**コンセッション方式**(運営権の売却)などがあります。

これらの手法を通じて、住民や利用者は公共サービスの質に関するフィードバックを行い、意思決定プロセスに参加したり、プロジェクトを監視したりすることができます。これにより、透明性や説明責任(アカウンタビリティ)が確保され、行政・民間・住民が協力しながら公共サービスの質を向上させることが可能となります。特に、住民の積極的な参加が成功の鍵となります。

また、エリアマネジメントにおいても、いくつかの重要な特徴があります。まず、**①地域に関わる多様な主体(住民、地権者、事業者、行政など)が連携すること**が意識されています。次に、**②資金的に持続可能な法人の整備が重要視**されています。さらに、**③単なるまちづくり活動だけではなく、財源確保や運営制度の仕組みを整える**ことも含まれています。近年では、民間が主体的に関わる PPP の実践が急増しており、これまで行政が管理していた硬直的で形式的な公共空間が、柔軟で魅力的なパブリックスペースへと変わりつつあります。これは、市民が公共空間を主体的に活用する機会を増やす動きであるといえます。

一方で、PPP を推進するにあたり、注意すべき課題もあります。まず、各自治体における資金確保の問題です。特に財政負担が大きい自治体では、PPP の導入に必要な資金を確保することが困難な場合があります。次に、「民間主体のあり方」についても慎重に考える必要があります。PPP が単なる民間企業の利益追求に終始してしまうと、公共性が損なわれるおそれがあります。そのため、地域住民や地元事業者を中心に、多様な主体が協力する枠組みを構築することが求められます。

PPPを活用することで、市民が公共空間に関与し、その利活用を拡大していくことは可能です。しかし、その実現には、行政・民間・住民がそれぞれの役割を理解し、持続可能な官民連携の仕組みを構築することが必要です。公共性と経済性のバランスを取りながら、多様な主体が共に価値を生み出せる仕組みをつくることが、PPP成功の鍵となるでしょう。

8-2 急騰する都市再開発とまちづくり

東京は大規模再開発が進行中です。2023年には羽田イノベーションシティや麻布台ヒルズ・森JPタワーが、2024年にShibuya Sakura Stageが開業。築地市場跡地では事業者が選定され、多機能型スタジアムや築地のまちづくり協議会による「食」をテーマにした事業展開も構想されています。

今後も、東京大改造は目白押しで、2026年度には品川駅周辺エリアや高輪エリアで大規模複合施設などが整備される予定です。湾岸エリアでは、パレットタウンや東京五輪選手村施設跡地を利用した開発が、新宿西口の小田急、京王百貨店の建替え、秋葉原や東武東上線大山駅近の商店まちでもタワーマンション建設などの再開発が予定されています。

これらは東京都の**「都市づくりのグランドデザイン」**[6]に位置づけられた環状メガロポリス構造の根幹にあるセンターコア再生ゾーン整備に基づいて23区が推進し、民間が主導する開発の一環であるといえます。

このような再開発合戦をみると、新たな都市環境の享受に期待感を創出すると同時に、1980年代後半のバブル再燃の不安、そして既存地域や住民感覚とは別のフェーズで邁進しているのではないかという心配もあります。とくに首都圏に人も資金も集中し、加えて前述したような東京の分譲マンション価格が1億円を超えたとメディアで騒がれている様子などをみた時、ここまで一極集中が進んだ日本で、これら計画する際に、首都圏には大災害が起こらない、という正常性バイアスに陥っていないのか不安になっているというのが正直なところです。

この状況は首都圏以外の人にとっては隔世の感がありますが、他都市でも多くの開発が進んでいます。とくにリニア新幹線開通に向けたメガリージョン計画とリンクして中京圏や関西圏でも大きな事業が動き出しています。

とくに大阪では、新大阪駅周辺が、メガリージョン構想の起点としてリニア中央新幹線の開業を見据えた「都市再生緊急整備地域」[7,8]に指定され、重点的な開発が進められています。そしていま、梅田駅周辺地域、十三、京橋等の開発が一気に推進されています。とくに新大阪と関西国際空港に至る路線開発に関しては、大阪メトロの地下鉄なにわ筋線の開通や阪急による十三を経緯する路線開発、難波筋線交通網が万博、IR誘致等によるインバウンド戦略をはじめ、経団連によるグレーターミナミ構想などが、展開中です。

また、京都市（京都駅周辺）では、東・西・東南・南の4つのエリアマネジメントの動きが活発化しています[9]。これら開発の主語や参加主体によって、その都市のイメージや持続性、特性や魅力を創出できるか否かがかかっているといえ、地域に根付いた持続型の都市ブランディングの可否が問われているといえるでしょう。

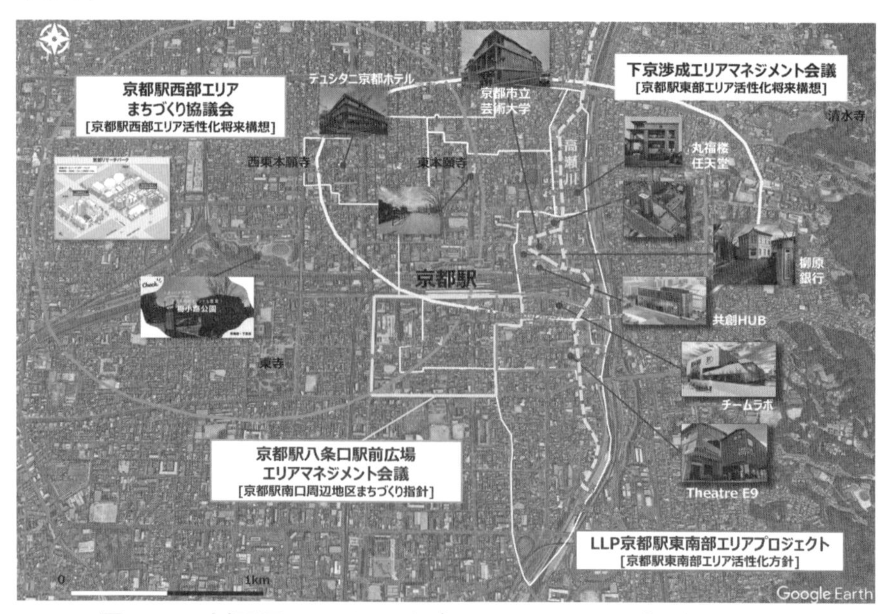

図8-2-1：京都駅周辺のエリアマネジメント関連の高層・プロジェクト等[10]

8-3 うめきた：大阪最後の一等地開発の挑戦[11]

「この『うめきた』も、いろいろとすったもんだあったんです。知事と組んで貨物ヤードのとこ「緑」にしようってお金をかき集めてます。今までの大阪府、大阪市だったら、ビルをたくさん建てる予定だったんです。あんなところに17haもの緑を作るなんて、その時、誰が予想したのか。やるということを進めていって、皆さんから応援を受けた。だから役所も経済界も、みんなやらざるを得なくなった。こんな都心のど真ん中に17haもの緑ができるなんてのは大阪ぐらいですよ。」（2012年12月橋下元大阪市長の演説から抜粋）

たしかに当時、あの一等地にセントラルパークのような都市公園が本当にできるのか!?と思ったのが正直なところです。大阪市は、全国主要都市の公園面積最下位（987.6ha、3.5m²／人（2021年）：東京23区6,084ha、名古屋市5,123 ha）という悪いイメージが先行していたこともあってこの事業については期待大でしたが、この度、いよいよ2024年9月にグラングリーン大阪（うめきた2期プロジェクト）南側が先行オープンしました（2027年度に全域完成予定）。

大規模ターミナル駅直結の都市公園としては世界最大規模（約4.5ha）を誇る“Osaka MIDORI LIFE”という計画コンセプトのもとで、オフィス・商業施設・中核機能・ホテル・分譲住宅などと一体的に整備されます。大阪駅改札も新設され、新しい商業ビルとつながる回廊や緩やかな起伏のある緑の小径をいくと大きな屋根が特徴的な全天候対応型の多様なイベント広場「ロートハートスクエアうめきた」（大屋根設計：SANAA）、広い芝生広場と水辺「リフレクション広場」が計画されています（ランドスケープデザインはGGN)。日建設計（設計・監理)、安藤忠雄監修による文化施設「VS.（ヴイエス)」も開業しました。

この「うめきた」地区全体の開発敷地面積は約24haで、先行開発区域（グランフロント大阪）は約7ha、2期区域（グラングリーン大阪）は約17haで、総延床面積は約55万m²。西日本最大のターミナルエリアである大阪駅周辺に位置し、鉄道4社7駅が乗り入れ、1日約240万人が行き交う交通の要所です。このポテンシャルを活かして国際競争力を強化する拠点開発が進められています。

2002年7月に都市再生緊急整備地域に指定され、都市再生特別措置法に基づいた都市開発として、大阪市の都市計画マスタープラン「緑地の確保とイノベーションの融合」を具体化する重要テーマとして位置づけられました。

事業は、エリアマネジメント活動促進制度を導入した官民連携による開発です。この制度は、エリアマネジメント活動に関する計画の認定や活動費用の交付などを定めたもので、地域の魅力向上と持続可能な発展を支えるための新たなまちづくりの手法です。また、大阪市はBID制度を導入し、地権者から分担金を徴収して、その資金を基にエリアマネジメント団体（TMO）が公共空間の維持管理や賑わい創出活動を行っています。

2003年10月に「大阪駅北地区国際コンセプトコンペ」で全体構想が決まり、そのコンペで出されたコンセプトをもとに基本計画が策定されます。第1期「グランフロント大阪」の事業コンセプトは「ナレッジキャピタル」で、大阪を国際的な知的創造拠点として位置づけるために設定されました。

図8-3-1：うめきた2期プロジェクト[12]〔出典：大阪府HP「うめきた2期」について〕

事業運営は、まちづくり協議会「うめきた」の設置と、一般社団法人グランフロント大阪TMOが担っています。公民連携による持続的かつ一体的なまちの運営を行い、「賑わい創出」「質の高い都市景観形成」「独自のコミュニティ形成」を目指しています。また、イベントプロモーションやメディア運用を通じてまちの付加価値向上を図り、梅田地区全体の持続的発展を支える役割を担っています。

その後、2013年10月にうめきた2期区域開発に関するコンペを実施。多くの企業や設計事務所によって緑をコンセプトとする多様な提案がなされ、三菱地所を含めた複数の優秀提案者が選定。2段階目のコンペで三菱地所を代表とする大手企業によるJV9社が開発事業者となり、2027年度完成を目指し進められています。

筆者の大学時代、70年代の大阪万博の頃に開発された大阪駅前第1・2・3・4ビルの地下街ダンジョン攻略をはじめ、いまはなき丸ビルの横にあった戦後闇市名残の飲み屋まちなど、隠れ家的な居酒屋にはよく行ったものです。

大阪駅北側は貨物ヤード、その北側の中津は下町ごちゃまぜのイメージ。大阪駅という関西で最も便利な一等地は、いろんな時代が交錯し、混沌のなかで物語がうまれるまちの魅力がありました。

今後、ノースエリアの開発が進みますが、現在子ども連れの家族やカップルでにぎわい、水辺では小さな子どもたちがはしゃいで温かな雰囲気が生まれています。

これまでの大阪駅前を知る人にとっては、浦島太郎状態

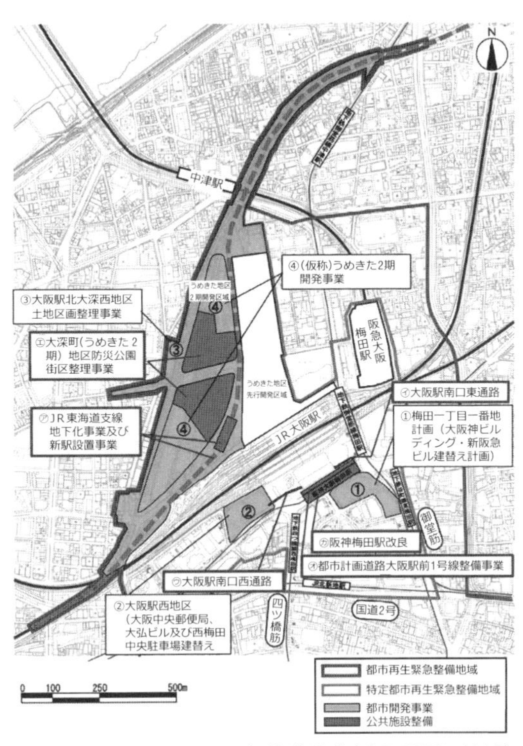

図 8-3-2:特定都市再生緊急整備地域（大阪駅周辺地域）整備計画〔82ha（令和3年度変更）〕

まちづくりの潮流…"うめきた"での行政の役割から

柏木勇人（元 大阪市計画調整局うめきた整備担当部長）

旧梅田貨物駅にあたる約24haの区域が、うめきたと呼ばれ大変なにぎわいを見せる素晴らしいまちへと変わった。まちづくりの主体は民間の事業者であるが、当コラムでは行政が果たした役割に触れる。

うめきたは、2013年に開業したグランフロント大阪と2024年に先行まちびらきしたグラングリーン大阪の2期に分けて開発が進められている。

グランフロント大阪は先行開発区域と呼ばれ、関西の学界や経済界、国・地方の行政機関などで構成された「大阪駅北地区まちづくり推進協議会」において議論を深め、大阪市が取りまとめた「大阪駅北地区まちづくり基本計画」に基づきまちづくりを進めてきた。

今ではうめきたと呼ばれる大阪駅北地区は、都心に残された最後の一等地とも呼ばれ、関西の再生をリードする新しい拠点であり、経済活性化や国際競争力の向上に寄与する広域的な拠点形成が期待されたエリアであることから、「大阪駅北地区まちづくり基本計画」では、"人が集うふれあいにぎわいのあるまちづくり"、"水や緑を配したアメニティ豊かな環境や景観づくり"、"関西の強みを活かした知的創造を促す拠点(ナレッジキャピタル)づくり"、をまちづくりの目標とした。

この目標に沿ったまちづくりを進めるため、にぎわいのあるシンボル性の高い人のための広場。ゆとりと風格のある空間を創出するため、低層部は壁面後退し歩道部分と一体的なオープンスペースを確保し公民連携して水と緑の空間を形成するシンボル軸。建築物の低層部は壁面後退せず、沿道の店舗と一体的なにぎわいのある歩道空間を形成するにぎわい軸を都市の基盤として整備することとした。

また、ハード面だけではなく、まちの魅力向上と効率的な運営管理のため、まち全体を一体的にマネジメントすることとし、公民連携のもと、エリアマネジメント組織の設置を目指すこととした。

「大阪駅北地区まちづくり基本計画」に基づくまちづくりを推進するため、道路・広場等の基盤整備を土地区画整理事業で行うとともに、旧梅田貨物駅の土地所有者である鉄道・運輸機構からナレッジキャピタル実現に必要となる用地をUR都市機構が取得することで、土地所有者として一体的なまちづくりと継続的なナレッジキャピタルの運営等を条件に民間事業者の提案を求める事業企画提案方式で開発事業者を募集した。

選ばれた開発事業者によって計画されたグランフロント大阪では、竣工後のまちの一体的な運営を担うマネジメント組織として一般社団法人グランフロント大阪TMO、中核施設ナレッジキャピタルの運営を担う組織として株式会社KMO、より幅広い活動の展開と多くの参加のため企画運営組織として一般社団法人ナレッジキャピタルが設立されている。

今ではグランフロント大阪の知的創造拠点としてナレッジキャピタルは多くの人に認知され、イノベーションという言葉も一般的に使われることが多くなってきた。しかしながら、当時は多くの人に十分理解されている状況にはなかった。そこで、開発事業者募集に先立ち、ナレッジキャピタル構想について広く関係者に理解を深めてもらうことを目的に大阪市中央公会堂において、「北梅田ナレッジキャピタルフォーラム」を開催した。会場はほぼ満席で関心の高さを感じられた。ただ、その日は大きな事故のニュースが重なったため、期待したようにマスコミに取り上げられることがなかったことが残念ではあった。

うめきた2期においては、計画策定の段階から、民間の独創的なアイデアを求める「うめきた2期区域開発に関する民間提案募集」を実施し、選定された優秀提案をもとに提案者と対話を行いつつ、まちづくりの目指すべき方向性を示すとともに、開発事業者募集におけるまちづくりの基本的な考え方として「うめきた2期区域まちづくりの方針」として決定した。まちづくりの目標を「みどり」と「イノベーション」の融合拠点とし、世界の人々を引き付ける比類なき魅力を備えた「みどり」と新たな国際競争力を獲得し、世界をリードする「イノベーション」の拠点を目指すこととした。

先行開発区域に比べて2期事業では、地区西端を通過していた東海道線支線を地区中央へ移設地下化するとともに通過していた特急はるかが停車する新駅も整備するという大規模な事業が含まれるが、まちづくりを進める事業フレームは先行地区と同様で、土地区画整理事業で基盤整備を行うとともに開発事業者の募集をUR都市機構が一体的に推進している。

うめきたは関西の発展を牽引するリーディングプロジェクトであり、貨物ヤードから関西の中核拠点へと発展させるまちづくりとして公民ともに多くのハード面での整備が行われるとともに、ソフトでも様々な取組みが進められた。行政が取組むまちづくりは必ずしもハード面での整備が伴うものばかりではなく、既存のまちをエリアマネジメント活動で活性化を図るようなソフト面での取組みも多く考えられる。いずれのケースにおいても、うめきたでの取組みのように、行政が主体となって多くの知見を活かして目指すまちの在り方を示すとともに、まちづくりの主体となる民間事業者が能力を十分発揮できる環境や条件を整えることで進められる公民連携のまちづくりは今後もより多く展開されていくべきと考える。

人口減少時代を迎えて、これまでとは異なる新しい課題を解決するためのまちづくりが求められることとなる。うめきたのまちづくりを学んだ学生諸君がその新しいまちづくりの担い手となるため行政を進路とし積極的にチャレンジすることを期待したい。

平成 14 年・事業着手前の梅田貨物駅および周辺エリア

令和 6 年・うめきた 2 期区域先行まちびらき

に陥ると思いますが、2025年の関西万博に向けて急速に「シュッとした」まちに変化している大阪。単なる営利重視の開発から緑を公共財とする公民連携の一大英断によって始まる未来への挑戦に期待するとともに、想定を超え、計画を超えた人々のエネルギーによって物語が生み出されるまちになってほしいと願っています。

【資料】 市街地再開発事業制度

目的	土地の合理的かつ健全な高度利用と都市機能の更新を図る 老朽木造狭小建築密集地や、生活環境の悪化した市街地において、宅地統合、不燃化された共同建築物の建築及び公園、緑地、広場、街路等の公共施設の整備と有効なオープンスペースの確保を一体的・総合的に行い、安全で快適な都市環境を創造しようとして都市再開発法に基づき行われる事業（62.88%）	
手法	○敷地等を共同化し高度利用することにより、公共施設用地を生み出す ○従前権利者の権利は、等価で新しい再開発ビルの床に置き換えられる（権利床） ○高度利用によって新たに生み出された床（保留床）を処分して事業費に充てる	
種類	第一種 市街地再開発事業	第二種 市街地再開発事業
方式	権利変換方式	管理処分方式（用地買収方式）
概要	工事着工前に、事業地区内すべての土地・建物について現在資産（評価）を再開発ビルの床に一度に変換する	一旦施行者が土地・建物を買収し、買収した区域から順次工事に着手する
施行区域要件	○高度利用地区、特定地区計画区域等内 ○地区内の耐火建築物の割合が1/3以下 ○十分な公共施設がないこと、土地が細分化されていること等、 ○土地の利用状況が不健全 ○土地の高度利用を図ることが都市機能の更新に貢献	第一種市街地再開発事業要件に加えて、次のいずれかに該当する、0.5ha以上（防災再開発促進地区の区域内は0.2ha以上）の地区 ○安全上、防災上支障がある建築物が7/10以上 ○重要な公共施設の緊急整備が必要
施行者	●個人施行者 ●市街地再開発組合 ●再開発会社 ●地方公共団体 ●独立行政法人都市再生機構 ●地方住宅供給公社	●再開発会社 ●地方公共団体 ●独立行政法人都市再生機構 ●地方住宅供給公社

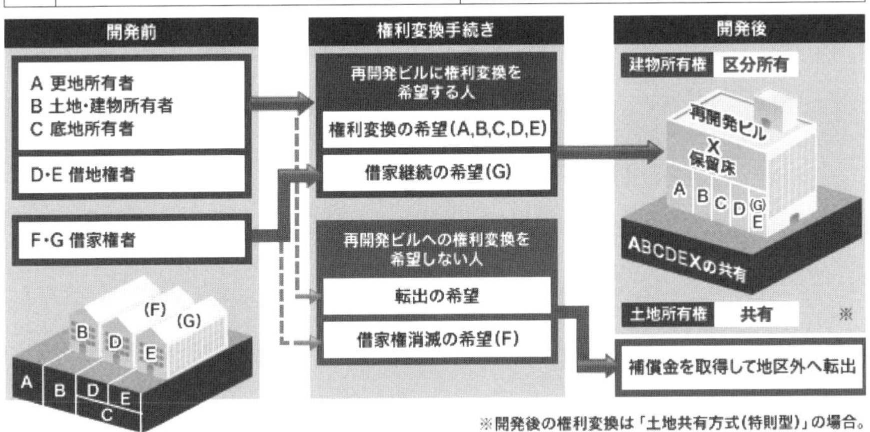

※開発後の権利変換は「土地共有方式(特則型)」の場合。

〔下図はUR都市機構HPより〕

8-4 えっ そんなことできるの？ 「御堂筋チャレンジ」と「なんばひろば」

(1) 実践前夜：水都大阪イベント

懐かしい話なのですが、2009年、「水都大阪2009」[13]というイベントが大阪府・大阪市・経済会の共催で実施されました。当時は、橋下知事と平松市長の関係も良好で、なにやら大阪も面白くなりそうだという雰囲気が出ていた頃です。このイベントで、「自転車まちづくり」を進めようと、筆者が理事をしているCMAとあおぞら財団の方々と一緒に「つるむde大阪」というチームで参加しました。

大阪市内各地の自転車ルートの発掘、自転車を使った人力発電コンサート（自転車を漕がないとマイクやライトが使えなくなるので、みんな必死）、そして、タンデム自転車（2人乗）で視覚障害者の方と一緒に堤防を走るイベントなど、とても楽しかったことを思い出します。とくに視覚障害者の方のアテンドでタンデム車に乗った時に、「風を感じます」と言って涙ぐまれたことを今でも忘れられない思い出です。

ともあれ、このイベントのディレクターであった「ハートビートプラン」の泉英明さん達が、2000年あたりから、大阪の水辺で何やら動いていることは知って

図8-4-1：水都大阪2009　ポスター

いましたが、このような形で、河川や公共空間を「使える」なんて、国をはじめ、管理主体が違う空間をマネジメントすることなど、不可能に近いと感じていたので、すごいことになった、と感動していました。今回紹介する、大阪のパブリックスペース計画に深く関与しているチームを知る契機でもありました。

実際、首長をはじめ、いろんな部局が関与する縦割りの仕組みのなかでは、苦労されたことは間違いがないでしょう。その他、河川敷にいたホームレス排除につながるという批判もおこっていたように思います。

(2)「御堂筋チャレンジ」と「なんばひろば改造計画」

2018年、「御堂筋完成80周年記念事業推進委員会」は、自動車専用の側道2車線を歩道として開放する案を公表しました。吉村市長は「車から人中心の通りに変え、世界と張り合える都市にする」と強調。2025年の誘致を目指す国際博覧会（万博）までの整備完了を目指し、18年度に計画策定がはじまりました。

御堂筋は大阪を代表するメインストリートでありながら、歩行者が快適に移動できる環境ではありませんでした。これを改善し、世界的な都市と肩を並べるために「御堂筋チャレンジ」がスタートしました。

また、なんばエリアは、にぎわいがあるものの、歩行者がゆっくりと過ごせる場所が少ない課題がありました。そのため、2008年より、町会・商店街・企業等の発意で検討をスタート、駅前道路空間を、人々が憩える広場に整備する「なんばひろば改造計画」が始まりました（2023年11月に広場部分が先行オープン）。

①**ウォーカブルな都市「御堂筋チャレンジ」社会実験**[14·15]：“言葉で語るより、まずやってみよう”。そんな考えのもと、御堂筋では2021年以降、「御堂筋チャレンジ」と称する社会実験が行われてきました。この実験では、一部の車線を歩行者専用にする日を設け、都市空間の使い方がどのように変わるのかを検証しています。普段は車の通り道でしかなかった場所に、カフェのテラス席が設けられたり、子どもたちが遊びまわったり、アーティストによるパフォーマンスが行われたりと、新しい風景が広がりました。

②**歩行者利便増進道路（ほこみち）の指定**：2021年には、御堂筋は大阪市によっ

て「歩行者利便増進道路（通称:ほこみち)」に指定されました。これは、車中心の道路ではなく、歩行者の利便性を最優先に考えた道路にするための制度で、全国的にも先進的な取組みです。これにより、沿道での飲食店のオープンテラス設置がより柔軟に認められ、イベント開催のハードルも低くなりました。

③**道路空間の再編計画**：現在進行中の計画では、車道をさらに縮小し、歩道を広げる ことで、御堂筋を「世界に誇れる歩行者空間」を目指しています。

④**なんばひろば改造計画**[16]：『なんば駅周辺における空間再編推進事業』の一環として、行政と民間が協力し、広場化の合意形成を経て、資金調達や運営を行っています（なんば広場マネジメント法人設立準備委員会)。

御堂筋のまちづくりチャレンジは、単なる道路の改革ではなく、都市のあり方そのものを変える壮大な実験です。まだ課題は残されていますが、「歩行者中心の都市づくり」という新しいビジョンが大阪の未来にどんな可能性をもたらすのか、今後の展開が楽しみです。

図 8-4-2：御堂筋チャレンジ 2022 の方針（検証結果より）〔大阪市建設局ほか〕

公共空間からまちを変える、プランニングの民主化
水都大阪、なんば広場等の実践から

泉 英明（有限会社ハートビートプラン 代表取締役）

○ホットな公共空間

我々は大阪に拠点を持ち、地域に深く関わり、包括的なテーマを対象にして、少なくとも3～5年間地域に一気通貫でいわゆる「まち医者」的に関わり、時にはプレイングマネージャーのような存在のスタイルで活動している。

今まで、有志メンバーで北浜テラスや大阪水辺のゲリラ活動を進め、仕事として水都大阪やなんば広場の改造、他都市の公共空間の再編を通じてまちを変えていく運動に関わってきた。最近大阪は、河川、道路、公園などの公共空間を再編し使いこなし、都市の個性を引き立たせているホットな都市として注目されているが、なぜそのようなことが同時多発的に起こっているのだろうか？

○大阪人の気質と危機感

大阪は商人のまちのDNAがあり、自分たちでまちをつくる意識が強く、いい意味で行政にあまり期待していない。公共空間の再編も市民団体や商店街、民間企業、経済界が発意して原動力になっているものが多く、水都大阪やなんば広場もまさにそう。また、行政にもオモロかったら「やってみたらええやん」という感覚がある。その原動力はお客さんに楽しんでもらおう・自分たちが楽しもう、という精神である。

一方で大阪の現状に対する危機感も大きい。水都大阪はそういう危機感からのスタートである。建物を作っても他都市に勝てないしそれで都市が豊かになるわけでもない。しかしパブリックスペースを変えれば、都市のイメージが上がるし、人の動きも変わる。その方が投資効果が良いと気づき、府・市・経済界が一体となって進めることになる。

なんば広場も、都市間やエリア間の競争力が落ちており、将来自らの商売が立ち行かなくなるのではとの危機感からスタートしている。すでに世界レベルの歩行者モールである商店街網が広がっているが、ボトルネックとなっている広場周辺をホコ天化すればさらに回遊性が増すという地元の発意で、最初は誰もできると思っていなかった風景を官民で15年かけて実現化させた。なにせ自分ごとなのである。

○プランニングの民主化

地域のプランニングは、従来は行政、学識の先生、専門家が提案し、それに対して住民ワークショップなどで地域の意見を聞き、とりまとめる方法論が一般的である。しかし、第三者がこうあるべきということではなく、これからは地域の市民や事業者が自分たちで仲間を集めてどう地域の動きをつくるかの方法が求められている。ただ、個人の妄想からはじめると単なる個人の趣味と捉えられてしまうため、個人の妄想が実は皆の楽しみや問題解決にもつながり、全体のビジョンの中でも位置づけられているということになれば公共性を持ち共感を得られ物事が動いていく。そのような個人や民間発意のプロセスを我々はプランニングの民主化と呼んでいる。

事業着手前

なんば広場

09 コンパクトシティと地域再生

9-1 コンパクトシティの特徴と課題

まちづくりの分野でいう「**コンパクトシティ**」[1]とは、都市機能を効率的に集約し、住みやすく、持続可能なまちづくりを目指す概念です。この概念は、1973年にジョージ・ダンツィヒとトーマス・L・サーティによって提唱されました。

都市のスプロール化やドーナツ化現象を防ぎ、持続可能な都市形態を実現するための手法として導入されています。

また、「**スマートグロース**」[2]（環境・経済・社会のバランスを考慮しながら持続可能な形で都市や地域を発展させる）や「**スマートシュリンキング**」[3]（地域の縮小を受け入れながら、効率的かつ持続可能な形に再編成するアプローチ）といった都市計画の考え方とも深く関係しています。無秩序な都市拡大(スプロール化)を防ぎ、コンパクトで効率的な都市開発を進めることが基本的な考え方です。

日本では、2000年代初頭からコンパクトシティの必要性が議論され、2006年の「まちづくり三法」の改正により、本格的に政策として位置づけられました。

その後、各自治体で立地適正化計画の策定が進められています。

政策的には、とくに地方創生の視点から、**①高密度で近接した開発形態、②公共交通機関でつながった市街地、③地域のサービスや職場までの移動の容易さ**、という特徴を持つ都市構造が求められています。政府は、コンパクトシティを「多極ネットワーク型」「串と団子型」「あじさい型」といった類型に分類し、各自治体での取組みを促進しています。

現在は、各地でコンパクトシティの実践が進んでいます。富山市はその代表的なモデルの一つとされており、新しい交通網としてLRTを導入するなど、都市機能の集約に取組んでいます。ただし、LRTの導入自体が成功の要因ではなく、都市機能の集約や公共サービスの充実と組み合わせることで、成果が生まれています。一方で、LRTの維持コストや利用者増加の課題も指摘されており、単純に導入するだけでは成功につながらないことがわかります。

とくに中心部の商業施設や交通網への投資が過剰になったことや、郊外型商業施設との競争、市民意識やニーズのギャップによって、十分に機能しなかった事例もあります。住民の移動、公共交通の維持、郊外の衰退、住居・不動産市場への影響、財政負担、民間投資の調整など、多岐にわたる課題が指摘されています。

成功事例をそのまま他の地域に導入することで、地域の特性や魅力が失われる可能性があるため、慎重な対応が必要です。住民の理解を得ながら、無理のない形で都市機能を集約することが成功のカギとなります。コンパクトシティは単なる再開発ではなく、持続可能なまちづくりの一環として推進されるべきです。

表 9-1-1：コンパクトシティの類型

多極ネットワーク型	拠点連携型（串と団子型）	拠点集約型（あじさい型）
合併前の旧町村中心部を地域拠点として、中核拠点とネットワークで結ぶまちづくり	徒歩圏を団子とし、一定水準以上のサービスレベルの公共交通を串として団子をつなぐような、公共交通を軸としたまちづくり	交通結節点であり、多くの拠店機能の整っている都市の核と、都市内の各地域（生活圏）が連携したまちづくり
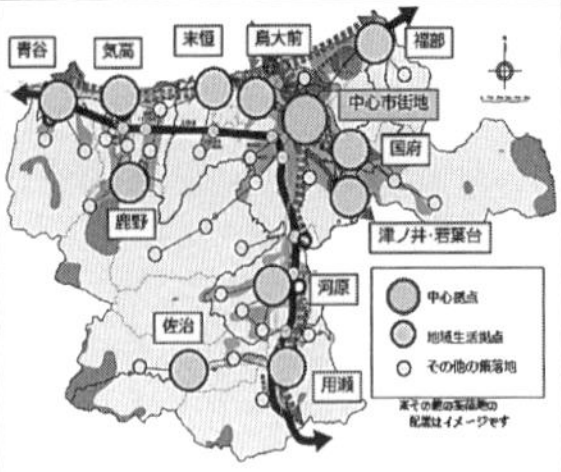	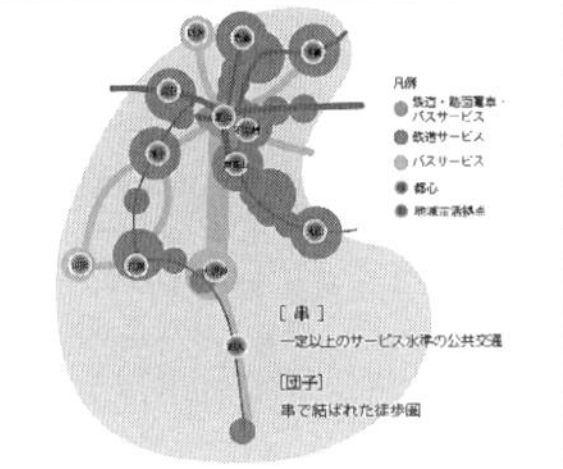	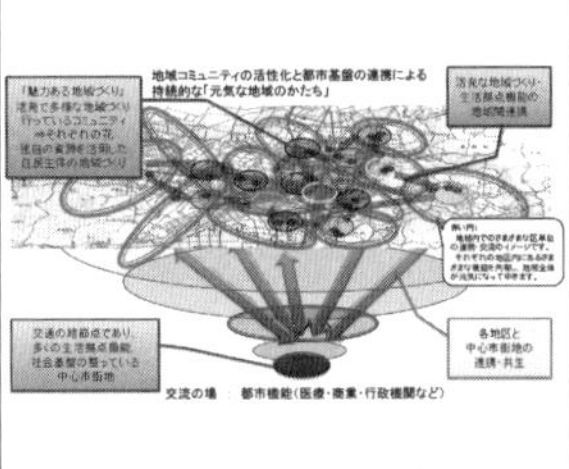
〔鳥取市 HP〕	〔富山市 HP〕	〔北上市 HP〕

9-2 人口減少社会とスマートシュリンキング

人口減少社会において、また、消滅可能性自治体のインパクトを受け止める、都市や地域の未来をどうみるのか？ に対する解決方策として考えておくべき視点は多そうです。

そもそも、各地で繰り広げられている「定住人口」の維持・増加をベースに展開される施策は、人口減少が明らかな時代では、結果的に勝ち組、負け組が出ることは必然ですので、ある意味パイを奪い合う「地域間競争」の様相を呈していくことになると思われます。

いま、人口減少が避けられない現代の日本において、コンパクトシティの一環として冒頭にも挙げましたが「**スマートシュリンキング**」という考え方があります。これは、**人口減少（縮小）を否定するのではなく、生活圏を特定のエリアに集約し、行政サービスやインフラ維持コストを削減するとともに、住民の生活の質を確保すること**を目指したものです。具体的には、居住地を中心部に集約するために、空き家や空き地を再活用し、利便性の高い場所に住民を誘導する取組みや、公共交通機関の再編や地域資源を活用した新しい産業づくりも、スマートシュリンキングです。

人口減少を前提とした都市政策の一つであり、都市の「選択的縮小」、公共インフラの統廃合、商業・医療・教育施設の再編に加え、空き家や空き地の有効活用、公共交通ネットワークの最適化などを含みます。単なる撤退戦略ではなく、持続可能な都市構造の再構築を目的とするものです。これもまた、いうはやすしで、住民の理解や協力は必須です。

9-3 都市のスポンジ化と空き地・空き家の活用

「都市のスポンジ化」[4・5]とは、**都市の内部で空き地、空き家等の低未利用の空間が、小さな敷地単位で時間的・空間的にランダムに相当程度の分量で発生する現象**のことをいいます。いわば、都市や市街地に空き地や空き家がランダムに点在して、まちがスポンジのようにスカスカになってしまう状況です。

空き地の増加は単なる土地利用の低下にとどまらず、まちの生活利便性や魅力を著しく損ないます。人々が集まらなくなることで商業施設や業務施設の経営を悪化し、結果的にさらに空き地や空き家が増える「負の連鎖」を引き起こします。

こうした状況を放置すれば、都市の持続可能性が失われるだけでなく、公共インフラの維持管理コストも増大し、自治体の財政を圧迫します。

しかし、「都市のスポンジ化」問題は容易には解決しません。空き地や空き家の多くは面積が小さく、形状も不整形であるため、単独での活用が難しいのが現状です。また、空き地同士を共同利用しようとしても、隣接する土地の条件や所有者間の合意形成が必要であり、これがしばしば計画の実現を妨げます。たとえば、隣接土地所有者の意向が異なる場合や、所有者不明土地問題が含まれる場合には、計画の進行が停滞してしまいます。さらに、空き家バンク制度や固定資産税特例など、各種制度が活用されつつあるものの、実際の土地利用に結びつけるための施策が不十分な地域も多いのが現状です。

政府はこの問題に対応するため、2014年の「**空家等対策の推進に関する特別措置法**」[6]（2023年12月13日改正 施行）や、2017年の「**所有者不明土地問題に関する提言**」および「**所有者不明土地法**」の制定、民法改正[7]を通じて、立地適正化計画の一環として「**都市機能誘導区域**」や「**居住誘導区域**」を設定しています。ただし、これらの区域設定だけではスポンジ化の解決には不十分であり、税制優遇や補助金、空き家バンクの活用など、総合的な施策と組み合わせることが必要です。

この空き地や空き家の問題については、他の章（6章・13章）でも詳しく触れていますが、筆者は、空き地や空き家を問題として捉えるだけでなく、価値ある資源としていかに活用できるかが重要であると考えています。空き家問題はメディアで広く取り上げられていますが、空き地問題も重要性が高まっています。

図9-3-1：都市のスポンジ化対策〔国交省HP〕

都市のスポンジ化を抑制するためには、空き地と空き家をセットで考え、適切な活用策を講じることが求められます。

9-4 移住・定住とマルチハビテーション

(1) 笛吹けど踊らず？ 移住・定住をめぐる施策と民間支援

近年、日本の多くの自治体が「移住・定住の促進」を掲げ、様々な施策を展開してきました。人口減少が進む地域にとって、移住者の獲得は地域の存続に関わる重要な課題であり、「地方創生」の要となっています。しかし、移住促進の取組みにもかかわらず、期待通りに移住者が増えていないのが現実です。

例えば、政府は、**「地方創生起業・移住支援金制度」**[8]（2019年開始）を通じて、都市部から地方への移住者に対し、最大100万円の補助金（世帯の場合は最大200万円）を提供する自治体も増えています。また、企業誘致やリモートワーク環境の整備を進める地域も多くなっています。

また、**「地域おこし協力隊」**拡充（2009年開始）や、一定期間地域に住んで働ける**「お試し移住プログラム」**など、移住を支援する取組みが増えてきました。

一方で、民間企業やNPOの取組みも重要になっています。例えば、地方でのリモートワークを支援するコワーキングスペースの整備や、移住希望者と地方の仕事をマッチングするサービスが充実しつつあります。さらに、シェアハウスや空き家活用プロジェクトなど、新しい住まい方も活発化しています。

しかし、それでも移住の流れは一部の地域に偏り、全国的な定住人口の増加にはつながっていません。とくに「東京一極集中」の傾向は根強く、移住支援だけでは解決できない課題が多いのが現状です。

(2) 各地が定住人口の獲得を目指すのか？

現在筆者が関わっている都市政策として最重要視されているのが、「定住人口の維持・増加」です。他の区より、市より、県より……。多くの自治体はこの「定住人口」増加を目標としているようです。人口減少下において、パイの奪い合いをしているのではないかといつも不思議に思っています。

確かに、人口減少が進む地域では、定住人口の増加が大きな課題です。一方で

「移住を前提としない地域との関わり方」も注目されています。すなわち、「関係人口」や「交流人口」など、新たな人口の捉え方が地域活性化の鍵となる可能性があります。

関係人口とは、移住はしないものの、特定の地域と継続的に関わりを持つ人々のことを指します。例えば、定期的に地域で仕事をする人、地域のプロジェクトに参加する人、第二のふるさととして地域を応援する人などが該当します。人口は財政と直結するものの、オルタナティブな施策検討は可能だと考えています。

また、交流人口は観光やイベントなどを通じて、一時的に地域を訪れる人々を指します。地域経済の活性化には、こうした交流人口を増やし、関係人口へとつなげることが重要だといわれています。

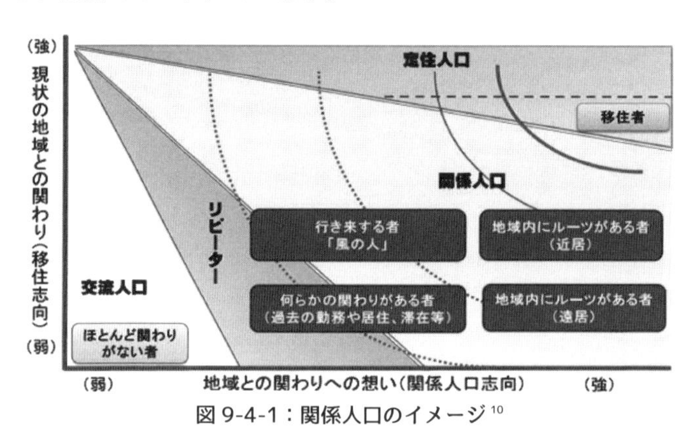

図 9-4-1：関係人口のイメージ[10]

(3) マルチハビテーションは広がるのか？

移住・定住だけが地方との関わり方ではなくなりつつあります。近年、新しいライフスタイルとして注目されているのが**「マルチハビテーション（多拠点居住）」**です。これは、特定の場所に定住するのではなく、複数の拠点を持ちながら暮らすスタイルを指します。

このマルチハビテーションの流れを象徴するのが、**「二拠点居住」**（都市と地方を行き来しながら生活するスタイル）、**「アドレスホッパー」**（特定の住所を持たず、定期的に異なる場所に滞在しながら生活）、**「デュアラー」**（複数の生活拠点を持ち、それぞれを本拠地として活）、**「ワークホリディ」**（働きながら旅をする、観光と仕事を両立させる形態）のようなライフスタイルです。

これらのライフスタイルは、特にコロナ禍を契機に広がりました。リモートワークが普及し、都市に住み続ける必要がなくなったことで、複数の場所を行き来しながら生活する人が増えています。

例えば、自治体がワーケーション施設を整備したり、企業が社員向けに「ワークホリデイ」を支援する制度を導入するなど、多拠点居住を後押しする動きが出てきています。しかし、住民票の登録制度や税制の問題、交通費の負担など、解決すべき課題も多く残っています。

(4) コロナ禍と移住・定住の変化

コロナ禍は、日本の移住・定住の流れに大きな影響を与えました。とくに、2020年以降、リモートワークの普及により「都市に住み続ける必要がない」と考える人が増えました。総務省の**「住民基本台帳人口移動報告」**[11]によると、東京都の転出超過（出ていく人の方が多い状態）が2020年以降続いており、これはコロナ禍によるライフスタイルの変化を反映しています。

また、コロナ禍では「移住先としての地方」の魅力が再認識されることにもなりました。感染リスクの少ない環境や、広い住居、自然に囲まれた暮らしへの関心が高まり、移住相談が増加しました。

しかし、リモートワークがすべての企業に定着したわけではなく、移住を決断する人は一部にとどまりました。その結果、「完全移住」よりも「二拠点居住」や「ワーケーション」といった柔軟な関わり方を選ぶ人が増えました。

移住・定住促進の施策は各地で展開されていますが、必ずしも大きな成果を生んでいるわけではありません。一方で、「移住しなくても地方と関わる」選択肢が広がり、マルチハビテーションや関係人口の増加といった新しい流れが生まれています。コロナ禍を経て、住む場所の選択肢が広がった今、「どこに住むか」だけでなく、「どのように地方と関わるか」がより重要なテーマになっています。今後、地方創生を成功させるためには、単なる移住支援にとどまらず、マルチハビテーションや多様な関わり方を後押しする仕組みが求められるでしょう。

伝統産業と新しい仕事の創出（奈良県吉野町）

中井章太（吉野町町長）

日本一の桜の名勝、修験道の聖地、そして世界遺産「紀伊山地の霊場と参詣道」で知られる吉野は、木の産業によって発展してきた。木材産業は地域経済を支え、人びとの暮らしを守り、吉野のまちづくりの根幹である「人」と「営みのある美しい風景」を作り出してきた。造林発祥の地であり、人工林500年の歴史を持つ吉野杉には「夢とロマン」がある。

しかし人口減少による過疎化が進み、空き家、放置林、遊休農地が増え、獣害被害も拡大の一途な状況だ。

○

そんな木のまち吉野の取組みで特筆すべきは、2010年の「木桶復活プロジェクト」である。ちょうど筆者が町会議員一期生のころ、地域の製材所、酒蔵のメンバーが集まり、60年ぶりに吉野杉による木桶を復活させて、「木桶仕込み 百年杉」という日本酒を誕生させたことがそもそもの始まりとなる。このプロジェクト以降、酒蔵である美吉野醸造は木桶を増やし、また、各所からの観光ツアーも受け入れ、いまに至っている。このつながりは、小豆島にもつながりをつくり、また木桶復活のための職人養成の取組みも生み出している。新しい仕事をつくり出し、いろいろな人とつながっている。

○

もう一つの取組みとして、2014年から始めた学習机プロジェクトがある。これは、学生が入学時に自分の使う机を生徒が自身で組み立てる。学生生活を経て、卒業時には天板を外して持ち帰ることができるというものだ。日本は国土の7割が森林であり、やはり日本人の心には「木の文化」が宿っていると思われるが、このプロジェクトでは、子どもたちも吉野の木について親しみを感じることができ、また地元産であることの誇りを持ってもらう教育的効果も期待することができるだろう。

○

吉野という場所は、いつの時代においても、行動を起こす地であるといえる。林業・起業人である坂本仙次という偉人の功績に少しでも報いたいという気持ちから、林業を家業とする町長として持つ小さな使命感が、今の私の原動力である。このような力のみなぎる地に、ぜひお越しいただき、ともにまちをつくる思いを共有したいと願っている。

9-5 暮らしのモビリティはどう変わるのか？

“コンパクト＋ネットワーク” 政策には、「立地適正化計画」の他に、もう一つの柱として**「地域公共交通計画」**[12]が位置づけられています。この計画は、「交通政策基本計画」に基づいて、各自治体がその地域の特性や課題に応じて策定する具体的な計画のことです。

第2次交通政策基本計画（令和3年～令和7年）[13]では、3つの基本方針が掲げられています。基本的方針Aは、公共交通の利便性向上と交通ネットワークの統合を目的としており、持続可能な移動手段を確保するための施策が多く盛り込まれています。一方、基本的方針Bでは、交通インフラの安全性向上と強靭化を重視し、自然災害や老朽化に対する対策が求められています。そして基本的方針Cは、新技術の活用やデジタル化による交通サービスの高度化を目指すものであり、自動運転技術などの導入が検討されています。

基本的方針Aのもとで注目されるのが、**MaaS（Mobility as a Service）**、**CASE（Connected, Autonomous, Shared & Electric）**、**グリーンスローモビリティ**、そして**ラストワンマイル**の4つの概念があります。

MaaSは、鉄道、バス、タクシー、シェアサイクルなどの異なる交通手段を統合し、デジタル技術を活用してシームレスな移動を実現する仕組みです。これにより、住民や観光客が効率よく移動できるだけでなく、公共交通の利用促進にもつながります。「さっぽろMaaS」[14]や「Tokyo MaaS」[15]では、鉄道、バス、タクシー、シェアサイクルを統合し、住民や観光客の利便性向上を図っています。組み込まれる機能としては、BRT（Bus Rapid Transit）やLRT（Light Rail Transit）と連携した、効率的で持続可能な公共交通の確立が進められています。とくに「Tokyo MaaS」は、観光客向けのデジタルチケット販売や観光情報の提供が主な特徴です。自動運転技術では、茨城県境町での自動運転バスの実証実験や、愛知県名古屋市での自動運転タクシーの試験運行が注目されています。

CASEとは、コネクテッド（ネット接続）、自動運転、シェアリング、電動化を意味し、これらの要素を組み合わせることで持続可能なモビリティ社会を目指す取組みです。例えば、コネクテッドカーの分野では、トヨタの「T-Connect」[16]がリアルタイムの車両データ活用を進めています。自動運転では、茨城県境町の自動運転バスや、名古屋市の自動運転タクシーの試験運行が行われています。シェアリングでは、カーシェアリングの「Anyca」「タイムズカー」や、シェアサイクルの「HELLO CYCLING」[17]が都市部や観光地で利用されています。電動化では、東京都でのEVタクシー導入、福岡・横浜のEVバス運行、ホンダの軽EV（N-VAN EV）が商用向けに展開されています。

また、**グリーンスローモビリティ**[18]は、時速20km未満の低速電動車両を活用した移動手段を指し、特に高齢者や観光地での移動に適しています。都市部の狭い路地や公園内の移動にも活用されており、環境負荷の低減や交通渋滞の緩和にも貢献します。板橋区高島平団地の電動カート（団地内移動向け）や観光地での低速電動モビリティ（鎌倉・京都など）があります。千葉県柏市の「柏の葉スマートシティ」における電動シャトルバスの運行や、多摩ニュータウンでのオンデマンドバスの導入が注目されています。

図9-5-1：第2次交通政策基本計画の概要（基本的方針Aの一部）〔国交省HP〕

そして、**ラストワンマイル**とは、最寄りの公共交通機関から最終目的地までの移動を円滑にするための概念です。自転車や電動スクーター、オンデマンドバスなどが活用され、都市部でも地方でもスムーズな移動を支援しています。宇都宮LRT × シェアサイクル（駅から目的地までの補完）や、一部のBRT駅前では電動キックボードのシェアリングが実証実験として行われています。

第2次交通政策基本計画の成果としては、MaaSの社会実装（実験）が進み、都市部や地方での公共交通利用が促進されたことが挙げられます。また、自動運転技術の実証実験が増え、技術面や法規制の課題が明確になったことも大きな進展です。しかし、データの連携不足、住民の認知度の低さ、運用コストの課題などが依然として残っています。

現在、**第3次交通政策基本計画**[19]の策定に向けて議論が進められており、今後、より実用的で持続可能な交通ネットワークの構築が求められています。特に、地域特性に応じた交通システムのカスタマイズ、官民連携の強化、デジタル技術のさらなる活用が柱となるでしょう。例えば、デジタルツイン技術を活用した交通シミュレーション、AIによる移動最適化、カーボンニュートラルを目指した交通政策の推進が期待されています。

20年ほど前、筆者が関わった公共団地では、高齢者が多く、交通不便地であったことから、移動や買物支援のコミュニティバスを検討することが多くありました。当時を考えると、この5年の変化は目まぐるしいものがあります。現在も、ある商店街で、大学から電動キックボードによる移動実験中ですが、仕組みも含めて検討プロセスに、地域の方も巻き込めるかどうか、挑戦中です。いまだアナログな動きですが、デジタル関連業者さんとの連携も模索する必要があるかもしれません。全国で広がりつつある社会実験が、一時的な試みで終わらないように、多くの人が使える持続的な事業として、そして、地域の人々が愛着を持ち、自分たちのツールとして利用されることを願っています。

10 景観まちづくりと観光

10-1 日本は景観に無関心なのか？　景観への関心と施策

飛行機が着陸態勢に入るときの機窓から見える、まちの色、まち並みや街区、広場や自然、そしてまち路や建築へとズームインしていくシーンは、その国や都市を感じることができる貴重な場です。いまやGoogle Earthで世界中どこでもその体感を得られる便利な時代。季節や昼夜の違いまでは感じ取れませんが、まちの構造やしつらえを把握する良いツールだと思います。

その際、日本と他国の景観の違いを強く感じることがあります。あるとき、海外の友人から言われました。「日本人は、ディテール（部分）を大切にする繊細なデザインセンスを持った文化があるのに、景観などの大きなスケールはあまり気にしないのですね」と。

日本で「景観」が政策的に注目され始めたのは1960年代後半から1970年代にかけてです。1966年に**「古都保存法」**が制定され、歴史的風土の保全が法的に位置づけられました。その後、1975年には**「文化財保護法」の改正**により、**伝統的建造物群保存地区制度**が導入され、景観保全への関心が高まりました。

1980年の「都市計画法」改正では、**風致地区制度**が強化され、景観保護が都市計画の一部として位置づけられました。1993年には**「環境基本法」**が制定され、環境保全の基本的施策が推進されました。とくに2000年以降、日本は少子高齢化や人口減少により、地域活性化が重要な政策課題になり、地域の景観を活かした観光振興が進められるようになりました。そして、2004年6月18日に**「景観法」**[1]が制定され、同年12月17日に一部施行、2005年6月1日に全面施行されました。これにより、地方自治体が独自の景観計画を策定し、地域の特性を活かしたまちづくりが推進されるようになりました。〔景観まちづくりの歩み〕[2]

景観計画とは、地方自治体が定める景観に関する基本方針です。例えば、建築物の高さや色彩、看板の大きさなどに規制をかけ、美しい景観を維持しようとします。一方、景観協定は、地域の住民や事業者が自主的に結ぶ約束ごとであり、「このエリアでは洋風の建築はNG」「暖色系の看板しか使わない」など、細かなルールを設けることができます。

また景観法は、単なる美しさの追求ではなく、地域の魅力を最大限に引き出し、観光や経済にもつながる重要な政策です。私たちが普段見ている街並みも、こうした法律や取組みの積み重ねで形成されているのだと意識すると、日常の風景が少し違って見えるかもしれません。

さらに国は、最新技術を活用したスマートシティの取組みも景観政策の一環として進めています。ICT（情報通信技術）を活用して、都市機能の効率化や環境負荷の軽減を図りつつ、美しい景観を保つことを目指しています。

図 10-1-1：景観法と制度の特徴[3]

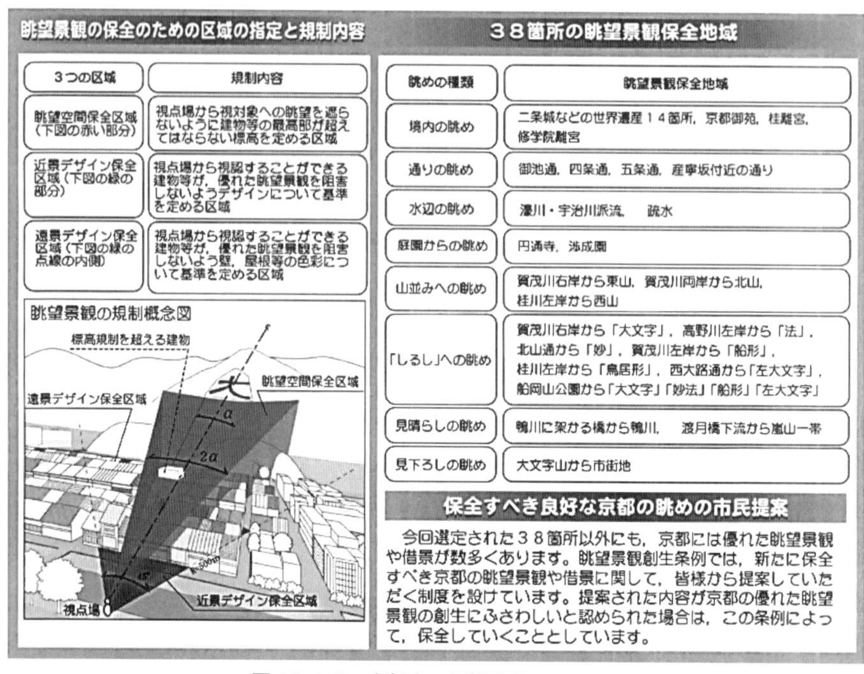

図 10-1-2：京都市の景観政策〔京都市 HP〕[4]

10-2 景観まちづくり施策における事例

全国津々浦々、興味深い大好きなまちは多く、そのすべてを挙げるには紙幅がありませんが、景観まちづくりに関する資料は、国交省の HP に数多くの事例が紹介されています。〔世界に誇れる日本の美しい景観・まちづくり〜全国 47 都道府県の景観を活かしたまちづくりと効果　http://www.mlit.go.jp/toshi/townscape/keikanjireisyu2018.html〕[5]

本稿では、近江八幡市（滋賀県）を紹介します。白壁の土蔵や石畳の道が残る八幡堀周辺の町並みが特徴的な地域です。戦国時代に豊臣秀次によって築かれたこの地域は、江戸時代には商業都市として発展しました。近江商人の文化が色濃く残る町並みは、国の重要伝統的建造物群保存地区（伝建地区）にも指定されています。

とくに、1970 年代に八幡堀の埋め立て計画が持ち上がった際、市民主体の保存運動が展開されました。その結果、堀の環境整備や景観保護活動が積極的に進められ、現在では町並みの復元とともに観光資源としても活用されています。それまで住宅や店舗の裏側に隠れ、水草で覆われていた堀を整備したことで、歴史的景観の保全に成功した事例として高く評価されています。

また、滋賀県は景観への配慮が進んでおり、歴史的景観を守るために建築物の色彩やデザインに一定のルールを設けるなどの取組みが進んでいます。これにより、多くの観光客が訪れるようになり、地域経済にも貢献しています。

さらに、近江八幡市の観光まちづくりの成功事例と並んで、同じ滋賀県内の長浜市にある「黒壁スクエア」[6]も有名です。黒壁スクエアは、明治時代の銀行建築を再活用し、古い町並みを活かした観光拠点として整備されました。ガラス工芸やアート、カフェなどが集まり、歴史的景観と商業が融合した町づくりの好例として知られています。こうした景観を活かした観光振興の取組みは、近江八幡市における歴史景観の保存と活用にも影響を与え、滋賀県全体で歴史的な町並みの魅力を発信する動きが広がっています。

特徴的な実践としては、建築家・藤森照信氏が手掛けた「ラ・コリーナ近江八幡」[7,8]を挙げておきます。この施設は、自然と建築が融合した独特の景観を持ち、草屋根や土壁など自然素材を活かしたデザインが特徴です。環境との調和を重視

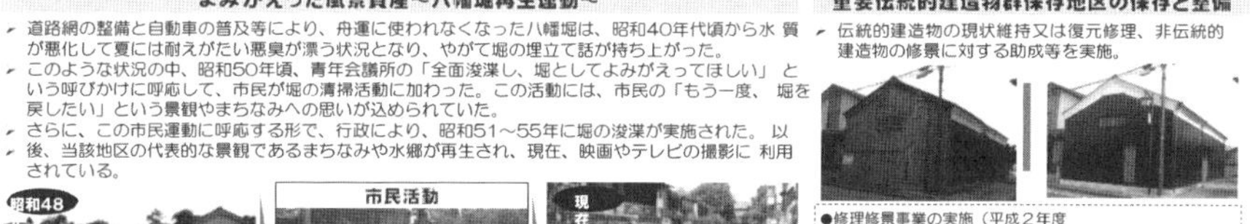

図 10-2-1：滋賀県近江八幡市の事例（国土交通省資料[5]）

した設計で、もう一つの景観デザインのあり方として注目できる実践です。

10-3 伝統的建造物群保存地区(伝建地区)と法制度

(1) 伝統的建造物群保存地区(伝建地区)とは?

観光地観光地を訪れる際、「昔ながらの町並みが美しい」と感じることがあります。京都の祇園、倉敷の美観地区、金沢のひがし茶屋街など、歴史ある建築が連なり、まるでタイムスリップしたかのような雰囲気が漂っています。こうした町並みは、長い歴史の中で守られてきましたが、その背景には**「伝統的建造物群保存地区(以下、伝建地区)」**[10]という制度があります。

この制度は、1975年(昭和50年)に**「文化財保護法」の改正**により導入され、歴史的価値のある建築物が集中的に残る地域を「伝建地区」として指定し、景観の保全を目的としています。2025年2月現在、全国で132地区が重要伝統的建造物群保存地区として選定されています。

伝建地区指定されるためには、以下の要件を満たす必要があります。

○**歴史的価値があること**:江戸、明治、大正、昭和初期など、過去の時代の建築様式が残っていること。

○**建築群としてのまとまりがあること**:単体の建築物ではなく、街並みとして調和が取れていること。

○**文化的・景観的価値が高いこと**:地域の歴史や伝統を象徴するものであること。

指定された地域では、市町村が「伝統的建造物群保存条例」を制定し、建物の改築や修復に関する規制を設けています。例えば、外観の大幅な変更は制限され、新築の場合でも周囲の景観と調和するデザインが求められます。また、保存のための修理や改修には補助金が支給されることもあり、住民が無理なく歴史的な町並みを維持できるよう支援されています。

(2) 伝建地区と景観まちづくりの関係

「景観まちづくり」と伝建地区は深く関わっています。景観法が都市全体の景観を考慮するのに対し、伝建地区の制度は「歴史的価値のある建築群とその街並みを維持すること」に特化しています。

例えば、京都の祇園新橋地区は、町家の外観が厳しく管理されています。その結果、町並みが保たれ、観光地としての魅力も維持されています。また、大阪府の富田林寺内町や奈良県の今井町なども伝建地区に指定され、歴史的景観の維持と観光振興を両立させています。これらの地域では、町家を活用したカフェや宿泊施設が増え、観光客にとっても魅力的なスポットとなっています。

(3) 伝建地区が抱える課題

一方で、伝建地区にはいくつかの課題もあります。その一つが、空き家の増加です。伝統的な建築物は維持にコストがかかるため、管理が難しくなることがあります。とくに地方の伝建地区では、住民の高齢化が進み、建物が適切に管理されずに放置されるケースが増えています。

また、観光地化が進むことによる住民の生活環境への影響も課題の一つです。例えば、京都の祇園や嵐山では、観光客の増加によりゴミ問題や騒音トラブルが発生しており、「住民の生活とのバランスをどう取るか」が重要なテーマとなっています。

こうした課題を解決するため、各地で新しい取組みが始まっています。例えば、大阪府の富田林寺内町では、町家をコワーキングスペースとして活用するプロジェクトが進行中です。これにより、空き家対策と地域活性化を同時に実現しようとしています。また、佐賀県の有田町では、「生活エリア」と「観光エリア」を明確に分けるゾーニングを導入し、観光地としての発展と住民の生活環境の維持を両立させる施策が検討されています。このように、地域ごとに適した方法で、伝建地区の維持と発展を模索しています。

そういえば、学生時代、大阪にある寺内町を訪れることが多く、今井町や富田林などをよく訪れていました。当時はまだそのまま（観光化されずに）残っていたために、道路の狭さと相まって、いい意味で圧倒されたものです。ちょうど、伝統的建造物群保存地区になるかどうかの時期だった時に、当時の住民の方の話をきいたところ、「観光でにぎわうかな。楽しみ」という人がいる反面、「残ってくれることはとてもありがたいです。でも、観光客にはあまり来てほしくないんだけどね」や、「伝建地区に指定されたら大変よ。改修できないし、今の生活に会わない建物だから……」など、様々なまちの声を聴いたものです。最近は、旅館なども増えて、当時とはまた違った風景になっていますが、管理運営されている地域の方々の熱意には、頭が下がる思いです。

(4) 景観施策に組み込まれた教育的視点〜未来をつくる子どもたちへ〜

“この景観を守るのは、未来を担う子どもたちの役割でもある”。そんな考え方から、近年では景観を教育に組み込む取組みが増えています。

例えば、国土交通省は「景観まちづくり教育」として、全国の小・中学校に向けて景観に関する教材を提供し、地域の景観保全に関する意識を高める取組みを進めています。具体的には、生徒たちが地元の街並みを歩きながら、「この景観はなぜ美しいのか」「どうすればこの景観を守れるのか」といった視点で考える授業が行われています。景観教育を通じて、子どもたちが地域の魅力に気づき、将来的にまちづくりに関わる意識を育てることが期待されています。

海外では、景観教育がより積極的に進められています。例えば、フランスでは、環境教育の一環として景観保全に関する授業が行われており、学校教育において地域の景観や文化遺産の重要性を学ぶカリキュラムが組まれています。こうした取組みは、景観を「社会の共有財産」として考え、次世代へと継承していくための重要なステップとなっています。

一方、日本では景観教育の浸透度はまだ低く、学校の授業で触れる機会も限られています。しかし、景観を守る意識を子どもの頃から育むことは、地域の誇りや郷土愛につながります。例えば、伝建地区のある自治体では、地元の小学生が町並みを題材にした自由研究を行ったり、地域住民と協力して景観保全のワークショップに参加したりする活動が広がっています。

今後、日本でも景観教育をさらに充実させ、若い世代が「自分たちの街の景観をどう守り、活用していくか」を考える機会を増やしていくことが求められています。もし、子どもの頃から景観に関心を持つ文化が根付けば、未来の日本の街並みは、より美しく、持続可能なものになるでしょう。

11 密集市街地とまちづくり

11-1 喫緊の課題の一つである密集市街地

『阪神大震災 28 年 5 割が大阪に集中、「著しく危険な密集市街地」遅れる解消』これは、2023 年 1 月の産経新聞の記事からのデータですが、国土交通省が公表している**「地震時等に著しく危険な密集市街地の現況」**[1] によると、2022 年度時点で全国の危険密集市街地の面積は約 1,662ha、大阪府は 718ha であり、全国の約 43%を占めています。これは、2012 年時点の 5,745ha から約 71%減少したことになります。しかし東京都は解消率 97%であり正直驚く数値ですね。積極的な密集施策による成果と同時に、不動産開発に伴う地域刷新の影響もあるでしょう。一方、京都府、神戸市を含む近畿圏が、全国危険密集地の 7 割近くを占めていることは、特筆しておくべき点です。

そもそも密集市街地は、戦後都市部に無秩序に広がった木造建物の密集地の問

地震時等に著しく危険な密集市街地（H24 年10月公表）

都府県	市区町村	面積	面積(R2年度末)	面積(R5年度末)	ソフト対策3区分実施地区率※
埼玉県	川口市	54ha	54ha	54ha	100%
千葉県	浦安市	9ha	8ha	8ha	100%
東京都	文京区、台東区、墨田区、品川区、目黒区、大田区、世田谷区、渋谷区、中野区、豊島区、北区、荒川区、足立区	1,683ha	247ha	58ha	100%
神奈川県	横浜市、川崎市	690ha	355ha	301ha	100%
愛知県	名古屋市、安城市	104ha	0ha	0ha	–
滋賀県	大津市	10ha	10ha	10ha	100%
京都府	京都市、向日市	362ha	220ha	220ha	100%
大阪府	大阪市、堺市、豊中市、守口市、門真市、寝屋川市、東大阪市	2,248ha	1,014ha	718ha	100%
兵庫県	神戸市	225ha	190ha	186ha	100%
和歌山県	橋本市、かつらぎ町	13ha	0ha	0ha	–
徳島県	鳴門市、美波町、牟岐町	30ha	5ha	0ha	100%
香川県	丸亀市	3ha	0ha	0ha	–
愛媛県	宇和島市	4ha	0ha	0ha	–
高知県	高知市	22ha	18ha	18ha	100%
長崎県	長崎市	262ha	95ha	89ha	100%
大分県	大分市	26ha	0ha	0ha	–
沖縄県	嘉手納町	2ha	2ha	0ha	100%
合計	41 市区町	5,745ha	2,219ha	1,662ha	100%

整備改善に向けた取組み

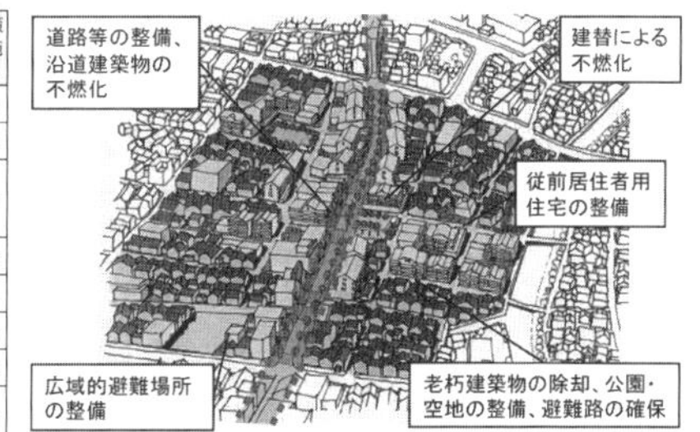

「防災・安全交付金」「社会資本整備総合交付金」及び「密集市街地総合防災事業（H27創設 補助金）」等により地方公共団体の取り組みを支援

※地域防災力の向上に資するソフト対策について、①家庭単位で設備等を備える取組（感震ブレーカーの設置推進等）、②地域単位で防災機能の充実を図る取組（防災備蓄倉庫の整備等）、③地域防災力の実効性を高めるための取組（防災訓練の実施等）の3区分をいずれも実施している地区の割合

図 11-1-1：地震時等に著しく危険な密集市街地の現況 2012 年 10 月（国土交通省）

題として、昨今の地震や火災時などが想定されるなかで、緊急に対応しなければならない喫緊の問題の一つです。

東京23区の山手線と大阪市大阪環状線の外周部に危険密集市街地が多く見られます。大阪府下では、大阪市のほか、豊中市庄内、守口市、門真市、寝屋川市にも密集市街地が確認されています（**図11-1-2**）。これらの地域は、高度経済成長期に、都市周辺に一気に建てられた木造アパートや文化住宅が集積した住宅地、いわゆるスプロールエリアです。

その他、全国で見ても大阪市が上位を独占し、生野区が最も広く、阿倍野区、西成区と続きます。大阪市は、2013年に「大阪市密集住宅市街地整備プログラム(改定版)」を策定し、「耐震化による建物倒壊防止」「延焼防止」「地域コミュニティの活性化」の3つの目標を掲げ、危険密集地の改善に取組んでいますが、2023年調査では減少傾向にあり、成果が表れたともいえます。

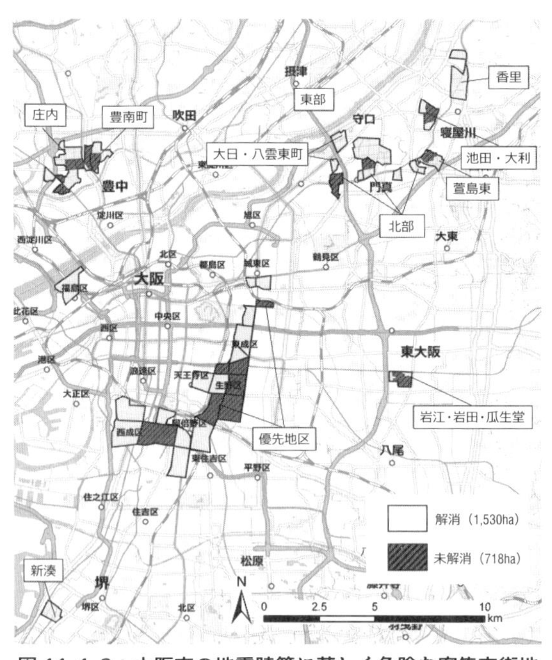

図11-1-2：大阪市の地震時等に著しく危険な密集市街地

なお、この成果を見る際には、現在の重点地域等選定の際に用いられる指標に注視しておく必要があります。延焼の危険性や避難や消火のしやすさなどが選定基準になっています。いわゆる評価エビデンス(指標)です。

密集市街地の「**不燃領域率**」が40%以上、「**木造建築物割合（木防建ぺい率）**」が20%以上、「**地区内閉塞度**」がレベル1または2に該当するエリアを優先的に対策すべき区域とし、それに基づき予算や支援制度が設定されています。(大阪市では、加えて優先地区の防災骨格形成率を80%以上確保することとしています。)

【不燃領域率】

不燃領域率が 40%以上で、市街地の焼失率は急激に低下
20〜25%程度となり、不燃領域率が 70%を超えると焼失率はほぼ 0 になる。

不燃領域率の算定方法＊

不燃領域率 $F = k + \left(1 - \frac{k}{100}\right) \times r$ （%）

＝空地率＋（1－空地率）×耐火率

空地率 $k = \frac{Ms + Ls}{T} \times 100(\%)$　耐火率 $r = \frac{Rs}{As} \times 100(\%)$

Ms：面積が100㎡以上の
水面・公園・運動場・学校・一団地の施設等の面積
Ls：幅員 6 m以上の道路面積
Rs：耐火建築物の建築面積＋準耐火建築物の建築面積×0.8
As：全建物の建築面積
T　：地区のブロック面積

＊これまで事業主体によって、評価対象とする空地面積 Ms 及び不燃建物 Rs にばらつきがあったため、令和 3 年度以降は全国的に下線のとおり統一された。

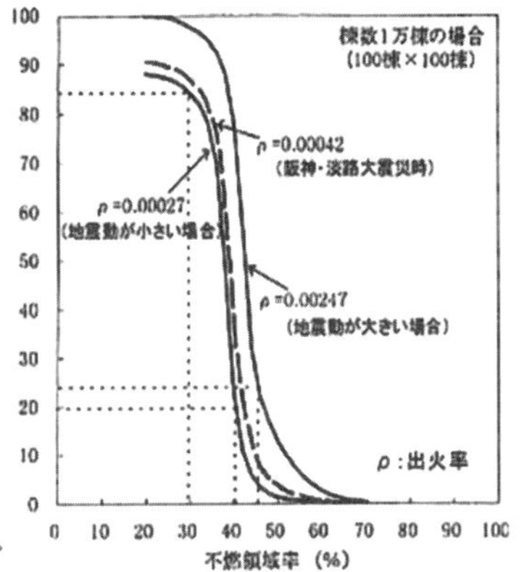

【木防建ぺい率】

地区内にて木造建物が占める割合
おおむね 20%未満の水準に達するとほぼ焼失しない市街地になる

木防建ぺい率（%）の計算方法

$$\frac{\text{木造建物（防火木造含む）の建築面積}}{\text{地区面積}} \times 100$$

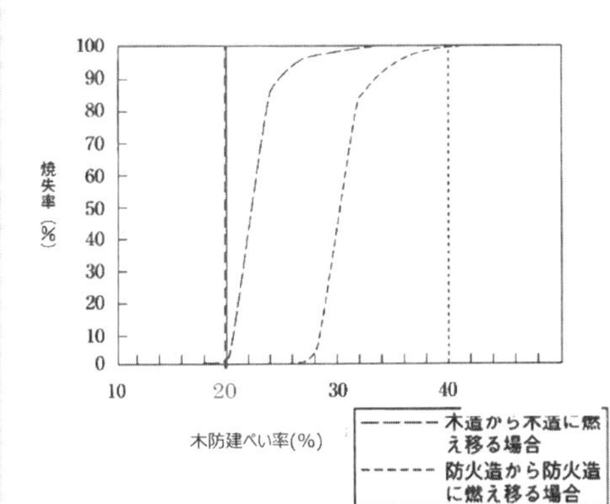

【地区内閉塞度】

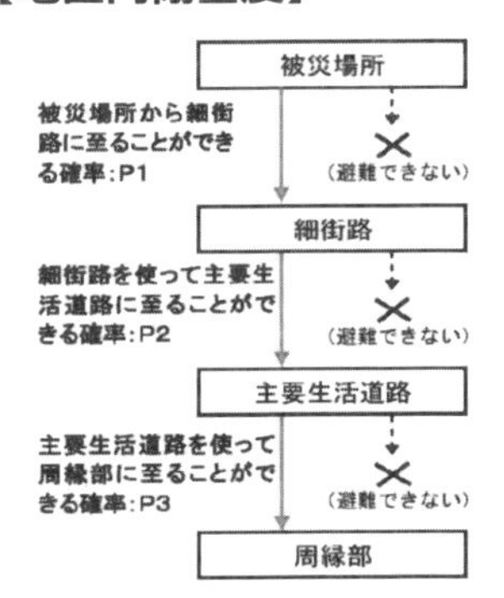

地区内閉塞度（被災場所から細街路、主要生活道路を使って周辺部に至ることができる確率）
＝P1×P2×P3
※計算上、主要生活道路から周縁部までは避難確率は全体の確率に及ぼす影響が小さいため、P3＝1としている。

地区内閉塞度	P1×P2×P3 の避難確率
1	99%以上 100%
2	97%以上 99%未満
3	95%以上 97%未満
4	93%以上 95%未満
5	93%未満

図 11-1-3：危険密集地域の判定指標・基準 [2]

一方、まちを歩くと、危険密集地に指定されていないエリアにもかかわらず、危険だと感じるまちが多い、という実感があります。改めていうまでもなく、危険密集地は、とくに危険度の高いエリアを設定し、施策的に優先（予算措置）するというもので、それ以外のエリアが安心ということではありません。また、地域選定の基準は、延焼対策と道路対策及びその整備に重点がおかれる傾向があります。その意味では、未指定の潜在的な危険密集地への関心を持つ必要があり、同時並行で防災まちづくりを進めることが重要です。

また、地震による倒壊や火災だけでなく、津波、高潮、内水氾濫、台風、地すべり、疫病等を含む複合的災害の視点が必要になると同時に、空き家や災害時要配慮者、そしてコミュニティの問題を含めて、改めて公助・自助・共助の役割を認知する必要があります。とくに、地域でないからといって安心（思考停止）せず、また対応すべき地域設定自体に、ソフト面を含めた災害リスクの見える化（ネガティブ指標をポジティブ指標に）することが重要だといえます。

見える化に関しては、この数年で様々なDATAプラットホームができています。密集地再生や防災まちづくりだけでなく、地域経済や観光、交通、福祉など様々な分野に関連する、本稿で紹介したデジタル田園都市構想の一環でもありますが、あえてここで紹介すると、例えば、**「RESAS（地域経済システム）」**[3]（経済産業省）や、**「e-Stat（政府統計の総合窓口）」**[4]（総務省）などがあり、国交省では、**「都市構造可視化計画」**[5]、や**「PLATEAU」**[6]、そして個人の行動データに基づくまちづくりのために**「スマート・プランニング」**[7]の実践も進めています。時代の変化を感じるところですが、現時点では、詳細地域指標、UI、そして利用者のスキル構築に検討の余地がありそうです。

政府は、2021年3月に閣議決定された**「住生活基本計画（全国計画）」**[8]において、2030年度（令和12年度）を目標に、危険密集市街地の面積（約2,220ha）を「概ね解消」し、地域防災力向上に資するソフト対策の実施率を46%から「ほぼ解消」レベルまで引き上げることが掲げられています。

このソフト対策は、最近の指標ですが、地域個別性や地域力なども指標として組み込むなど、形式的なものにならないよう十分注意が必要です。とくに、空き家施策、コミュニティ施策、地域防災や地区防災計画との連動と、地域が主体となった防災まちづくりが重要になります。なお、法制度や事業手法については社会変化に応じてアップデートされるものなので、本稿では、執筆時の現状を示し、これまでとこれからを考える起点としたいと思います。

11-2 密集地再生の課題と事業手法

(1) 密集事業における計画フレームと4つの障壁[9]

密集地再生における課題解決に向けては、主に「老朽住宅の除却・建替支援」、「避難経路確保への支援」、「老朽住宅の除却・建替支援」などに関する、行政による整備方針と支援施度があり、とくに地区のまちづくり計画を進める上では、行政が指定する、『面的・線的な不燃化』にむけた規制や計画策定（防火地域・準防火地域や防火規制、防災街区整備地区計画など）をもとに、具体的な『まちづくり誘導手法』や『事業手法』との連携を図ります（図11-2-1）。

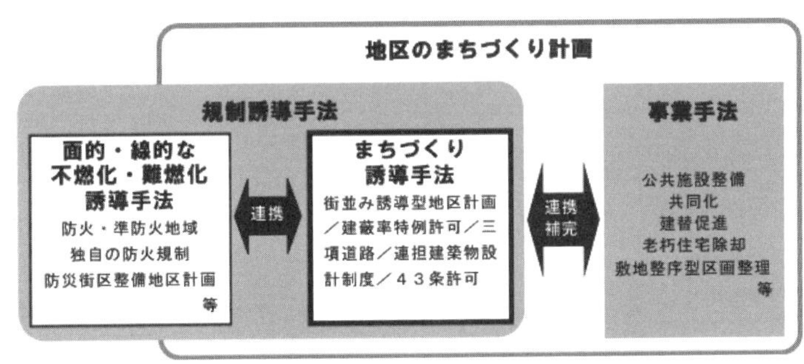

図11-2-1：密集事業における規制誘導と事業手法

実際に、密集市街地再生に取組む際、個別建替え時に起こる主に狭小道路に関わる4つの障壁があります。それは、**①二項道路、②旗竿敷地、③袋小路、④斜線制限**です。とくに、建物を建替えたくても、その敷地が建築基準法上の道路(4m以上)に接していないと「再建築不可」となります。また、斜線制限にかかって、新築物件では2階が建てられず、十分な床面積が取れずに、建替え等を断念しなくてはなりません。

その時、検討する主な「まちづくり誘導手法」として、**「まちなみ誘導型地区計画」「建蔽率特例許可」「三項道路」「連担建築物設計制度」「43条2項 許可（認定）」**

等があり（図11-2-2）、その他、「外壁開口部に対する制限特例（建基法84条6）」や「採光既定の合理化（建基法施行令20条）」なども検討します（図11-2-3）。

①街並み誘導型地区計画（都市計画法第12条の10、建築基準法第68条の5の5）

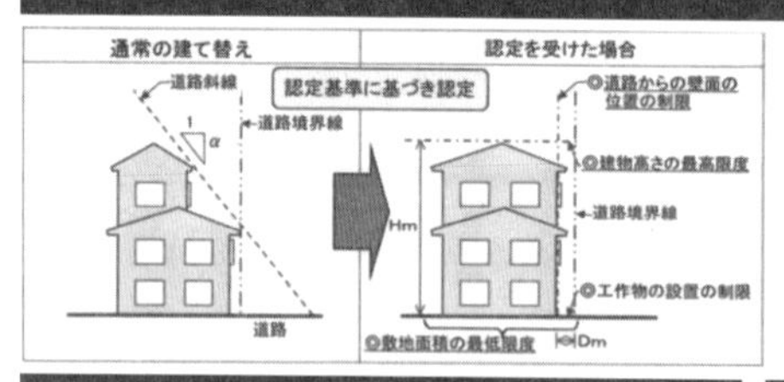

壁面の位置の制限＊、工作物の設置の制限、高さの最高限度＊、容積率の最高限度（斜線制限のみ適用除外の場合は不要）、敷地面積の最低限度＊を定めた地区計画等の内容に適合し（＊印は条例化が必要）、特定行政庁が交通・安全・防火・衛生上支障がないと認定した場合、斜線制限、前面道路幅員による容積率制限の適用を除外する。

②建蔽率特例許可（建築基準法第53条第4項及び第5項）

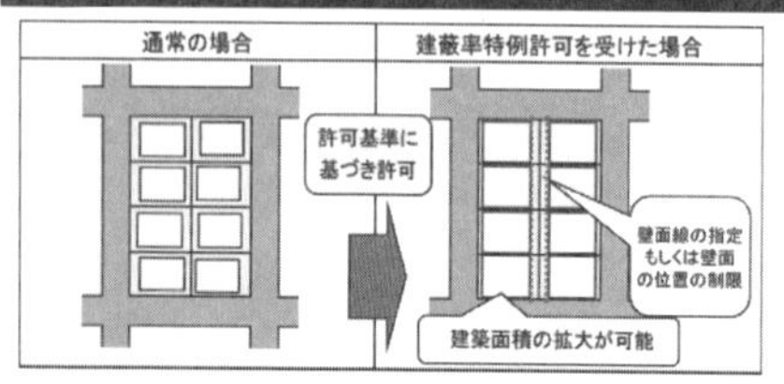

隣地境界線から後退して壁面線の指定、または条例で定める壁面の位置の制限を定め、特定行政庁が安全・防火・衛生上支障がないと認めて許可した場合、もしくは、道路境界線から後退して壁面線を指定＊、または特定防災街区整備地区若しくは条例＊＊で壁面の位置の制限を定め、特定行政庁が安全・防火・衛生上支障がないと認めて許可した場合、建蔽率制限を緩和する。

＊　特定行政庁が街区における避難上及び消火上必要な機能の確保を図るため必要と認めた場合に限る。

＊＊　防災街区整備地区計画に基づくものに限る。

③三項道路（水平距離の指定）（建築基準法第42条第3項）

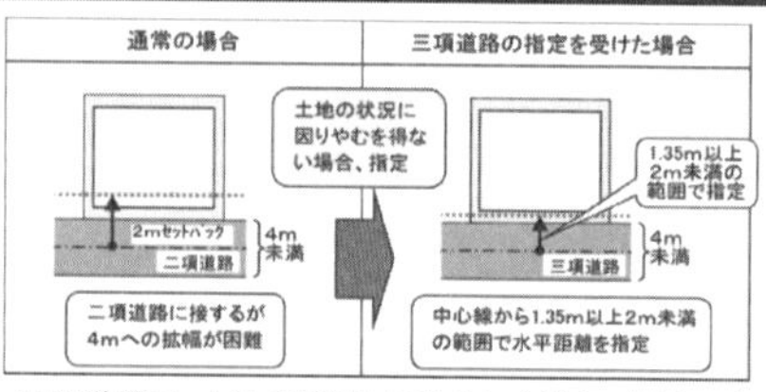

二項道路で、土地の状況に因りやむを得ない場合、建築審査会の同意を得た上で、特定行政庁の指定により、2.7m以上4m未満の幅員で基準法道路とみなす。

平成16年の国の運用通知で沿道の建築物の制限強化を推奨

④連担建築物設計制度（建築基準法第86条第2項）

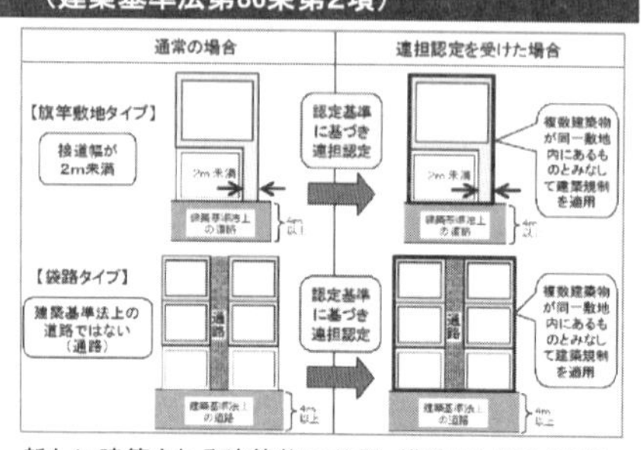

新たに建築される建築物の位置・構造が、既存建築物の位置・構造を前提として総合的見地から設計され、特定行政庁が安全・防火・衛生上支障がないと認定した場合、複数建築物が同一敷地内にあるものとみなして建築規制を適用する。

⑤43条許可（建築基準法第43条第2項第2号）

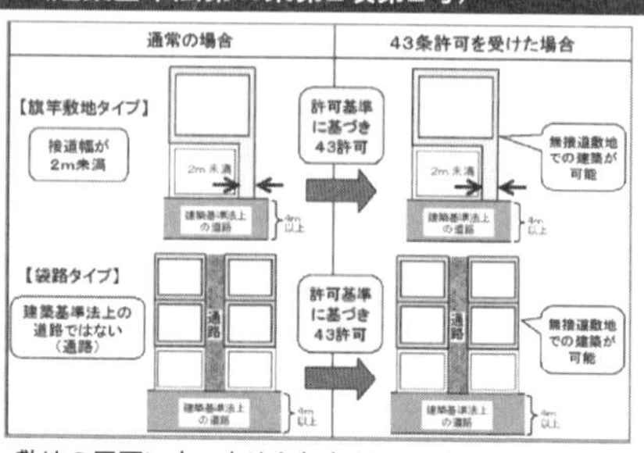

敷地の周囲に広い空地を有するなどの基準に適合し、特定行政庁が交通・安全・防火・衛生上支障がないと認定し建築審査会の同意を得て許可した場合、接道義務を緩和する（無接道敷地での建築が可能　となる）。

図11-2-2：主な「まちづくり誘導手法」

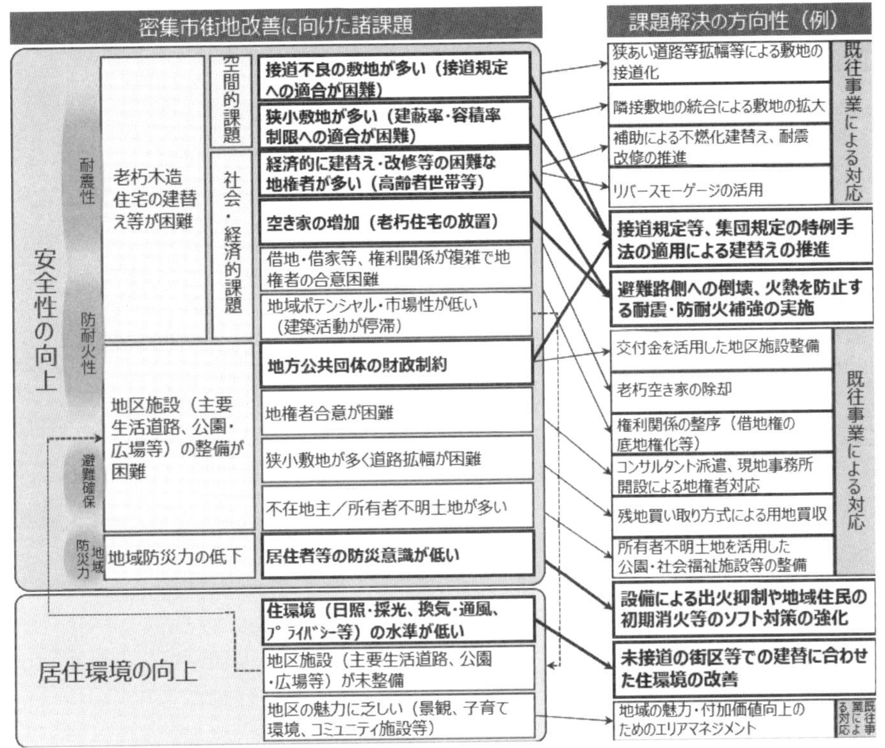

図 11-2-3：国土交通省資料「新技術等を用いた既成市街地の効果的な防災・減災技術の開発」
〔(国土技術政策総合研究所 都市研究部・建築研究部・住宅研究部 令和 5 〜 8 年度) 資料より抜粋〕

そして、具体的な『事業手法』には、区画整理事業や公共施設の整備、共同化、建物の除却など国による制度（各自治体で再構築した制度を含む）と自治体独自の制度や支援があります。

例えば大阪市では、「狭あい道路沿道老朽住宅除却促進制度」、「民間老朽住宅建替支援事業（建設費補助）」、「地籍整備型土地区画整理事業」、「防災空地活用型除却費補助制度」、「まちかど広場整備事業」、「主要生活道路不燃化促進整備事業」、「隣地取得型戸建住宅建替建設費補助制度」、「建ぺい率制限の緩和と防火規制」のような制度や支援があります。〔大阪市密集住宅市街地整備プログラム（令和３年３月）〕[9]

（2）複雑化する権利「ABC 問題」と時間のデザイン

実務上、個々のクライアントからの依頼や地域再生事業による建替え等をサポートする時に、複雑な権利関係によってまちの再生が進まないことが良くあります。これを、「ABC 問題」と呼んでいるのですが、A：土地所有者（地主）、B：建物所有者（家主）、C：借家人（賃借人）、という個別権利者の土地・建物の所有権と賃借権が相まって複雑な状態にあることで、その調整に困難が生じる問題です。加えて子や孫へと広がる権利関係者の拡大と相続問題、居所不明、そして海外の権利者まで絡んでくることで、その調整に膨大な時間や費用が掛かるなど、絶望的事態に陥ってフリーズしてしまうことがあります。

日本における土地や建物は、明治以降、「私有財産」意識が強いという歴史的・法制度的・文化的背景があります。当然、国や自治体からの「公共の福祉」の名の下で、強制的に収用されないように、その権利は守られるべきものです。

一方で、近年の社会的課題（少子高齢化、過疎問題、空き家問題、防災対策や復興まちづくりなど）を解決するために、土地や建物を公共財的に捉える発想が求められており、その必要性が徐々に高まっているといえます。

この時、基本的には「エリア」に対する視点が重要になります。それは、密集地の課題を解消するという社会的意義があります。と同時に、個人にとっても、エリアの価値を上げることで、個別の利益もあがりますし、また個別対応できなかった建替えが、周辺住民との協調によって可能性が高まります。

一方、地域再生に取組む自治会や「まちづくり協議会」などの住民組織をはじめ、行政や事業をコーディネートする計画コンサルタント等の専門家からみると、事業時の個別関係者の温度差やリアリティと向き合うことになります。

丁寧なエリアマネジメントを図るためにも、個別権利者の実態に寄り添いながら協働する意味や事業への納得感を醸成する必要がありますが、その時、重要だと考えるのが「時間のデザイン」です。区画整理事業などでは、比較的、資金や支援もあることで、事業は進んでいきますが、それでも小規模で所有者間の合意が円滑な場合で５～10 年程度、権利者が多い都市部や所有者不明土地が多い地域では、30年以上かかっているところもあります。再生に対する地域住民等の意志共有化とインセンティブや優先順位に対する時間のデザインが課題です。

11-3 土地区画整理事業：海外に注目された日本型開発手法

日本の密集地再生において、再開発事業と同様、重要な事業手法として、地域に準じた事業という点で幅広く取り入れられるものが「**土地区画整理事業**」です。

土地区画整理事業とは、「**都市計画区域内の土地について、公共施設の整備改善及び宅地の利用の増進を図るため、土地区画整理法に基づき行われる、土地の区画形質の変更及び公共施設の新設又は変更に関する事業**」をいいます。

市街地整備事業と道路事業が併用可能で、公共施設用地は、主に「換地手法」によって確保。2021年時点の事業成果は、全国市街地の約3割に及ぶ面積が整備され、実施地区数は約1万2千件、面積は約37万haの実績があります。

郊外における住宅市街地の供給、中心市街地の活性化、密集市街地の解消、災害復興などの様々な都市課題に対応し、幅広く活用されています

制度の始まりは古く、明治期の耕地整理法（1909年）と旧都市計画法（1919年）に位置づけられ、戦災復興区画整理、震災復興事業、ニュータウン整備、スプロール市街地の解消などに、活用されてきました。

また、日本の土地区画整理事業の手法は、アジア各国をはじめ、都市化が進む発展途上国にとって、土地利用における課題解決の有効なツールとして各国で採用されており、欧米でも日本モデルとして研究されており、密集市街地の再開発や防災性の向上のための計画的土地利用手法として注目されています。

一方、課題としては、減歩負担が必須、土地の売買ができない、反対者による事業遅延、残地の小規模化と移転圧力、残地問題、借地権・抵当権の解消、街並みへの配慮、などがあります。

その他、筆者が実務的に感じている課題には（13-2 参照）、①狭小敷地換地後の建築条件悪化への対応不足、②行政の個別建築や協調建替え等の関与・支援不足、③住まいと町のつながりづくりへの関与、④高齢者等の環境移行への配慮（移

転先コミュニティのつながり形成、経済的事情や加齢に伴う健康面等)、⑤事業の長期化、複雑化などがあります。

最近、柔軟で地域性を考慮した制度や支援も整備されつつありますが (次項)、少なくともこれまでは、比較的規模が大きく、時間と費用のかかる事業特性がありました。

これらの課題解決のためには、現在進みつつある、柔軟性のある制度設計と、このような住宅・まちづくり事業への専門家等の連携支援の充実。そして先行する事業の情報共有、エリアマネジメントの仕掛けの具体化などが必要だといえます。

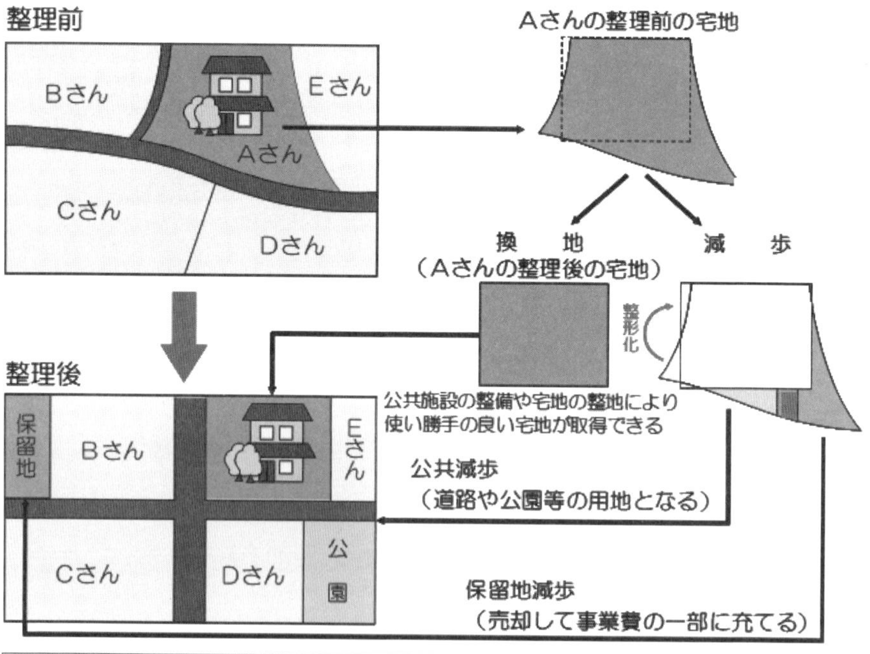

事業化検討段階における支援		事業化段階における支援					
調査		事業				貸付	
補助金	交付金	交付金					
土地区画整理事業調査	社会資本整備総合交付金（都市再生区画整理事業）	社会資本整備総合交付金	防災・安全交付金	沖縄振興公共投資交付金	東日本大震災復興交付金	事業資金貸付金	保留地取得資金貸付金

図 11-3-1：区画整理事業の事業スキーム

11-4 小規模で柔らかい区画整理

従来の区画整理事業は、土地の形状を整えることやインフラを整備することを目的としていましたが、時間もかかり、地域の特性や住民の意向を十分に反映することが難しいという課題がありました。

そこで、2016年の都市再生特別措置法の改正により、より柔軟な形での区画整理が可能となる制度が整備されました。これにより、住民参加型の小規模区画整理が促進され、**「柔らかい区画整理」**[11]とも呼ばれるアプローチが注目されています。

ポイント1 集約換地の実施

事業の目的、土地利用計画や地域の状況に応じて、必ずしも「照応の原則」によらない柔軟な集約換地の運用が可能です。土地利用の意向を踏まえて、地権者の合意に基づき、土地を集約する申出型の換地も可能です。

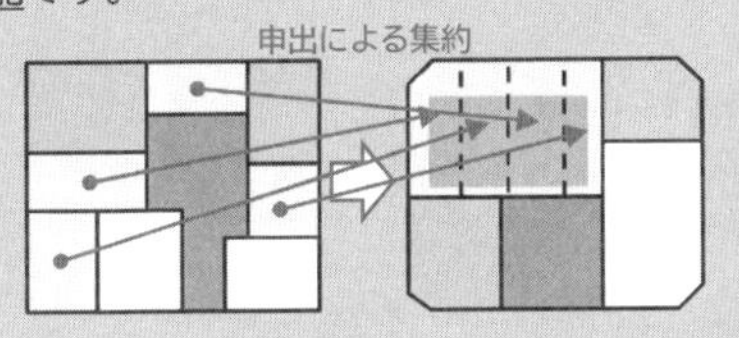

ポイント2 公共減歩を伴わない場合もある

既成市街地で少数の入り込んだ敷地を整序する事業では、区画道路の付替えや隅切の整備等も公共施設の新設又は変更と解釈し、また既存公園が近い場合は公園の設置義務の例外と解釈し、柔軟な運用を図ることで事業を進めることができます。

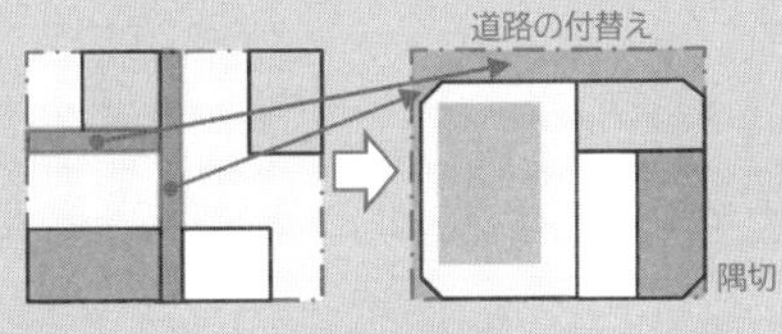

法第2条第1項の読み替え・規則第9条(6)ただし書き適用

ポイント3 柔軟な地区界の設定

既成市街地で少数の入り込んだ敷地を整序する事業では、住民の合意形成や事業期間を勘案し、敷地界を地区界にすることも考えられます。

また、密接不可分の関係にあれば、飛び地を含めた地区設定（飛び施行）も考えられます。

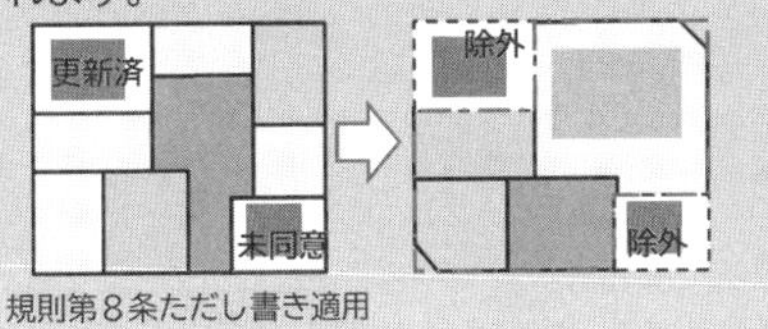

規則第8条ただし書き適用

ポイント4 保留地減歩と負担金を柔軟に選択

細分化している敷地の統合、集約化を図る事業では、保留地減歩をしないで負担金で事業費を賄うことも柔軟な運用の一つです。

図 11-4-1：柔らかい区画整理の手法

住民が参加するプロセスを重視した、小規模かつ段階的に、短期間で整備を進める特徴を持った柔軟な市街地整備手法です（**図 11-4-1**）。前項で課題であった、地権者にとって「私有財産」を奪われる、のではなく、一定の緩和を図りながら、協働や共用によって「地域価値」をあげる意識化を図る制度として期待できます。

本稿では、詳細は割愛しますが、主な事業としては、**敷地整序型土地区画整理事業、任意の申出換地による集約、小規模区画整理に適した支援制度（都市再生区画整理事業）**の3つあり、そのポイントは、①集約換地が柔軟に実施可能、②公共減歩を伴わない場合があること、③柔軟な地区界の設定（飛び施行もあり）、④保留地減歩と負担金の選択可、の4つあります。また、小規模区画整理に適した支援制度（都市再生区画整理事業）には、**都市基盤整備タイプ 、空間再編賑わい創出タイプ、地域生活拠点形成タイプ**があります（**図 11-4-2**）。

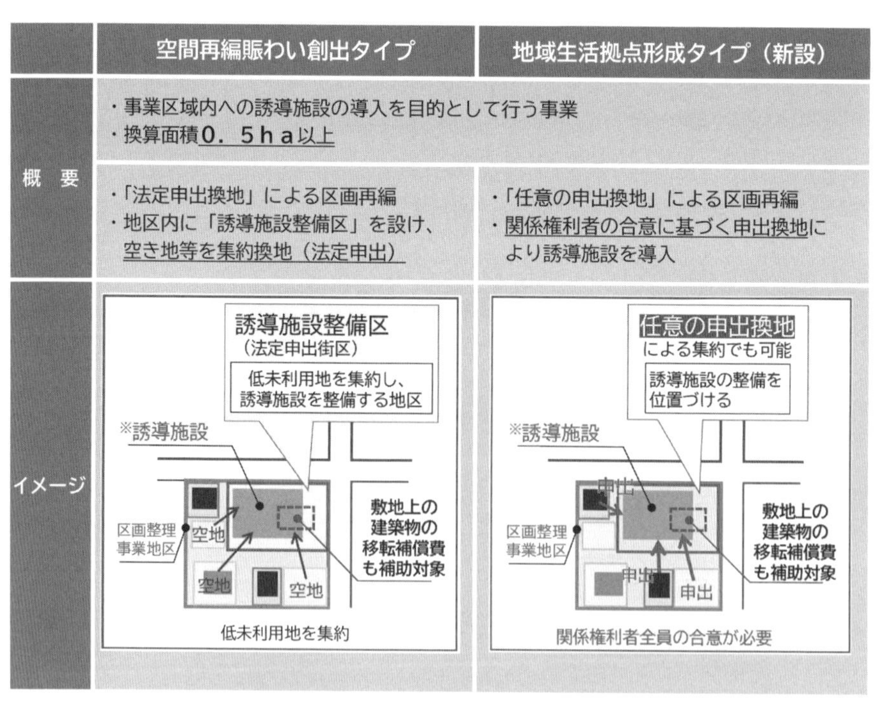

図 11-4-2：空間再編賑わい創出・地域生活拠点形成　タイプの比較
〔柔らかい区画整理の手引き～小規模な区画の再編・活用のすすめ～ R5.4, 国交省〕

法善寺横丁復興譚―風情と防災が共存する横丁再生（大阪市中央区）

串焼きの煙、酔客の影、人情の笑い声が重なる路地―法善寺横丁は、大阪の庶民文化が凝縮された場所だ。織田作之助が描いた『夫婦善哉』の舞台で、人情が息づいている横丁の風情が柳吉と蝶子の会話に溶け込み、その光景は、横丁が持つ温かさと包容力を象徴している。

○

しかし、2002年9月9日、そんな横丁を火災が襲った。法善寺横丁は、肩が触れ合う幅員2.6mで全長80mの細い路地のまちで発生した。連日、新聞には「風情ある路地がアダ」、「なにわ情緒の危機」、「元通りにならへんの？ 店主ら『特例』に」といった見出しが踊り、再建は困難とされた。

建築基準法に基づけば、路地の再建は難しく、「風情（景観）」と「安全」の両立は無理だとする声が多かった。しかし、大阪人の粘り強さはここから本領を発揮する。「法善寺横丁復興委員会」を立ち上げ、大阪市や専門家と共に、風情と防災を両立させる方法を模索し始めた。

○

大阪市と専門家は、再建にあたり「連担建築物設計制度」を活用することを提案。個々の建物が2項道路のセットバック義務を果たしつつ、地域全体を一つの設計として統合することで、現在の規制内で昔の風情を蘇らせた。建物の高さや外壁のデザインに「建築協定」を設け、さらに「法善寺横丁まちづくり憲章」を定めて、地域全体で守り育てていく仕組みを作り上げた。この取組みの背後には、30万人にも及ぶ署名や、地元住民の熱意があった。

○

2004年2月に復興。矛盾するように思えた「風情」と「安全」の二兎を追いかけ、両立させた実践であるといえる。

もし織田作之助がこの物語を描いたら、「こら、おもろい話や」と微笑みながら筆を進めたに違いない。

柳吉が復興委員会の隅に座り、「もうあかん。って云うてもしゃーない。なんとかなるやろ」と呟き、蝶子がその隣で「なんとかなるけど、もうちょっと考えや」とたしなめる。そんな光景が目に浮かぶ。

失敗しても、受け止めて、また一から立ち上がる。この事業は、まさにその精神が形となった場所だといえる。

串焼きの煙が漂う中、飲み交わす人々の影が、再びこの路地に戻ってきた。人生の苦味も甘味もすべて包み込んだ横丁の再建譚である。

連担建築物設計制度適用基準

連担建築物設計制度適用基準
通路幅員は、2.7 m以上とする。
階数は 3 以下とする。
構造は耐火建築物とする。
3 階の外壁を後退させ、避難のためのバルコニー及び避難器具などを設ける。
通路部分には、通行の支障となる看板等は設置しない

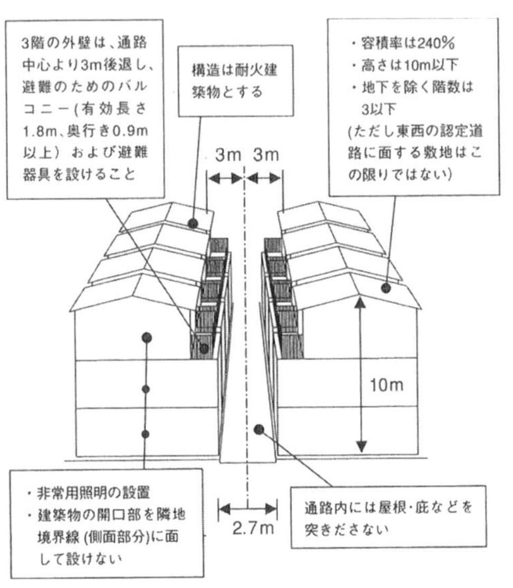

法善寺横丁まちづくり憲章

法善寺横丁まちづくり憲章
わたくしたちは、全国の人々からのあたたかい支援・署名を忘れることなく、良き大阪の伝統を守りつつ、また、新たな文化を生み出す役割を担います。
わたくしたちは、人間味のある空間である横丁を守り、看板などが生み出すミナミの象徴である景観を大切にしていきます。
わたくしたちは、人と人とのつながりを大切にし、法善寺境内の一人一人がよく協力して知恵を出し合い、このまちづくりの憲章を実践します。
わたくしたちは、今回の復興の経験を生かして他所(よそ) のまち (街) の力となるとともに、次の世代に語り継ぎます。

地区及び建築協定の概要

地区名・所在地	
地区名	法善寺横丁地区
所在地	大阪市中央区道頓堀 1 丁目 1 番 47 他
最寄駅	大阪市営地下鉄御堂筋線・千日前線 なんば駅　駅北東約 200 mに位置
用途地域	商業地域 (容積率 500%、建ぺい率 80%)
建築協定等の概要	
当初公告年月日	平成 14 年 12 月 27 日
変更公告年月日	平成 15 年 10 月 10 日
有効期間	10 年間 (平成 25 年 9 月 29 日) 自動更新 (延長 10 年)
締結型	合意型 (当初一人型)
面積	1,896.64㎡

〔参考文献 9・12〕

ひがっしょ路地のまちづくり（神戸市長田区）

喫茶「初駒」内部の様子〔© Shitamachi KOBE.〕

神戸市長田区駒ヶ林一丁目南部地区(約1.0ha)。地域を特徴づける狭い路地と木造住宅群は、漁村の歴史を物語るとともに、震災復興後の都市再生の課題も浮かび上がらせていた。そんな中生まれたのが、「ひがっしょ路地のまちづくり計画」(2013年策定)。地域・行政・専門家が協働した、「路地保全」と「防災性向上」が調和するまちづくりの実践である。

地域住民の参加を重視した議論の場として、「喫茶 初駒」が果たす。この古民家を改装した空間では、住民が、行政職員と共に、コーヒーを片手に談笑する中で、アイデアが形になっていく。例えば、震災復興と伝統的景観の融合を目指す「大路地」と「小路地」の整備案も、そのプロセスから生まれたものだ。この案に基づき、防災性能を備えた広場型路地や地域コミュニティ活動の拠点として整備された。

また、空き地を活用した「まちなか防災空地」も特筆すべき実践だ。空き地を神戸市が無償で借り上げ、住民が市の補助を受け整備して広場を作り、管理する仕組み。防災だけでなく、住民の日常の居場所として機能している。また、非常時には消火のために、庭先の水栓を借りても良いという「じゃぐち協定」などユニークな仕掛けがちりばめられている。

参画した専門家である松原永季氏（スタヂオ・カタリスト）の役割も大きい。地域住民に寄り添いながら、行政との新たな試みを引き出す、まさしく「カタリスト」（触媒）であった。

この計画の特筆すべき点は、神戸市の「近隣住環境計画」に位置づけながら、三項道路（水平距離の指定）・壁面線指定・建ぺい率緩和許可・接道許可などを複合的に積極的活用していることが特徴である。

具体的には、敷地面積が狭い地区での建築を可能にするため、いわゆる喉元敷地での合意形成を容易にするための方策として、建ぺい率を法定基準から10%程度上乗せする緩和措置が採られている。

これにより、狭い敷地でも生活に十分な空間を確保しながら、下町空間を維持することが可能になる。とくに、3 項道路指定により 2 項道路の 4m 拡幅を、2.7m 拡幅で良いように緩和することで実現を図ろうとしている。

さらに、防災性能の強化を目的とした壁面線指定の活用が注目される。これにより、建物の外壁や門などの位置を計画的に定め、狭い路地でも避難経路や通行スペースを確保できる調整が行われている。また、建物高さ制限に関して、非道路のみに接する敷地について、本来建替え不可だったものに、近隣住環境計画を前提として、これらの制限を加えることで、許可し、再建築可能化を図っており、(最大 2 階建以下）や準耐火構造の採用が義務付けられ、地域全体の防火性能が向上した。

駒ヶ林のまちづくりは、効率性や経済性だけを追求するのではなく、地域の歴史や人々の記憶、そしてコミュニティの継続を尊重することを重視している。幅員 2.7m の路地は、その象徴だ。狭くとも奥深いこの路地が示すのは、人々が生活の中で自然と紡ぎ出す創造性と共感だろう。地域の特性を活かしながら、持続可能な未来を築くこの取組みは、路地的空間と防災性の両立という難題を乗り越えた実績である。

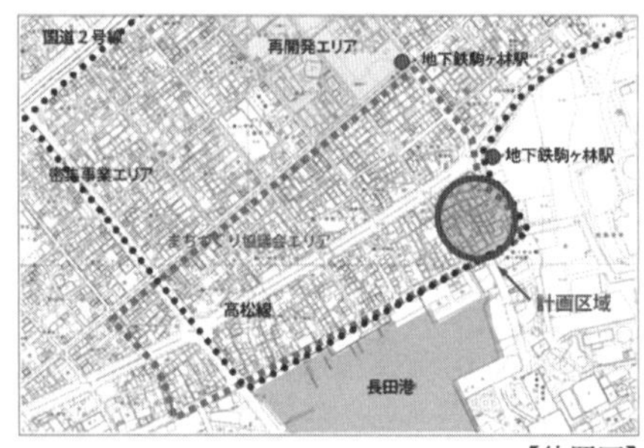

【位置図】

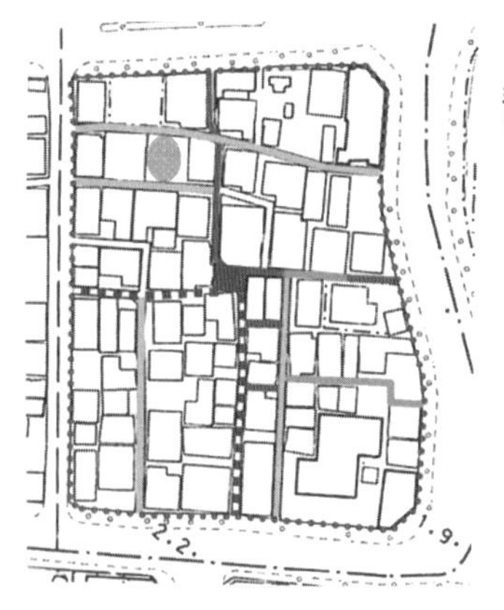

道路の位置づけ

主要道路	街区内の緊急車両の進入などのため将来幅員4mとする法42条2項道路
路地A	法42条3項指定により将来幅員2.7mとする道路
路地B	法43条但し書きによる空地（建物の再建に必要）入口部分の幅員の確保のため壁面線指定（将来幅員2.7m）
路地C	基準法上の道路ではないが、安全性のために確保する路地。路地中心から1.35mセットバックに努める。
●	広場（まちなか防災空地）
■	法42条1項3号道路

〔出典 13・14〕

12 災害復興まちづくりのリアリティ

2025年1月17日、阪神・淡路大震災の発災から30年。諸外国からも「奇跡の復興」と賞されていますが、筆者の人生におけるターニングポイントになる出来事でした。それ以降も様々な災害が起こり、いまだ被災されている地域や人々があり、そして今後も大きな災害が想定されている現在、本稿では、あえて30年前の阪神・淡路大震災の筆者の体験を振り返りながら、施策、制度の動きも含めて整理し、これからの災害復興に対するメッセージにつなげたいと思います。

日本は数多くの災害に見舞われてきました。阪神・淡路大震災後も、鳥取県西部（2000/10/6）、新潟県中越（2004/10/23）、東北地方太平洋沖（以降、東日本大震災）（2011/3/11）、熊本（2016/4/14）、大阪北部（2018/6/18）、そして能登半島（2024/1/1）。他にも多くの地震災害や、台風、豪雨と土砂災害、火山噴火、そしてCovid-19禍など様々な災害をうけています。執筆時の能登半島被災地では、発災から1年経過した2025年現在もなお、インフラ整備は進んでおらず、いまだに避難所被災者がおられる実態をみると、復興のタイムラグが課題になっているように思います。そして今後も、南海トラフ地震や首都直下地震などが懸念されているなかでは、災害が起こることを前提としたまちづくり（減災・事前復興等）の具体化が必要になっているといえます。

12-1 被災者の「避難プロセス」と環境移行

阪神・淡路大震災の発災から20年目の特集としてNHKが製作した『大都市再生20年の模索』（2015.3.18）を見たのが今から10年前。発災後の行政担当者たちの苦悩と被災地の課題が浮き彫りになる番組でした。

当時、神戸市20万人の被災者を受け止め、その後の応急仮設住宅（以後、仮設住宅）から復興住宅への被災者の移行計画について、仮設住宅での孤独死が後を絶たない事態のなかで「災害で助かった命を守りたい」という思いで復興住宅計画を立てたといいます。

それは、高齢者ばかりではコミュニティが成り立たない、住民同士の支えあいができるように、仮設住宅以外からも幅広い世代を入れるという提案でした。それに対して国は、劣悪で危険な仮設住宅環境を一刻も早く解消するために、仮設住宅の高齢者や障害者を優先入居させるよう求めました。実際、火災による死者などもでていたことから、やむなくその意向に沿った、と話す姿に、当時の逡巡の様子がうかがえました。

担当者は最後に震災20年を振り返り、「復興は成し遂げられていない気がします。逆に復興や生活再建とは一体何だったのかという言葉の意味を確かめねばならないと感じる」と語っています。国と市の言い分はどちらも正論。その時できることは何だったのか？ 震災から30年、その教訓が活かされているのかに注視したいと思います。

阪神・淡路震災直後、多くの人々が学校等の避難所に避難しました。震災直後の1月19日から1月23日にかけて、ピーク時には31万6,678人が避難。その後も避難生活は続き、200日を超えた8月17日の段階でもまだ8,491人が避難している状況でした。避難所では、ボランティアが小学校や避難所で協力しながら、災害から立ち直るための支援を行っていましたが、避難生活は長引き、プライバシーがない状態での生活が続きました。当初想定された指定避難所が足りず、追

図12-1-1：学校体育館内部
（神戸市中央区/1995/1/17）〔写真提供：神戸市〕

図12-1-2：神戸市須磨区文化センター「待機所」パーティション〔写真提供：齊部 功〕

加指定される避難所もあり、自宅や公園等に身を寄せる被災者も多くいました。

また、長期化する避難生活においてプライバシーの問題も深刻化し、段ボールで仕切りを作り、仮設住宅に移るまでの「待機所」として利用されていました。

当時、障害者や高齢者、妊婦などの災害時要配慮者対策が充分ではなかったために、大きな負担を強いられた状態であったといえます。

避難所から仮設住宅に移るプロセスにも課題が多く、とくに都市部は仮設住宅を建てる場所が限られていました。大量の避難者をどのように次の段階に移行させるかが大きな課題になります。他の災害においても大きな被害を受けたまちでは、建設する場所の問題が立ちはだかります。

例えば神戸では、埋立地や郊外の造成地に大規模な仮設住宅を建設することになりましたが、生活利便性の低い場所に建てると、避難者の生活が困難になります。また、入居優先順位も問題となっていました。高齢者や障害者が優先されるため、仮設住宅や災害公営復興住宅（以降、復興住宅）の高齢化率が高くなり、コミュニティの維持が難しくなる点です。なによりも、慣れ親しんだ場所から離れることになります。

兵庫県では4万8,300戸の仮設住宅が設置されます。法律では、仮設住宅の期間は原則2年とされていましたが、阪神・淡路大震災では、その期限が3回も延長されました。そして、避難所や仮設住宅からの移行先としては、自力で住宅を

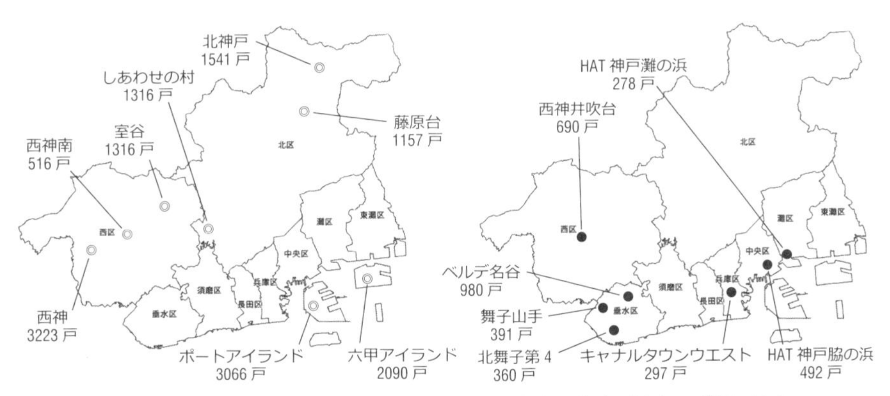

図12-1-3：神戸市の主な仮設住宅（左）・災害復興住宅（右）の位置（左）

確保するか復興住宅が用意されました。その供給戸数は42,107戸（うち25,421戸が新築）供給されました。

また、仮設住宅生活が長期化することで、その環境や被災者のQOL対応が重要になります。例えば、規格型仮設住宅の居住環境の悪さの問題があり、50℃近くまでなる夏暑い室内、冬寒く結露する壁、接合部から隙間風が浸入してくる壁、隣の音が気になる遮音性のない壁、雨漏りする屋根、結露水が漏れてくる天井、ムカデなどが入ってくる畳の床などがいわれています。また、学校のグラウンドに仮設住宅を建てる場合、長期間にわたってグラウンドが使えなくなるため、子どもたちの身体や教育に影響が出るという問題が生じるなど、被災者間の軋轢を生んでしまう事態も生じます。

また、仮設住宅の主な課題に、**表12-1-1**に示す7点があるといわれています。

一般的に仮設住宅1戸あたりの建設費は240万円程度といわれていますが、実際は500万円程度。東日本大震災では、結果的には700万円のコストがかかっています。これを一般市場で家賃設定すると23万円／月にもなります。東日本大震災では、この形式の仮設住宅ではない様々な提案が生まれました（**表12-1-2**）。

また、自力再建した人にも深刻な「**二重ローン問題**」が浮上していました。物件被害後に新たな物件を購入する場合、従前のローンが免除されないため、ダブルで支払う必要がありました。当時は、公平性の観点から、債務減免や住宅再建・補修費用的な公的支給は見送られましたが、国民の声が契機となって1998年に「**被災者生活再建支援法**」[3]が成立し、2004年の改正で住宅解体・撤去・整地費用

表12-1-1：仮設住宅の課題[1]

①意外に高い建設コスト（一時的住まいにしては費用がかかりすぎる）
②仮設住宅の完成を待つと「避難所」の長期化は避けられない問題
③小・中学校のグランドに仮設住宅を建設する弊害
④立地上の問題（生活不便）
⑤従前コミュニティーでの生活の継承・維持／孤立・孤独死問題
⑥5年以上も使われる仮設住宅：制度設計の問題
⑦規格型応急仮設の居住環境の悪さ

表12-1-2：仮設住宅建設コスト[2]

災害名	災害救助法に基づく一般基準（円）	実際の単価（円）
新潟県中越地震	2,433,000（円）	4,725,864（円）
能登半島地震	2,342,000（円）	5,027,948（円）
新潟県中越沖地震	2,326,000（円）	4,977,998（円）
宮城・岩手内陸地震（岩手県）	2,366,000（円）	5,418,549（円）
（宮城県）		4,510,000（円）
東日本大震災（岩手県）	2,387,000（円）	約6,170,000（円）
（宮城県）		約7,300,000（円）
（福島県）		約6,890,000（円）

〔出典：談話室・集会所の建設費、造成費、追加工事費を含む建設コストの戸当たりの平均コスト〕

や住宅ローン利子が支援対象に加えられました。その後、2007年の改正により、全壊・半壊した住宅の再建や補修費も支援の対象となりました。

しかし、東日本大震災を契機に、2015年9月2日以降に発生した災害救助法の適用を受けた自然災害も適用対象となる**「自然災害による被災者の債務整理に関するガイドライン」**[4]が運用されるようになりました。また政府は、要援護者の支援策として**「福祉避難所」**[5]の概念を打ち出し、2005年の**「災害時要援護者の避難支援ガイドライン」**で初めて明文化されました。その後、2007年の能登半島地震では、実際に福祉避難所が初めて運用されました。

そして、**災害対策基本法の改正**[6]（2021）によって、福祉や医療関係者など他分野の専門家が避難行動や避難生活などの「個別避難計画」作成にかかわることとなり、加えて、2024年4月の**「障害者差別解消法」**改正によって、障害のある人への合理的配慮の提供が義務化されたことを受け、誰一人取り残さない**「インクルーシブ防災」**[7]が重視されるようになっています。

このように災害と共に、制度の充実が図られていますが、災害前の事前整備が重要であることはいうまでもありません。

12-2 復興と時間のデザイン

一般的に災害復興には3つのフェーズ（**フェーズ1「緊急対応期」、フェーズ2「応急対応期」、フェーズ3「復旧・復興期」**）があるといわれています。実際の現場は、分かれ目のない個別性の高い浸潤状態にありますが、復興を目指す大きな方針としては、事前に認知しておくべきテーマであるといえます。

（1）避難のプロセスと被災者心理

避難プロセスにおいては、避難所から仮設住宅、そして復興住宅への移行と随時自力再建する層が分かれていきます。

例えば、阪神・淡路大震災の場合、震災直後には多くの人が避難所に避難しましたが、2か月後には自宅に戻る人や公園でテント生活を始める人が増えました。

当時筆者は、被災者独自に設置した避難所「テント村」を支援することになりました（15章）。とくに当時、課題だと感じたことは、単線的で形式的な避難プロセスにおいて、被災者の自立や復興にむけたモチベーションの減退、または孤立や孤独死につながる避難プロセスにありました（**図 12-2-1**）。

発災当初は、被災者一人ひとりが、目の前の緊急事態に精力的に、協働していました（実際、市民によって瓦礫の下から救助された人は、警察・消防・自衛隊による救助の3倍以上にのぼるという報告[8]があります）。

しかし、当初の精神的に高揚している「ハネムーン期」から気持が一気に減退する「燃え尽き症候群」という現象が起こる中で、従前のつながりを考慮されずに仮設や復興住宅に移行することで、精神的なよりどころを持てない避難プロセスの課題を強く感じていました。

ちょうど、その頃、『災害の襲うとき―カタストロフィの精神医学』[10]という書籍に出会いました。興味深かったのが、被災者にとって精神的な「整理の機会」が重要であるという点です。災害時には、この機会を重視せずに避難計画が作ら

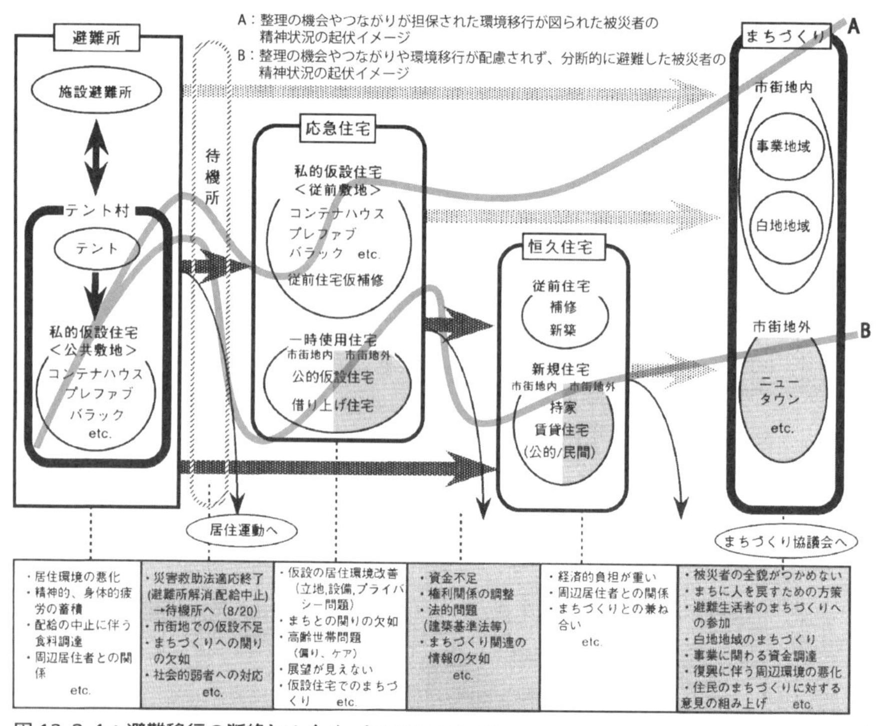

図 12-2-1：避難移行の断絶とモチベーション〔寺川政司『神戸テント村からの報告』住宅建築（1995.10）を加筆修正〕[9]

れる問題や、直接的な被害者の他に、周辺被災者や侵入被災者（外部者）も被災者になる点、そして地域社会で災害が襲うことは、池に石を投げ込むようなもので、その波紋が地域全体に拡がって、時間的にずれて影響を及ぼすというものです。

まさに、目下の現象を示す予言書のようでした。その他、林春男教授による「被災者の心理的時間区分」[11]や金吉晴らによる被災と心理変化[12]など、今後の復興計画に組み込んでおくべき視点だと考えています。

(2) 行政と市民における復興都市計画のジレンマ

前出したNHKの番組『大都市再生20年の模索』には、もう一人の行政担当者が出演しています。それは、当時の都市計画局長でした。

神戸市は、震災から1か月しか経過していない2月21日に「震災復興都市計画」(8地区）を発表しました。そのことで被災市民に大きな戸惑いと怒りを生じさせることになります。「行政はこの混乱時を利用し、市民を無視して都市計画を強行するつもりか」と大きな反発が起こりました。当時大学院生が集まって「意見書」を提出したことを覚えています。大学教員の間でも、この拙速な計画決定に対する批判と、被災者が参画できる段階的復興の必要性を指摘していたころでした。

実は、この発表は行政による「創造的復興」を目指すものでした。災害復興の際には、土地建物などの私有財産に対する行政不関与の原則があって手出しできない事態があり、それを回避するために、行政の責任で私権にも関与する復興事業を実施し、周辺地域も含めた市民の生命や財産を守るための行政主導型の公共事業を実施する必要性に迫られての動きであったといいます。またそれは、震災前のまちに戻すのではなく、新しい都市基盤の整った新たなまちに変える、という宣言でもありました。具体的には、密集住宅市街地の解消や駅前活性化など、懸念されていたエリアに対する土地区画整理事業および再開発事業による復興都市計画が実施されることになります。

一方で、神戸市は市民参加型まちづくりの先進地でもあったことから、その場を設ける必要性は感じていたようです。しかし、建築基準法第84条の「建築制限」規定の壁[13]によって、発災2か月で復興都市計画事業を決めなければならないという制度的・時間的ジレンマを経て決定・発表されたものだといわれています。

市民にとってはこのような施策「ジレンマ」があったことを知る由もなく、また知ったとしても納得できるものではなかったでしょう。少なくとも市民の反発はやまず、事業推進に支障が出てきたことから、一部方針を転換して「市民参加」の時間を組み込み、結果的に都市計画の手続きを2本の時間軸で設定する方式を採用することになります。これは後に**「二段階都市計画方式」**と呼ばれるようになりますが、神戸市では、土地区画整理事業11地区、市街地再開発事業2地区で実施されました。筆者は、「段階的」な仕組みに関しては重要であると考えていますが、結果的にうやむやな状況で第一段階がコンクリートされることで、アリバイ型のまちづくりになることがないように、計画への市民の参画や柔軟性の担保が必要であるという立場です[14･15]。その他にもこれら都市計画事業が計画区域以外の、地域や住民による自力再建が基本となる震災復興促進区域（白地地区）が被災地の8割を占めており、地域と専門家が協働した「小さな・柔らかい地域計画」が進められていた地域があったことを付記しておきます。

発災から30年。新長田駅南の市街地再開発事業（第二種）（19.9ha計画住戸数約2,800戸・商業・公共施設）エリアでは、厳しい状況が見られます。

震災以前、古い木造住宅が密集する市街地で、昔ながらの商店街も多い場所でした。そしてこの震災で1万5,000棟以上が全壊、5,000棟以上が全焼しました。その意味でこの再開発は、安全と活性化を目指した一大事業でした[16]。

神戸市が2020年12月に発表した「再開発事業検証」[17]では、震災後の地区人口は約1.4倍の約6,100人に増え、44棟目事業である「新長田キャンパスプラザ（仮称）」の2025年10月竣工を目指して、効果が期待されているところです。

しかし現在、100店舗ほどあった商店街の店舗数は半減し、上階でシャッター街化が進んでいます。2021年には商業施設のメインテナントも閉店。事業完了時点で326億円の赤字になるとの見通しがでており、厳しい事態にあります。

前出した都市計画局長は振り返ります。「被災者の生活再建を一日でも早くす

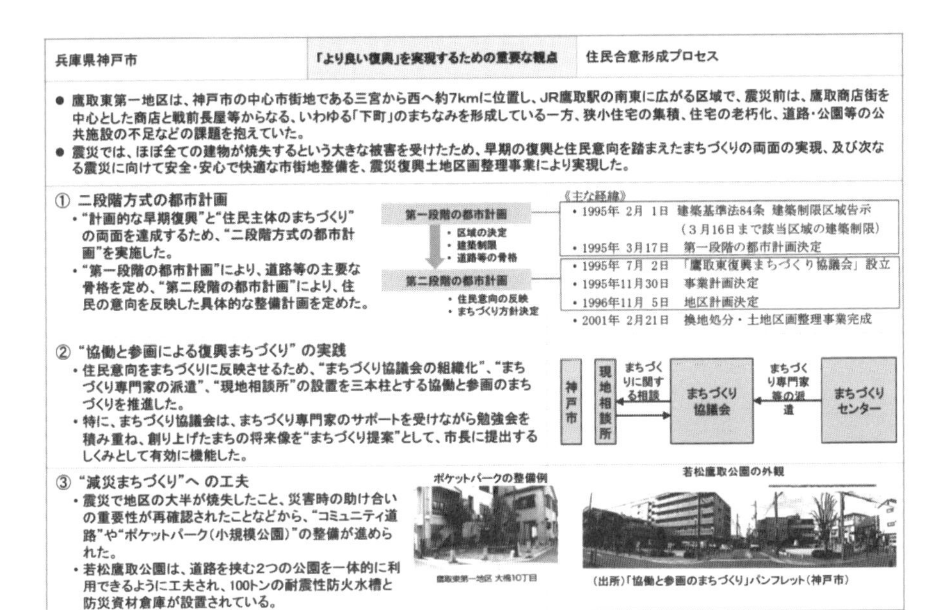

図 12-2-2：二段階都市計画方式の実践事例（鷹取地区）[18]

るために（国に要望するためにも）まちづくりビジョンを早く示す必要がありました。しかし、市民の皆さんから“局長 あんた火事場泥棒か”といわれました。何とか災害に強い街をつくるために頑張っているのに、なんで賛成してもらえないのだろうか、と思っていました。」

そして最後に語ります。「新長田は 下町というか そういう所があった。きれいな街になりましたけど、もう少し工夫できることがあったとおもいます。」

お互いの言語（ルール）に基づく「正論」が違う場合、そのボタンを掛け違えたまま進むまちづくりは、行政と市民相互に不幸を生じさせてしまうようです。

(3) 行政と市民の“ボタンの掛け違い”と時間のデザイン

このような“ボタンの掛け違い”は、東日本大震災被災地でも起こりました。

2012 年の大阪 ABC 放送で、宮城県気仙沼市の被災商店街から神戸市長田区に視察の様子が報道されていました。現地商店街との交流を受けて、大規模事業によって共益費や固定資産税等の支出が大きな負担になることや、上層階への客足の問題、震災後の人口回復のタイムラグなどを学びました。

帰郷後、気仙沼では市長が「気仙沼復興まちづくりコンペ」を実施すると宣言し、彼らは審査員として参加することになります。しかし、いきなりのコンペ提案に対して、商店街の人々は不安と不信が募ります。また、審査会の3日前に、900頁に及ぶ（極めて専門的な）提案資料（100件以上）が届きます。自分達の商店街の未来がかかる審査会において「形だけの投票はしない」と決めました。

審査会当日冒頭、彼らは市長に提案します。「もう少し資料の説明がきけるプレゼンを聞く場が欲しい」と。市長は、「このコンペは、あくまでアイデアを得るもの」としたうえで、「仕切りなおすことはできない。見たということを前提に選んでもらうしかない」との考え。地元は、「行政と住民が、何回も会って一体にならなければ……」。一方、市長は、「(住民と）話し合いを設けるところまで準備が進んでいなかった。何もなければ説明ができないし、住民の期待に応えるまでに時間がかかった」とのこと。

また、ここで不幸な“ボタンの掛け違い”が起こります。その後、筆者がこの商店街の再生に関わることになりますが、詳細は**15-4**に続きます。

“ボタンの掛け違い”は、なぜ起こるのでしょうか？ お互い「何とかしなければという強い想い」や「良かれと思って」の行動がベースにあります。しかし、立場や理解の「違い」が相互不信を生み、相互理解を阻む負のスパイラルに陥っているように感じます。それは各々が「展望」する到達位置が違うことと、各立場で使う言語（ルール）が違うことにあるように思います。もう少し具体的にいえば、行政では、国や県そして各自治体部局間の縦割り行政の弊害や、単年度主義や硬直化した既存制度の弊害（それに合わさざるを得ない事情）が軋轢を生む要因の一つではないかと思います。

一方、被災者や住民においては、大きな精神的ダメージから回復する初期段階で、「住まい」や「まちづくり」という「中長期的」展望を考えなければならないなかで起こる齟齬がありそうです。例えば、余裕がないなかで決定しなければならない状況や個人的相違などの「意識のタイムラグ」がありそうです。時間とともに変わる優先順位や意識変化への対応は不可避で、今後の復興における**「時間のデザイン」（事前復興・段階的復興）**は極めて重要であると考えています。

12-3 防災計画・事前復興と、民間による連携・協働、そしてアジャイルなまちづくりへ

2024年に「防災白書」[19]が発行されましたが、**地域防災計画**[20]は、災害対策基本法第40条・42条に基づき、各地方自治体の長が防災会議に諮り、防災の処理や業務などを具体的に定めた計画です。一方、**地区防災計画**[21]は、地域住民が主体となって自発的に行う防災活動に関する計画です。これは地域の防災力を高めるために非常に重要な計画だといえます。内閣府では、研修会やガイドラインを示していますが、地域や自治体で温度差があるようです。

その他にも、ハザードマップや情報ツールの整備とICT活用（UDX）をはじめ、**災害図上訓練DIG（Disaster Imagination Game）**や**避難所運営ゲーム（HUG）**[22]などの防災まちづくり・ワークショップの実践も増えており、形式的な防災訓練とは違った防災教育の推進も進んでいるところです。

また、都市再生や密集市街地問題、そして立地適正化計画やコンパクトシティ施策と防災はつながりの強い枠組みとして多様な制度[5]が用意されています。

一方、阪神・淡路大震災で提言された**「事前復興」**の提言については、この数年になってようやく動き始めているようです。事前復興の概念は、2000年代から一部の自治体で議論されていたものの、国が本格的に整備したのは2018年の**「事前復興まちづくりガイドライン」**[23]（国土交通省）が最初とされています。現在、各自治体にて具体化（計画）が策定されている点に注目しています。

その他にも、各復興フェーズにおいて、各行政の連携自治体職員による被災地支援が始まりましたが、この経験蓄積とネットワークは極めて重要だと思います。一方で、支援後の自治体職員における経験継承が重要で、退避後のシステム停止に至らないような関係づくりが求められます。

もう一つ注目する事前復興の動きとして、東日本大震災時に、建設系のネット

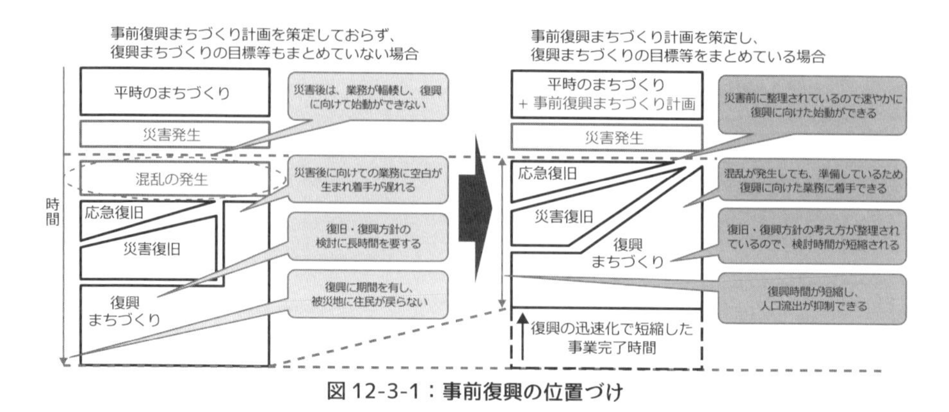

図 12-3-1：事前復興の位置づけ

ワーク（推進協議会）から生まれた、地域の文化と資源を活かす地域型復興住宅[24]の提案・実践や、奈良県十津川町の土砂災害時の防災時の民間連携を挙げておきたいと思います。2011年の「紀伊半島大水害」からの復興に向けて、森林組合や十津川大工グループとのワークショップや住民ヒアリング等を行いながら進められた「**十津川村復興モデル住宅**」[25]（地域の気候風土や景観、生活様式に配慮し、地域の産業の活性化・林業の振興を目指したもの）などがあります。

今後は、11-1で紹介したDATAプラットフォームなどの活用も含めて、全国の防災まちづくり活動を注視しながらも、「未曽有」の突発的な事態にも対応可能な、公助・自助・共助と地域力が求められています。そのためには、「事前復興」の意義や手法を再確認しながら、レジリエントでアジャイルなまちづくりの手法を検討すべき時期にあると考えています。そして、柔軟な制度や支援の形、協働の経験を日常的に培う機会をまちづくりのなかで育むことが肝要だと考えます。

大学では、災害のリアルを受けることでフリーズしてしまう学生もいることから、なるべくシンプルに、建築・まちづくりを学んだ者・今後携わる者として、①思考停止しないこと、②歴史に学びながら、その時できること・これからできることを考え、新たな可能性を追求すること、③ハンデキャップのある立場（見えにくい層を含めて）に対する視線を大切にしてほしい、と伝えるようにしています。

✏ 地域住民が自発的に防災計画を作成する活動を応援するため、災害対策基本法が改正され、平成26年4月から「地区防災計画制度」がスタートしました。

✏ これによって、地区居住者等が、地区防災計画（素案）を作成し、市町村地域防災計画に地区防災計画を定めるよう、市町村防災会議に提案できることとなりました。

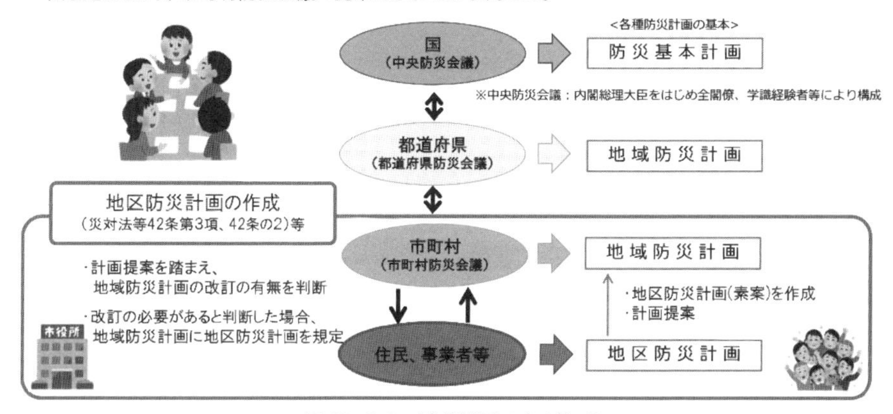

図 12-3-2：防災計画のながれ [26]

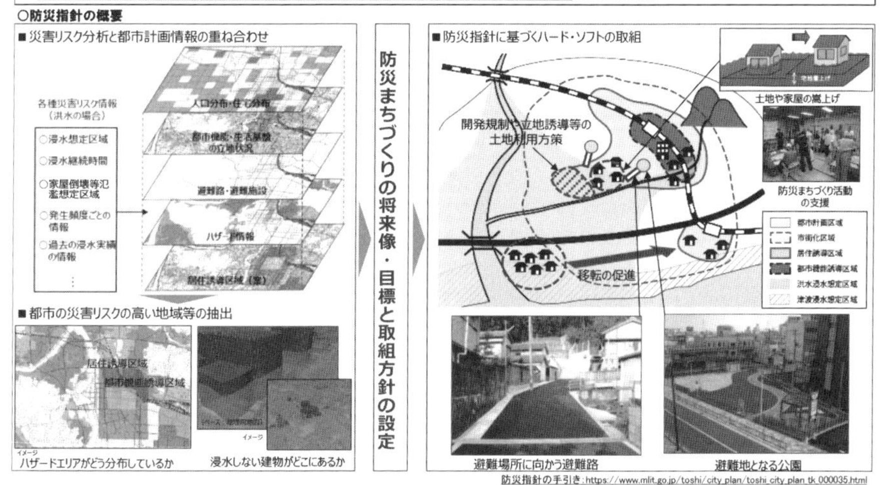

図 12-3-3：防災まちづくりの将来イメージ〔国交省 HP〕

災害復興まちづくり用語集

○減災

災害被害を出さないことを前提として万遍なく防災対策を施すのみでは想定をはるかに超える災害に見舞われた際に対応できないことから、被害を想定して、集中的に対策をとり、結果として災害被害を最小化する取組み。

○事前復興

平時のうちに災害発生時を想定し、被害最小化につながる都市計画やまちづくりを推進すること。耐火性強化、倒壊圧死を減らす耐震性強化、倒壊・出火・混雑による避難路封鎖を避ける道路拡幅、仮設住宅等の敷地設定、被災後のまちづくりに向けたビジョンづくりや防災コミュニティづくりなど。

○協働

災害被害を最小化させるためには、行政のみの対応では不十分であることから、市民や企業をはじめ地域構成員全体の連携協力を図ろうというもの。

○段階的復興

災害復興に際しては、その復興方針決定や実行、そして被災者の意識に時間的違いが生じるため、土地利用やまちづくりをはじめソフト・ハードの両面において、時限的でアジャイルな制度と実践が不可避であるという考え。

○地域力

市民が居住地で抱える生活問題に対して共同で解決していく力のことで、地域資源の蓄積力〈地域における環境条件や地域組織及びその活動の積み重ねのこと〉、地域の自治力〈地域の住民自身が地域の抱える問題を自らのことと捉え、地域の組織的な対応により解決する力のこと〉、地域への関心力〈地域に関心を持ち定住していこうとする気持がまちづくりにつながるというもの〉により培われるものとされている。

○災害弱者（災害時要援護者）*

・自分の身に危険が差し迫った時、それを察知する能力がない、または困難な者。
・自分の身に危険が差し迫った時、それを察知しても適切な行動をとることができない、または困難な者。
・危険を知らせる情報を受け取ることができない、または困難な者。
・危険をしらせる情報を受け取ることができても、それに対して適切な行動をとることができない、または困難な者。

＊障害者・傷病者・高齢者・妊婦、乳幼児・子ども、外国人、旅行者などを想定

出典・参考文献

リンク先URLはこちらのQRから

07 国土形成計画とまちづくり

1 「第三次国土形成計画」国土交通省
2 「スーパーメガリージョンプロジェクト」国土交通省
3 「国土のグランドデザイン2050—対流促進型国土の形成—」国土交通省
4 「改正都市計画法」・「中心市街地活性化法」・「大規模小売店舗立地法（大店立地法）」の3つの法律
5 主に、以下の4つの方式がある。① BTO（Build-Transfer-Operate）：民間が施設を建設し、完成後に公共側に譲渡し、引き続き運営を担当。② BOT（Build-Operate-Transfer）：民間が施設を建設・運営し、一定期間後に公共側へ移管。③ BOO（Build-Own-Operate）：民間が建設・所有・運営を続ける。④ DBFO（Design-Build-Finance-Operate）：設計・建設・資金調達・運営を一括して民間が担当。
6 「都市の低炭素化の促進に関する法律　パンフレット」国土交通省
7 「立地適正化計画とコンパクト・プラス・ネットワーク」国土交通省
8 「都市再生整備計画関連事業について（令和5年度制度拡充）」国土交通省
9 都市再生整備計画事業（旧まちづくり交付金）
10 都市構造再編集中支援事業
11 まちなかウォーカブル推進事業
12 「デジタル田園都市国家構想とは」内閣府 新しい地方経済・生活環境創生本部事務局
「地方版総合戦略の策定・効果検証のための手引き」令和5年12月版
13 「国家戦略特区」内閣府

08 エリアマネジメントとPPP/PFI

1 「エリアマネジメントについて」国土交通省
「エリアマネジメントとは」内閣府
2 Home Owners Associations：単独の開発事業者により開発される、共用空間・施設を利用する権利付きの住宅地開発において、住宅購入者に加入が義務付けられる維持管理組織
3 Business Improvement District：中心市街地活性化のための官民協力の試み。治安維持、清掃、公的施設管理などの行政の上乗せ的なサービス、または産業振興やマーケティングなどの行政からは得られにくいサービスを独自に地域に提供するもの。
4 『新・公民連携最前線』日経BP
5 「PPP/PFI手法を活用した都市再生整備計画関連事業事例集」令和5年4月策定
6 「都市づくりのグランドデザイン」東京都
7 「都市再生緊急整備地域」内閣府
8 大阪市における都市再生緊急整備地域及び特定都市再生緊急整備地域
9 京都市における都市再生緊急整備地域
10 京都周辺エリアマネジメント
11 「うめきた（大阪駅北地区）プロジェクト」大阪市
12 「うめきた2期について」大阪府
13 水都大阪2009 HP
14 御堂筋チャレンジ　御堂筋の会HP
15 「御堂筋チャレンジ2023検証結果」大阪市
16 なんばひろば改造計画HP

09 コンパクトシティと地域再生

1 『スマートグロース—アメリカのサスティナブルな都市圏政策』小泉秀樹（編集）、西浦定（編）、学芸出版社、2003
2 『シュリンキング・ニッポン　縮小する都市の未来戦略』大野秀敏、アバンアソシエイツ（編）、鹿島出版会、2008
3 『世界のコンパクトシティ 都市を賢く縮退するしくみと効果』谷口守（編著）、学芸出版社、2019
4 「都市のスポンジ化対策」国土交通省、2018.7
5 『都市をたたむ 人口減少時代をデザインする都市計画』饗庭伸、花伝社、2015
6 「空家等対策の推進に関する特別措置法の一部を改正する法律（令和5年法律第50号）について」国土交通省
7 所有者不明土地の利用の円滑化等に関する特別措置法（所有者不明土地法）
8 「地方創生移住支援金制度・地方創起業支援金制度」内閣府
9 「地域おこし協力隊」総務省
10 「関係人口創出・拡大事業 検証結果報告書」総務省、令和3年3月
11 「住民基本台帳人口移動報告」総務省
12 「地域公共交通のリ・デザイン—地域公共交通計画等の作成と運用の手引き」国土交通省、2023.10
13 「第2次交通政策基本計画の概要（令和3年度～令和7年度）」国土交通省、2021.5.28
14 札幌型観光MaaS推進事業
15 東京メトロが取り組む大都市型MaaS「my! 東京MaaS」について、東京地下鉄㈱、2020年12月1日
16 トヨタT-Connect HP
17 HELLO CYCLING HP
18 「グリーンスローモビリティとは」国土交通省
19 「ラストワンマイル・モビリティ／自動車DX・GXに関する検討会」国土交通省

10 景観まちづくりと観光

1 「景観法アドバイザリーブックの公表について」国土交通省
2 景観まちづくり読本：景観まちづくりリーフレット「景観まちづくりの歩み」国土交通省
3 「景観行政」国土交通省 都市局公園緑地・景観課、令和6年4月更新
4 京都市景観計画
5 「世界に誇れる日本の美しい景観・まちづくり—全国47都道府県の景観を活かしたまちづくりと効果」国土交通省
6 黒壁スクエアHP
7 ラ・コリーナ近江八幡HP
8 藤森照信「ラ・コリーナ近江八幡」日本芸術院賞を受

賞インタビュー動画
9 5再掲（滋賀県近江八幡市）
10 伝統的建造物群保存地区
11 富田林寺内町 町屋「河京富月」コワーキングスペースHP

11　密集市街地とまちづくり

1 「「地震時等に著しく危険な密集市街地」について」国土交通省、2021年3月時点
2 「密集市街地再生方針」神戸市、平成23年3月
3 「RESAS　地域経済システム」経済産業省
4 「e-Stat　政府統計の総合窓口」総務省
5 「都市構造可視化計画」国土交通省
6 「PLATEAU」国土交通省
7 「スマート・プランニング」国土交通省
8 「住生活基本計画（全国計画）」令和3年3月19日閣議決定
9 「密集市街地整備のための集団規定の運用ガイドブック―まちづくり誘導手法を用いた建替え促進のために―」令和元年6月改定版
10「大阪市密集住宅市街地整備プログラム」大阪市、令和3年3月
11「柔らかい区画整理の手引き―小規模な区画の再編・活用のすすめ―」国土交通省、令和5年4月
12 法善寺横丁復興の道のり
13「特集「密集市街地の新たな展開」ひがっしょ路地のまちづくり計画―神戸市長田区駒ヶ林町における路地を生かしたまちづくり」『都市住宅学』2013巻83号、2013
14 再掲9　事例12　神戸市長田区駒ヶ林町1丁目南部地区

12　災害復興まちづくりのリアリティ

1 「阪神・淡路大震災教訓情報資料集【01】仮設住宅の生活と支援」内閣府
2 「応急仮設住宅建設必携 中間とりまとめ」国土交通省 住宅局住宅生産課、平成24年5月
3 被災者生活再建支援法
4 自然災害による被災者の債務整理に関するガイドライン
5 「福祉避難所の確保・運営ガイドラインの改定」令和3年5月
6 災害対策基本法等の一部を改正する法律（令和3年法律第30号）
7 『ひとりも取り残さないために―インクルーシブ防災―』NHK厚生文化事業団
8 「災害対応能力の維持向上のための地域コミュニティのあり方に関する検討会報告書」消防庁 国民保護・防災部防災課、平成21年3月
9 「神戸テント村からの報告」寺川政司『住宅建築』建築資料研究社、1995/10
10『災害の襲うとき：カタストロフィの精神医学』ビヴァリー・ラファエル（著）石丸正（訳）、みすず書房、1995.2
11『いのちを守る地震防災学』林春男、岩波書店、2003
12『心的トラウマの理解とケア　第2版』金吉晴（編）、外傷ストレス関連障害に関する研究会、2006/3
13 東日本大震災により甚大な被害を受けた市街地における建築制限の特例 に関する法律案
14「特集 阪神大震災と復興都市計画」神戸都市問題研究所『季刊都市政策』第95号、1999
15「特集 復興へ 第24部「まち」を創る 震災からのメッセージ（8-2）問われる復興都市計画」神戸新聞
16 神戸の再開発 新長田南再開発の概要
17「新長田駅南地区震災復興第二種市街地再開発事業検証報告書 概要版」神戸市、令和3年1月
18「東日本大震災、阪神・淡路大震災「より良い復興」事例集」内閣府
19「防災白書」内閣府、令和6年版
20「防災計画について」内閣府 防災計画担当、平成25年12月4日
21「みんなでつくる地区防災計画」内閣府
22「区防災計画ガイドライン―地域防災力の向上と地域コミュニティの活性化に向けて―Community Disaster Management Plan Guidelines」内閣府、平成26年3月
23「事前復興まちづくり計画検討のためのガイドラインについて〈概要版〉」国土交通省、2023年7月
24 地域型復興住宅、地域型復興住宅、平成5年2月
25「十津川村の災害復興公営住宅」奈良県
26 21再掲

第Ⅲ部

時間・空間・制度・関係性にある「間(あわい)」の物語

第Ⅰ部では、「移りゆく時代に挑む 住まいとハウジングの物語」、第Ⅱ部では「まちづくりのこれまでとこれからにつなぐ物語」という2つの物語を紡いできましたが、第Ⅲ部は、筆者のまちづくりの実践をもとに、当時の悩みや反省なども含めて、リアルなまちづくりの現場から語る、「間(あわい)」をもとに2つの物語を紡ぎます。

13 空き家・空地とまちづくり 地域資源ストック活用の実践から

第Ⅰ部の「06　住宅ストックと空き家の再生」、「11　密集市街地とまちづくり」では、空き家や空地に関する施策の変遷と現状を紹介しましたが、本稿では、筆者が参画した事例を中心に紹介します。

13-1 空堀地域における 空き家再生・まち再生

筆者が、事務所を立ち上げた2000年頃、事務所メンバーであった松富謙一氏（現CASEまちづくり研究所代表）が、「いま、戦災から逃れ、焼け残った建物が集まっている空堀という町で面白い動きが始まりそう。事務所としても連携できないか、これからはこのような街の再生が新しいまちづくりの起点になると思うので、つながっておきたい」という相談がありました。当時、事務所設立直後で、新しい切り口を求めていたことから、「渡りに船」でした。

この地域は、大阪市中央区谷町の空堀商店街周辺は都心にも関わらず、第2次世界大戦の戦火を逃れ、戦前からの長屋の町並みが残っているエリアでした。

2001年にはじまった「からほり倶楽部」[1]は、2005年以降、建築家、地域の会社、地元住民、商店街関係者、再生した長屋への出展者など100名以上の会員からなる組織となり、空堀地域再生のまちづくりが始まります。

その後、「長屋すとっくばんくねっとわーく企業組合」[2]を設立し、多岐にわたる活動が展開されます。全国的にも、都市における歴史的な密集市街地および空き家再生における先駆的な実践として他地域に影響を及ぼした取組みであったと思います（本稿では、筆者が参画した事業を紹介します）。

(1) シェルター型リノベーション：築100年長屋ギャラリー

図13-1-1：外観と内観

このプロジェクトは、本宅横の路地を挟んで築100年の三軒長屋を所有する大家さんからの相談でした。長屋全体を取り壊すことも検討されましたが、横二軒の長屋も残っているために、そのまま放置せずに使いたいということでした。しかしその物件は、元魚屋さんであったために損傷は激しく、耐震補強をしても空間的、コスト的に採算が合わない物件でした。

当時大阪市は、「マイルドHOPEゾーン」（**表13-1-1**参照）という施策を進めており、このような建物を利活用する手法として、制度的緩和と改修費補助の手法のなかに「j.Pod耐震シェルター」[3]という工法があることを知り、活用することにしました。建物全体を構造的に補強するのではなく、地震が起きても「つぶれないユニット」を建物の中に組み込んで命を守る、という方法でした。まだ、あまり知られていない方法でしたので、実践している工務店（大長ハウス）にご協力いただき、実現しました。

用途は、大家さんのご子息が、構成作家であり、関連する資料等も多かったことから、資料室兼個人事務所として活用。同時に、道路側吹き抜け部分は「地域ギャラリー」になりました（現在は、おばんざい居酒屋さんになっています）。

この時の提案のなかで、もう一つ実現させたかったことがありました。それは、母屋と借家の間にある「路地の補強」（エスケープ・レーン）という提案です。地震時、路地側に建物が倒れ掛かってきても、避難路を確保するフレームを、パーゴラのように設置し、耐震補強された路地で建物を補強するものです。「j.Pod 耐震シェルター」が建物の中のシェルターであるとするならば、「エスケープ・レーン」は、道路のシェルター化だといえます。とくに密集市街地では、袋小路も多いので、今からでもできる「命を守る」手立てとして、どこかで実現したい試みの一つになっています。

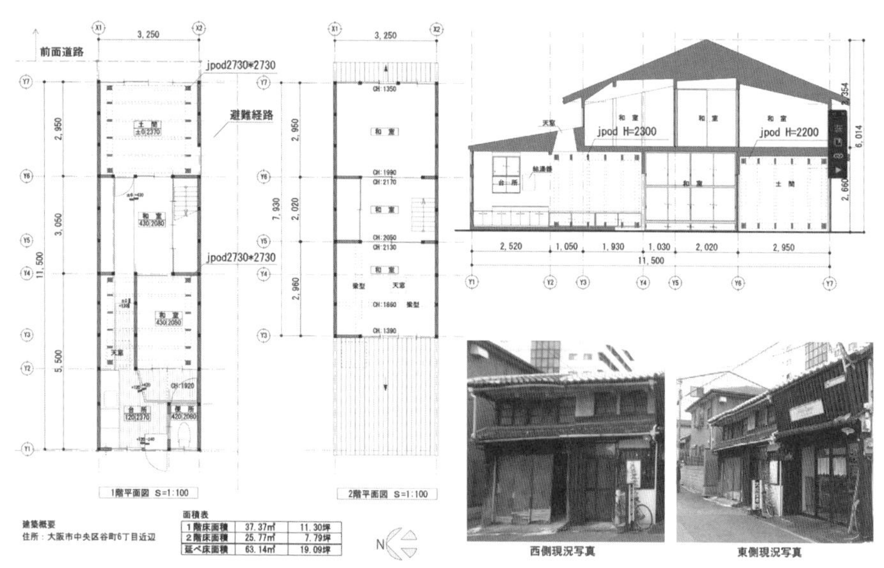

図 13-1-2：平面図・断面図・外観

(2) 空堀まちづくり談義：地域再生を考える まちづくりデザインゲーム

空堀地区では、マイルド HOPE ゾーン[4]に位置づけられた「空堀 HOPE ゾーン協議会」の活動を通じて、地区全体の課題やテーマごとの課題が整理されていきました。しかし、実際の課題は、路地毎に特徴があり、個別の権利や事情に関わることから、抜本的な路地問題の解決に至っていないことが問題になります。そこで、協議会では、具体的な路地の問題について、当該地権者が認知し、協調しながらエリア再生を図るために、「空堀住環境魅力づくり事業化チーム」を設置しました。協議会の役員をはじめ、専門家としては、CASE まちづくり研究所と東京工業大学の真野洋介先生および研究室のみなさん、福井大学の原田陽子先生、そして当時、早稲田大学院生であった阿部俊彦さん（現立命館大学准教授）にご協力いただきました。

具体的な活動としては、空堀地区で課題となっている路地のあるブロックを2か所選定し、その地権者等に集まっていただいて実施するまちづくりデザインゲーム「路地住まい談義（ワークショップ、以降WS）」です。ただ、あまりに現地をリアルに設定すると、当事者としては、話がしにくい、または軋轢が生まれる可能性があると考え、実際のまちとは違う似通った路地エリアを再設定しました。登場人物（家族や地権者）もこちらで設定し、それをカード化して、グループごとにそれを踏まえてまちづくりゲームに参加するような形式をとりました。

まちづくりデザインゲームの流れ

①はじめに

■役割分担をしましょう

■生活に対する要望・まちの目標を共有しましょう

▼

②実際にデザインゲームをやってみましょう

■まずは自分のやりたいことをやってみましょう

■近所の人たちと協力するとできることを体験してみましょう

▼

③ゲームを振り返りましょう

■まちの目標や個人の生活をチェックしましょう

■二つの班で意見交換をしましょう

図13-1-3：まちづくりデザインゲーム「路地住まい談義（WS）」

まず、エリア全体の将来イメージや方針をグループ内で共有し、その後、具体的な世帯特性やニーズが記載されたカードをもとに、どのような建替えや改修をするのか議論していきました。建築基準法や都市計画に関わる要素は、こちらで検証しておき、その場の議論（提案）を受けて可能性を示すという作業を繰り返していきます。途中、子どもの頃のこのまちの魅力を思い出し、また架空の登場人物を自分事のように議論がすすんだり、障害を持っている人の意見を聞いて共有したり、いろんな反応が起こりました。

WSのあと、1か所で実現に向けて進めようという所まで進み、地主さんとの協議も始まりましたが、結果的に実現できなかったことは残念でした。

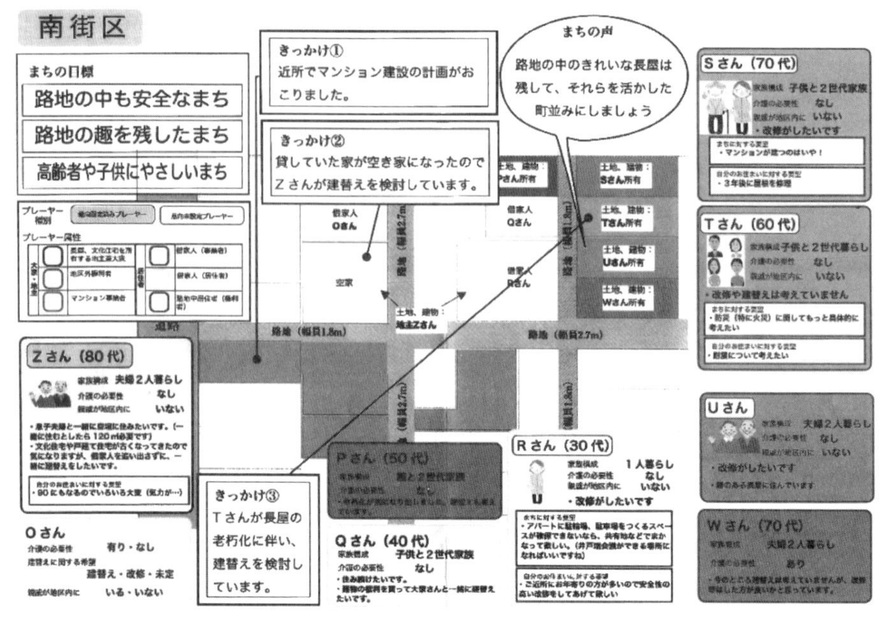

図 13-1-4：まちづくり ゲームボード

表 13-1-1：大阪市マイルド HOPE（ほーぷ）ゾーン事業

上町台地は大阪市の都心部に位置し、大都市ならではの利便性・文化性と長い都市居住の歴史を有するとともに、貴重な歴史的資源や豊かな緑などのアメニティ要素を備えている。 また、こうした地域特性をまちづくりに活かそうとする NPO 等数多くの団体が、さまざまな活動を展開している。 そこで、上町台地のうち JR 大阪環状線の内側約 900ha を大阪市における都市居住のリーディングゾーン（マイルド HOPE ゾーン）として位置づけ、市民と連携・協働して、居住地としての魅力情報の発信やまちづくり団体等の活動支援・ネットワーク化といった取組みをはじめ、四天王寺・夕陽丘エリア（約 70ha）での修景整備を進めることにより、大阪の居住地イメージの向上と魅力ある都市居住の促進を図る事業。なお、マイルド HOPE ゾーンの「HOPE」は、「HOusing with Proper Environment」の頭文字をとった「地域固有の環境を活かした居住地づくり」という意味と「希望」という意味が込められている。〔大阪市 HP より〕 「上町台地マイルド HOPE ゾーン協議会」はマイルド HOPE ゾーン事業を地域で主体的に進めるために、地元まちづくり団体・社寺・学校・企業等により設立された組織であるが、補助事業が 2015 年に終了したことを受けて解散したが、2010 年から重なって開催されてきた市民参加型事業「オープン台地 in OSAKA」に引き継がれている。

13-2 大阪市東三国区画整理事業と協調建替：コーポラティブ住宅「楠木の会」

図 13-2-1：外観

この地域は、小規模宅地に木造住宅が密集する地域であったことから、阪神・淡路大震災を契機に「三国東地区まちづくり協議会」が発足（1997 年）、まちづくり構想を策定して大阪市に要望し、土地区画整理事業が実施されることになりました。一方で路地端や細切れの敷地を縫うように走る砂利道の路地や家庭園芸で育てられた軒先の緑豊かな沿道があるヒューマンスケールの下町でした。

当時、事業が進む過程で、減歩によって狭小化する換地先の建築条件に対する権利者の不安がありました。また、居住者の多くは高齢者で、移転先でのコミュニティの継続や住宅再建時の経済的事情、そして健康上の心配などの理由から生活再建の先行きが不安だという問題も浮上していました。

区画整理事業は基本的にインフラ整備で、上物への行政関与・支援はあまりなく、個別対応になることから、居住者の新たな住まいづくりに対する不安が大きくなっていました。また、街並みや景観への対応・ルールも決まっていなかったこともあり、面としてつながる住まい・まちづくりを進めることが必要であったと思います。

そこで、たまたま、この対象地域に事務所メンバーの実家があったこともあり、換地前に隣り近所に住んでいた 4 軒の権利者が、こうした不安や問題点の共有と解決の方法についてサポートしたことが契機となり、この事業につながりました。

ただ、換地先では減歩率が 20% となる上、4m と間口が狭くなりました。さらに民法上の離隔を加えると25%もの敷地ロスが余儀なくされます。減歩後で戸当り平均51m^{2}程度の土地になり、単独建替えでは十分な住環境を確保できない状態にありました。そこで、4軒による**「コーポラティブ住宅形式の協調建替」**を行うことになります。とくに敷地が狭くなって建物が建てづらいところについては、全組合員の住宅建設を可能にするために当該宅地所有権者間において敷地面積を融通することになりました。マイナスをプラスに転換する試みでもあります。

計画の特徴は、各敷地を一体化する**ゼロ・ロット（・ライン）方式**[5]長屋建てとし、角地建ぺい率の緩和を組み合わせ、その隙間を隣戸間の光庭とする協調建替手法を取りました。これは、将来の権利譲渡などによる建替えに備え、隣戸基礎を一体とした上で柱梁の構造を独立した計画です。また、移転先での緩やかな近隣コミュニティに「仲が良いけど、ほどよい距離を作る」というものでした。

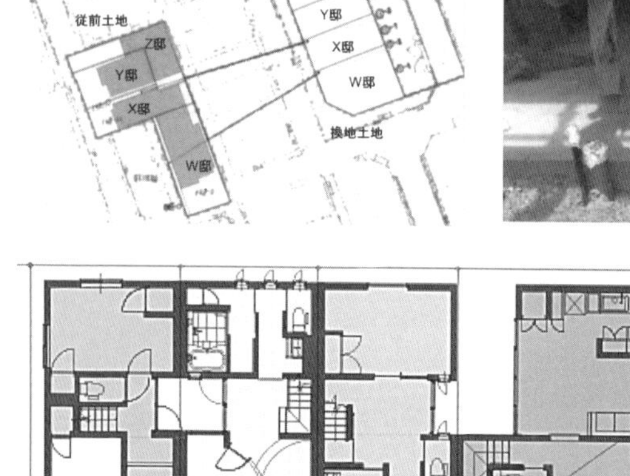

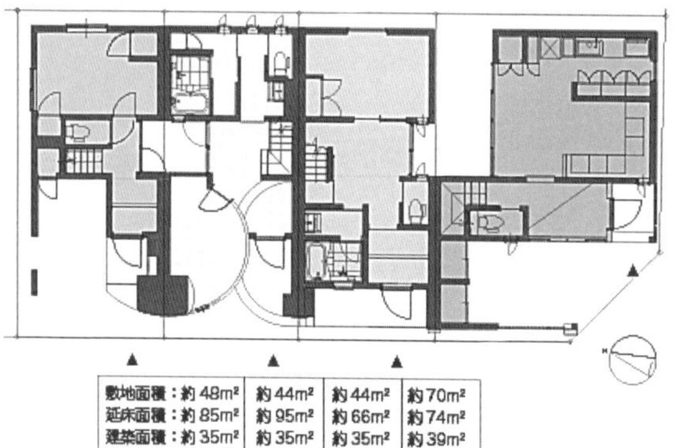

敷地面積：約48m²	約44m²	約44m²	約70m²
延床面積：約85m²	約95m²	約66m²	約74m²
建築面積：約35m²	約35m²	約35m²	約39m²

西三国十町会協調建替住宅
長屋住宅（4戸）

■**設計・コーディネート**
CASE まちづくり研究所
事業コーディネート　寺川政司
意匠設計　松富謙一・山本延行
構造設計　黒澤孝夫・松本太郎

■**施工**　㈱新井組

■**規模**　地上3階、地上2階
軒高　8.380m、最高高さ　9.916m
敷地面積　206.1m^2
延床面積　332.6m^2
容積率　161.4%

■**竣工**　2010年4月～7月

■**敷地条件**　第1種住居地域
準防火地域
道路幅員 6m

図13-2-2：コーポラティブ住宅形式

三国東地区土地区画整理事業

大阪市淀川区東三国地域は、地下鉄東三国駅と阪急三国駅の間に位置する約40ha（約1,600棟）に老朽木造住宅が密集する市街地であった。阪神・淡路大震災を契機に、地元の防災まちづくりを検討する「三国東地区まちづくり協議会」が発足(1997年)、「まちづくり構想案」をはじめ「要望書」や「事業計画構想案」がまとめられて市長に提出された。

大阪市は、その要望に応えた形で1997年に都市計画決定し、三国東地区土地区画整理事業を実施した。主に、市営住宅の建替えと住宅市街地整備総合支援事業、そして共同建替えによる事業である。

2025年3月末時点で建物移転が約73％進捗（920/1,261棟）になっている。

施行地区の面積	39.1ha
土地所有者	916人
借地権者	613人
建物数	1,575棟
要移転建物数	1,261棟
都市計画決定日	平成11年2月17日
事業計画決定日	平成13年3月13日
仮換地指定日	平成20年3月31日
換地処分予定年度	令和10年度
事業期間	29年
総事業費	474億円
都市計画道路	庄内新庄線／西三国木川線 三国駅前線／三国東1～4号線 三国東地区1～8号線
区画道路	幅員6mを標準とする （総延長：3,713m）
公園	8か所：約11,800m²
特徴的な取り組み	市営住宅の建替え
	住宅市街地整備総合支援事業 （都市再生住宅）
	建物の共同建替え

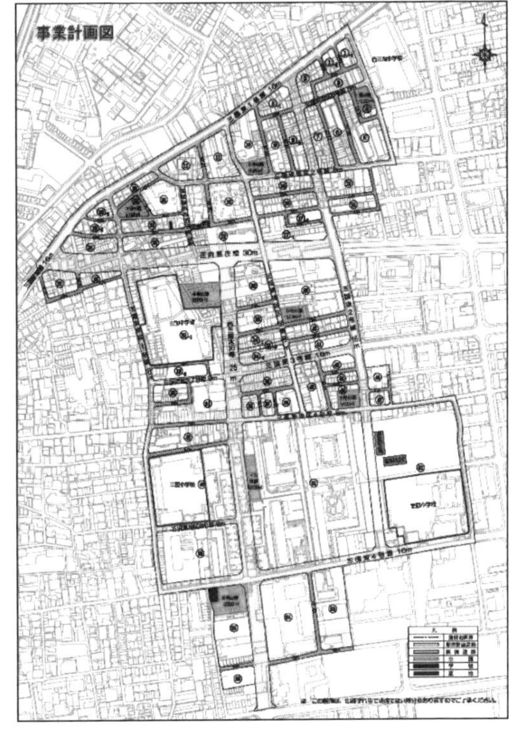

13-3 築87年の長屋再生「ながせのながや」（座学と実学をつなぐサービスラーニング）

近畿大学建築学部には、学部が承認する建築系の活動を担う学生団体「建築研究会」[6]があります。現在、研究会には「デザインスタジオ」（建築デザインに関する学びや実践に関わるチーム）、「TSURiHA」（ツリーハウスを通してまちづくりを実践するチーム）、「あきばこ家」（空家等の再生を通してまちづくりを実践する）の3グループがありますが、ここでは「あきばこ家」[7]の活動を紹介します。

図13-3-1：改修前と改修後

「古い長屋なんだけど、壊さずに利用することできるかな？」

2013年、近鉄長瀬駅北側にある築87年の長屋を所有者するSさんから相談がありました。Sさんとは、西成区のまちづくりでご一緒していたのがきっかけで声がかかりました。

東大阪市から「老朽化が激しく、近隣から危険だと通報があったので対応してください」と連絡があった、とのこと。父親の想いが詰まった長屋を壊すのは忍びなく、このまちと関係があった痕跡を残しておきたい。姉妹との相続対策も含めて地域の子どもの居場所にできるのであれば検討したい、という相談でした。Sさんは、大阪市西成区で困窮や不安定な世帯の子どもを支援してきた認定NPO法人代表で、40年以上子どもの居場所づくりに携わっている方でした。

早速、ゼミ生と学生有志を集めて相談。子どもの居場所と地域貢献事業を実践する長屋リノベーション拠点プロジェクトがはじまりました。

翌2014年、「長瀬の長屋再生事業検討チーム」を結成し、東大阪市の活動助成を受けながら地域ニーズ調査（ワークショップ）、事業手法や運営スキームを検討、2015年に設計、施工、運営にも積極的に関わりながらリノベーションしました。そして2016年4月に学生シェアハウス併設地域サロン（地域住民、学生、自治会、商店街、子どもなど様々な人が集う地域拠点（居場所））が竣工。その運営管理と次の空き家リノベーションを担えるチームとして2016年7月に、学生団体「あきばこ家」を設立しました。「地域・子ども・学生に開いたまちの居場所」をコンセプトとして現在も活動中で、2025年で設立から10年。関わった学生（登録数）は、400人を超えました。

図13-3-2は事業スキーム検討の様子です。サブリース方式で、建築費等のイニシャル費をオーナーに10年で償還するために、収益確定しやすい学生シェアハウスを5室と、非営利型の地域サロンを設置することになりました。加えて、東大阪市の建設費補助と地域活動助成金を申請。とくに活動助成金に申請したことで、多くの他業種・団体の方々と出会い、ネットワークができたことで、その後の活動の広がりが生まれました（2024年、オーナーへの費用償還は終了しました）。

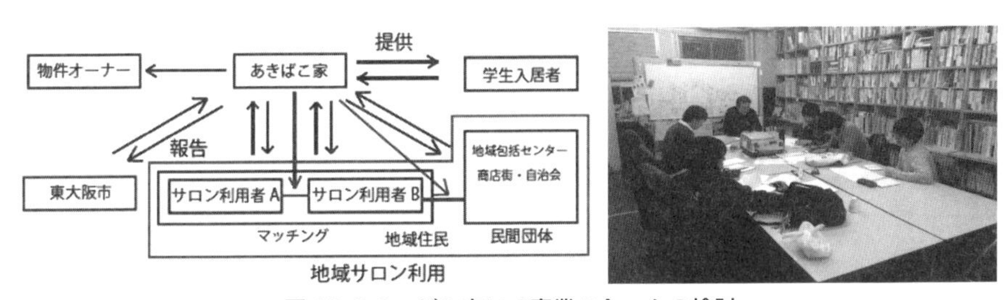

図13-3-2：ゼミ室にて事業スキームの検討

建築的には、「既存不適格」[8]物件であるために、改修には工夫が必要でした。当時は、建築基準法上 用途変更が必要な面積が100m²でしたので（2019年以降200㎡になりましたが、現在は基準法改正でより厳しい条件になっています）、改修面積を基準以下に抑え、かつ建築当時の建築基準であった「市街地建築物法」（1919年）の基準に戻したうえで、かつ屋根重量の軽減、増築部の撤去、道路幅確保など、危険性を回避する手立てを講じてリノベーションしました。東大阪市の建築指導課さんと何度も協議し、柔軟に対応していただくことができました。

地域の物件調査と同時並行で行ったのが、「まずそのまま使ってみる」活動でした。道に面する部屋を開放し、まちの模型を展示しながら、このエリアの昔の写真を所有している団体や町の人やから写真を提供していただきました。この拠点を作るうえでの居場所ニーズを発掘していきました。また、子どもの遊び場や居場所支援をしている団体の方ともつながりました。

また、設計・施工は、学生にとって貴重な「実際の建物」に触れる実学の場になります。まず、荷物の運び出しから始まり（倉庫代わりになってる物件も多く、空き家プロジェクトの最初の砦です）、作業建物の構造や仕上げ、そして実際に壁を塗る作業などを通して、机上の座学とは違う体験を得ることができます。現場の工務店や大工さんにいろいろと教えていただきながらの作業は、学び多い機会です（本事例では、j.Pod シェルターと耐震ダンパーを利用しました）。

オープン当初、とくに町会の方々や、行政から派遣されたサポーターの先輩方にとっては、良い意味でも悪い意味でも学生に対する期待と不安が入り乱れる感覚があったようです。学生にとっては、「社会」を実感する最前線でした。怒られながらも、踏ん張って活動するなかで信頼関係も生まれていきました。

とくに、5 年以上実施していなかった町会正月餅つき会が再開したことを機に、学生と協働するまちづくりの可能性を感じていただいたようです。地域サロンのイベントは 50 名 / 月、サロン利用者は約 200 名 / 月でサロン利用率は 80%と、このサロンが地域や利用者の日常の居場所になっていたように思います。

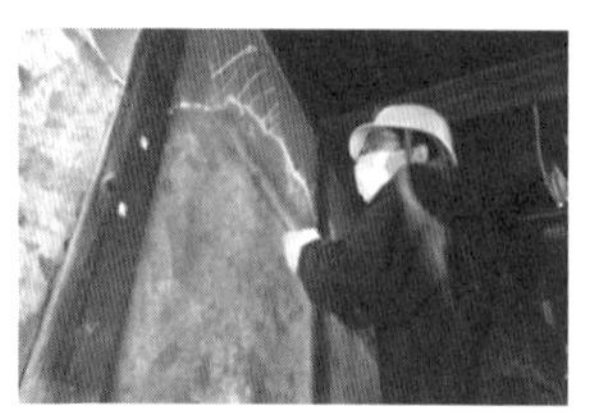

図 13-3-3：（左）改修前の紙芝居と地域の模型展（右）改修にかかる学生

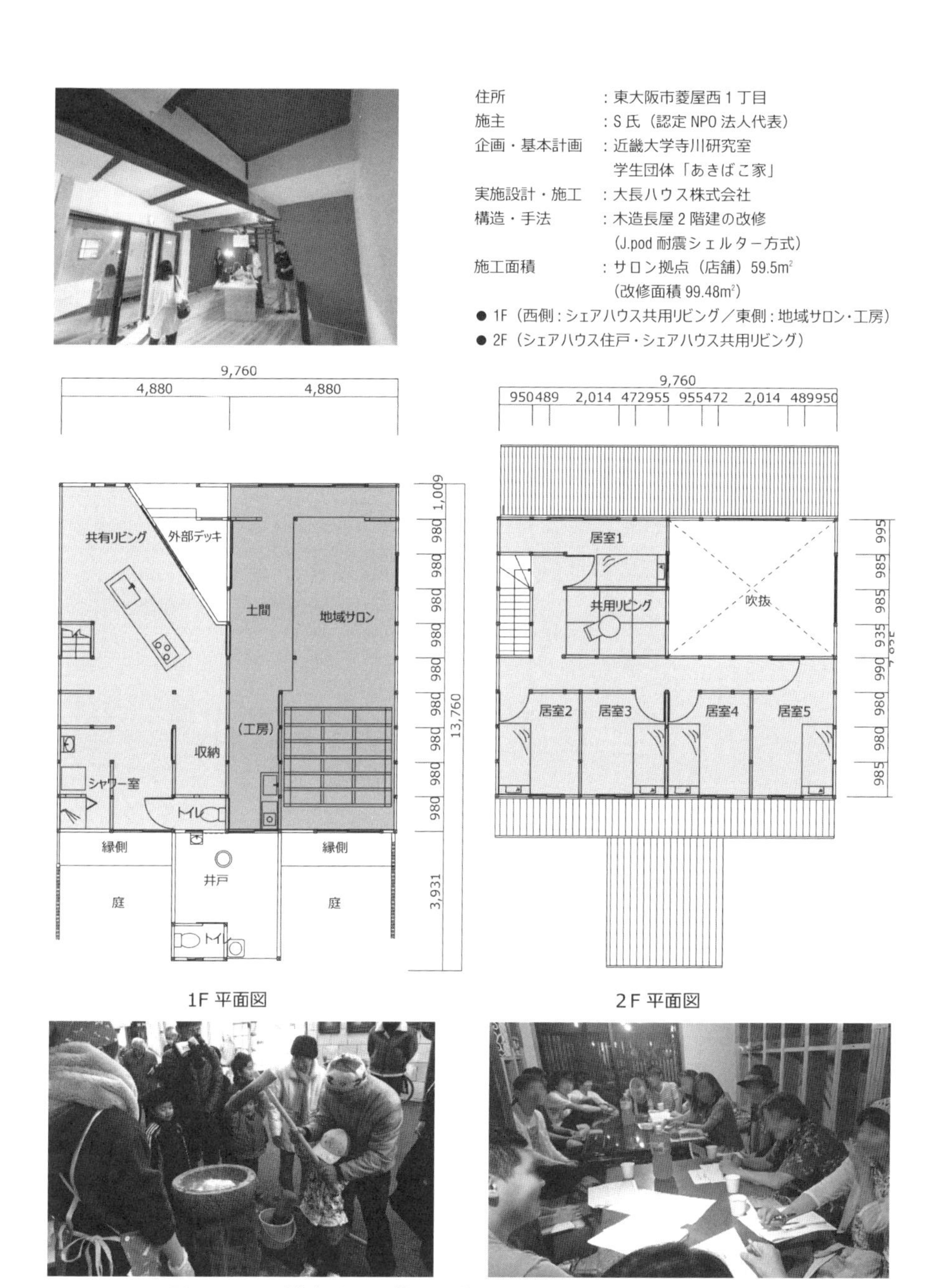

住所　：東大阪市菱屋西1丁目
施主　：S氏（認定NPO法人代表）
企画・基本計画　：近畿大学寺川研究室
学生団体「あきばこ家」
実施設計・施工　：大長ハウス株式会社
構造・手法　：木造長屋2階建の改修
（J.pod耐震シェルター方式）
施工面積　：サロン拠点（店舗）59.5m²
（改修面積99.48m²）
● 1F（西側：シェアハウス共用リビング／東側：地域サロン・工房）
● 2F（シェアハウス住戸・シェアハウス共用リビング）
9,760
4,880
4,880
共有リビング
外部デッキ
土間
地域サロン
（工房）
収納
シャワー室
トイレ
縁側
井戸
庭
1,009
980
13,760
3,931
1F 平面図
950 489 2,014 472 955 955 472 2,014 489 950
居室1
共用リビング
吹抜
居室2
居室3
居室4
居室5
995
985
935
990
2F 平面図

図 13-3-4：（左）サロン前にて餅つき（右）サロン運営会議の様子

2021年以降の新型コロナパンデミックの影響は大きく、利用状況も一変しました。当然、地域サロンは休止。「見えない脅威」との戦いがはじまりました。

当時、サロンをどうするかについて利用者会議をしたのですが、子どもの精神状態が厳しい状況が報告されました。また、商店街からも深刻な経営状況が吐露されます。何とかして出会う場ができないものかと議論、検討して生まれたのが、「おうちフェスタ」であり、「長瀬バーチャル商店街」プロジェクト[9]でした。

フェスタでは、地域サロン利用者が各々の活動をYouTube形式で発信する手法で、「科学実験教室」、「紙芝居」、「シェアハウス住民による3分クッキング」、「(東大阪市長を交えて)どうなるコロナ」などが実施され、オンラインならではの新たなつながりも生まれました。

また、学生シェアハウスの居住者は、パンデミック状況下の変化としてはオンライン授業が増えたことで、逆に住民の対面時間が増加し、生活のメリハリがなくなったものの、彼らがいう「友人以上家族未満」によって孤立せず、精神的安定につながっていると報告を受けました(学生シェアハウスでも、多くの物語が噴出していましたが、紙幅がないため、報告機会を別途改めたいと思います)。

その他、前述した商店街の危機と大学に通えていない学生たちの学びの場づくりの一環として、「長瀬バーチャル商店街」プロジェクトも試行。3D-CADソフトの使い方を学ぶ場として実際の大学通りの商店街を対象に3Dで立ち上げ、各店舗情報を組み込んで商店街をオンラインで確認できる広域発信と学生版Uber Eatsなどを検討しました(実現はしませんでした)。

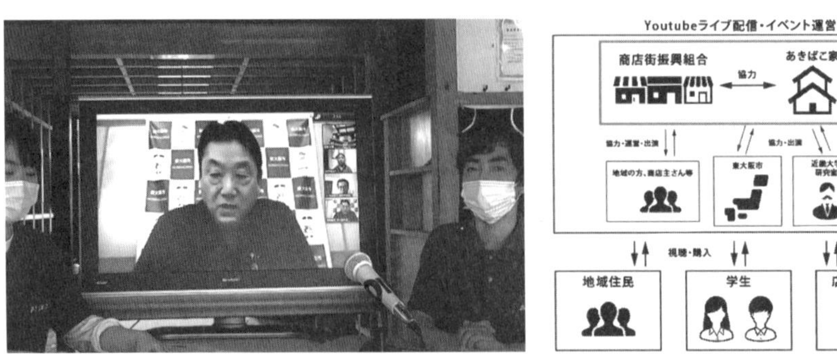

図13-3-5:(左)おうちフェスタに野田東大阪市長登壇(右)「長瀬バーチャル商店街」プロジェクト

13-4 かみこさかの家：高齢者と学生のシェアハウス実験住宅

図 13-4-1：外観と内観

「施設で必要とされているすべての高齢者を受け止めるのには限界があるなかで、地域のなかでケアする仕組みを具体化しないとダメだと思ってるのですが、何か良い方法はないですかね？」

本事業は、東大阪市にある地域包括支援センター（養護老人ホーム）からの相談がきっかけで生まれた「高齢者と学生のシェアハウス実験住宅」です。

ちょうど、地域の空き家を一つの家として再構築する「まちごとコレクティブハウジング」を提案していた時でもあり、センターからの提案は、渡りに船でした。

早速、検討をはじめたところ、たまたま、センターに隣接している、学生向け賃貸戸建物件をお持ちの家主さんから、「もう利益は考えなくて良いから、実験的なことを進めていただいてよいですよ」という、なんともありがたい物件を使わせていただくことになりました。

事業は、2017 年 3 月から開始。戸建住宅をリノベーションした「高齢者と若者のシェアハウス」です。基本的には、学生と事業検討チームを作り、主に学生が中心となって、企画、運営方法、基本設計、施工（支援）を進めました。**図 13-4-2** に事業スキームを示していますが、サブリース形式による運営を基本として、前出の「あきばこ家」が関わっています。

センターからの募集に応じていただいた参加者の中から、2 名のかたとの居住試行を開始。一人目は、ひと月前に奥様を亡くされた80代の男性Aさん。ご自宅をそのまま活用させていただきました。「家賃はいらないよ。その代わり、ご飯を一緒に食べてくれるのと、パソコンを教えてください」というのが、家賃替わり。
まず、2年生X君が居住しました。はじめは順調でしたが何やら様子がおかしい。学生に聞いてみると、「いちいち、怒られるので、言い返してしまっています」とのこと。ご飯の時の食べ方や座り方をはじめ、色々と指摘されるので、つい言い合いになっているとのことでした。相性があるなぁと思いつつ、試行を終え、次に4年生Y君が居住。とても穏やかな青年でしたので、トラブルもなく過ごしており、とても良いと評価していた……のですが、Y君から胃潰瘍になったと報告を受けました。えっ、となりましたが、一緒に暮らすことで、気を使い過ぎたことが原因のようでした。Aさん曰く「X君の方が暮らしやすかったね。なんか生活に張りが出た感じ」。貴重な気づきを得た試行でした。

二人目は、70代女性Bさん。詳しくはコメントできないのですが、家族からのDVを受けて、養護老人ホームに避難されていました。「私はまだ元気だから、早く施設から出て自立したいんです。学生さんと住むのも楽しそう」と前向きな反応。この試行は、冒頭の戸建住宅をリノベーションして実施しました。
基本計画は学生たち、基本・実施設計はフーシャアーキテクチャ（元ゼミ生で、あきばこ家の初期メンバーが起業した設計事務所）、施工は「ガモヨン・プロジェクト」に関わられていた工務店さんにお願いしました。1階にコモンリビングと高齢者の居室、2階に学生向け2室とリビングを配置し、学生の動線として、外部に直接2階に上がれる螺旋階段を設置。1階もあえてバリアを残した設計になりました。また、自然素材を使って改修しようということで、建築材料の専門家である山田宮土理先生の協力を得て、田んぼの土を日干レンガにした内装壁を実験しました。
話は戻り、2年生の女子学生Zさんは、実家でおばあさんと暮らしてきたので、高齢者と一緒に暮らすことに違和感はなく、逆に生活リズムが保たれるのが良いとの考えで参加してくれました。
試行の結果、まず、Bさんのコミュニケーション密度が大きく変化したことがあります。施設とは違って、時間的にもコミュニケーション時間が増加し、内容的にも多様な種類が増えました。とくに、食事や買い物を一緒にすることで、B

さんは、学生のためにご飯をつくり、「おいしい」と言ってもらえる一言の意義や、話し相手がいることで、生活に張りや役割感、生きがいが出たと評価。また学生のZさんにとっても、誰かが家で待ってくれている安心感がある、と評価してくれました。一方で、お互いが気を使いすぎることからくる精神的疲弊感は、ここでもあったようです。

このプロジェクトについては、話し足りない物語が多くありますが、少し紹介すると、①1階リビングをまちに開いた「お茶会」を実施したところ、周辺住宅にも一人暮らしの高齢者が多く、居場所を求めていたこと、②老々介護中の男性から、介護を終えた後の独り身の不安があり、自宅で学生シェアハウスを希望される方がいること、③従前住宅の荷物や環境移行に負担があるため、新たな住宅に転居するニーズがあまり多くないこと（自宅に学生を招くシェアの可能性は高い）。④生活保護制度には、「試行」に対応する仕組みがないため、抜け出す意欲がそがれる一面があること。⑤そして現在、Bさんは、一度入院されたことを契機に、身体的不安から「施設」を選ばれたこと、などが挙げられます。まだまだ課題は多く、一方で「ステップハウス」のような、試行できる住まいの意義を感じました。

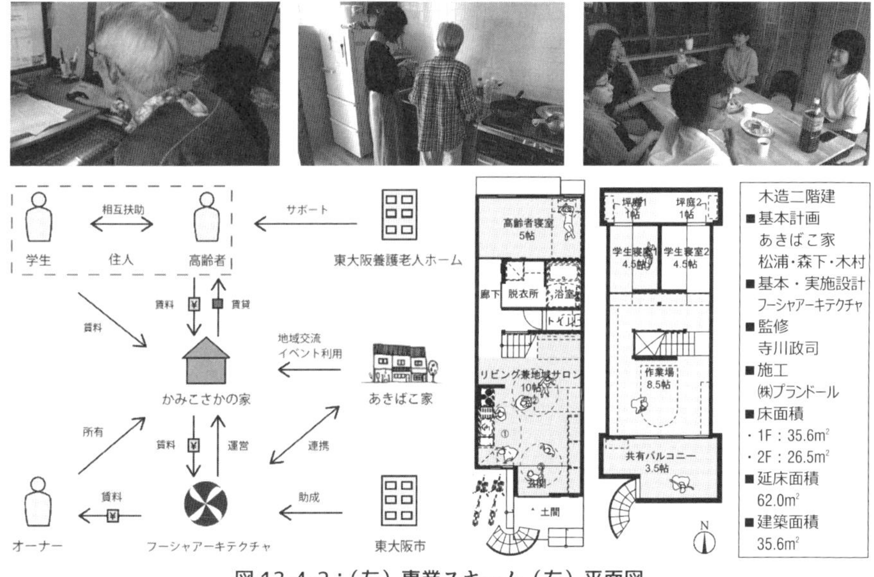

図13-4-2：（左）事業スキーム（右）平面図

13-5 「ないなら、つくればいい」六甲ウィメンズハウス：女性と子どものコレクティブハウジング

図 13-5-1：外観と内観

2024年6月。シェアハウス5室＋6種類の住戸35戸の計40戸に、キッズルーム、コモンキッチン・シェアオフィス・学習室という協同空間を持つコレクティブ住宅「六甲ウィメンズハウス」[10]が完成しました（IKEAも協力）。

物件は、六甲の鶴甲ニュータウン。築50数年のRC造3階建で、1階に「コープこうべ」と数件の店舗が営業中で、2・3階にあった女子寮は、阪神・淡路大震災以降は使っていないとのこと。家賃は必要ないが、改修するのであれば、自前でお願いしたい、というものでした。とても良い話ですが、古い物件であるために、制度的にも費用的にもリノベーションの可否判断が難しい案件でした。

その場に、認定NPO法人「女性と子ども支援センター ウィメンズネット・こうべ」[11]代表の正井禮子さん達が同席されていました。彼女は、2010年に居住福祉の研究者とデンマークを訪問し、シングルマザーのコレクティブハウジングを見学し、「日本にも、困難を抱える女性たちが『ここにしか住めない』ではなく、『ここに住みたい！』と思えるような住まいをつくりたい」という想いが芽生え、ここでその夢を実現したいと話されました。

2022年、我々は、彼女の夢の実現に向けて動き出すことになります。

事業主体は、ウィメンズネット・こうべと、公益財団法人 神戸学生青年センターの共同事業で、六甲ウィメンズハウス運営協議会が運営を担います。対象者は、シングルマザー、若年女性、学生・留学生、単身女性で、経済的、環境的に

困難を抱える女性、シェルターを出た後、生活を立て直したい女性、保証人がなく住居獲得が困難な女性、コロナ禍で仕事を失い、経済的に困窮などを想定しています。

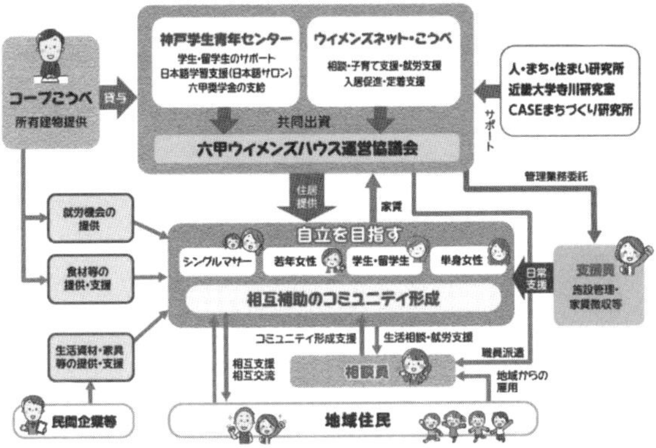

図 13-5-2：事業体制図

研究室では、1年目に当事者および運営者とのワークショップを基に計画イメージ提案をし、模型を製作。2・3年目は基本設計と DIY の運営、コミュニティキッチン設計・施工、事業検証担当として関わらせていただきました。

シングルマザーの方々へのインタビューやワークショップを通して、多くの学びや気づきがありました。

詳細はコメントできませんが、とくに DV 被害女性の壮絶な事態にあって精神状況も不安定な中では、住まいと生活の確保は極めて困難であり、孤立することで負のスパラルに陥りやすい現状が垣間見られました。

行政が運営するシェルター環境の厳しさ、自立に向けてステップできる住まいがないこと、就労確保による持続的な生活確保、子どもの育児や教育、人間不信や地域との関係など、考えることは数多くありました。「貧困＋孤立＋子育ては児童虐待のハイリスク」といわれていることに納得いく事態でした。

とくに、ワークショップで印象に残っていることは、コレクティブ住宅の重要要素である「コモン」に対する忌避意識でした。協同する余裕がない、という事実でした。また留学生についてもシェアのイメージは良くないという意見が出ました。おもえば、シェアや協同空間をマストと思い込んでいた自分に気づきます。しかし、忌避の原因を聞くと、悪循環による余裕のなさや、信頼関係の再構築などが要因でしたので、協同することで次の地平につながる可能性を感じ、コレクティブ住宅というテーマは残すことになりました。

また、緊急シェルター的な受皿にするのか、次の段階を受け止める、自立可能性がある人を対象とするのか。についても議論がありましたが、体制の問題と、次のステップの必要性から後者を対象者にすることになります。

今後は、コープや地域との連携が重要になるでしょう。例えば、ニュータウンの空き家等を活用した次のステップハウジングの確保も重要テーマになると考えます。そして、孤立しない居場所づくりを通じ、自尊感情や自己肯定感を得る場所をつくる「社会的フック」（様々なレベルのつながる機会）を巡らせることが重要だと思います。

今回は、国交省のスマートウェルネス住宅等推進事業である「人生100年時代を支える住まい環境整備モデル事業」を活用することになりました。

WSでは、まずできる限り必要なものや想いをつめ込んでいただきましたが、予算は高くなりました。

そこで、なるべく現状を残し、無理せずに段階的に進めてはどうかと提案しましたが、補助金が付くことや、次の展開（改修）が可能が不安であること、そして、ここに住んでもらう人には、安普請なものではなく、普通の住環境は確保し

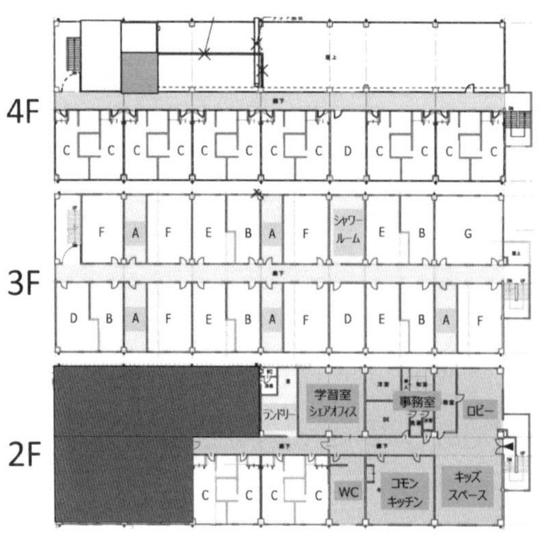

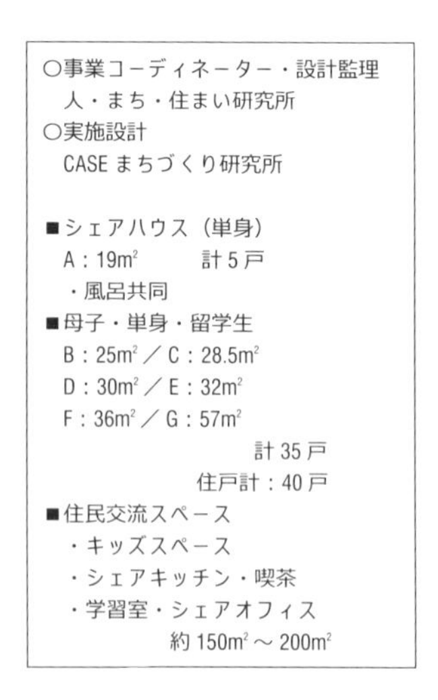

図13-5-3：平面図

たい、という想いが強く、40 室全戸改修することになりました。

その意味では、持続的な運営に少し不安は残りますが、やはりこのような住まいに対するニーズがあることと、色んな苦難を乗り越えて実現にいたった、彼女たちの想いとエネルギーがあれば大丈夫だと信じています。全国にも広がってほしい事例の一つです。筆者にとっても学びの多い事業でした。

13-6 寺島自治会コミュニティセンター：相続と地域貢献

図 13-6-1：外観

「寺島自治会さんから連絡があったのですが、ある空き家の持ち主から相続した空き家を地域で使ってもよい、といわれているようです。自治会館を作りたいと相談を受けたのですが。時間がないのですが再生できますか？」

2022 年夏、東大阪市の空き家対策課からの相談でした。筆者は、東大阪市空家等対策協議会に参画していることもあり、声をかけていただいたようです。

2022 年 12 月に、古家リノベーションの検討と同時に、ゼミの学生たちが 5 つの案を寺島自治会の皆さんに提案しました。

50 年間、自治会館がなかった寺島地域。工場の 2 階を借りた自治会館は、急こう配の階段を上らねばならず、とくに高齢者にとっては行きづらい場所でもありました。幾度も話が出ては実現できなかった念願の取組みで「本当にうれしい。やっと自前の自治会館が持てます」と自治会の皆さんに非常に喜んでいただき、早速、基本計画を作りました。

古家をリノベーションしてユニットを増築設置する案をはじめ、新設、ユニット案など多方面から検討したのですが、当時の建築費高騰や材料不足が深刻化するなかで苦戦します。あれだけ喜んでいただいたのに、再び頓挫することは避けなければなりません。そして、コンセプトはそのまま、シンプルな新築平屋としました。それでも採算が合わない部分があるため、工務店にもご協力いただき、学生による DIY も組み入れて進めることになりました（実際、まちには、腕のある職人さんたちが多く、またもや学生たちは学ぶ機会に恵まれました）。

本事業は、東大阪市の空き家対策事業（空家対策課）、「自治会集会所整備助成事業」（公民連携協働室）の複数課連携事業であり、官・学・地域の協働事業でもある、多様な主体が協働する貴重な実践であったと思います。

また、空き家を所有する家主さんについては、親から相続を受けたものの、それで儲ける必要もなく、地域にお世話になった感謝もあるので貢献したい、という方でした。実は、空き家活用に関わっていると、このような篤志的な考えを持つ方に出会うことが意外に多いという実感があり、一般的な不動産事業とは違うルートを用いたリノベーションや空き家活用に新たな地平があるように思います。

この急な階段の上に町会会議室がありました。

建替え前の空き家

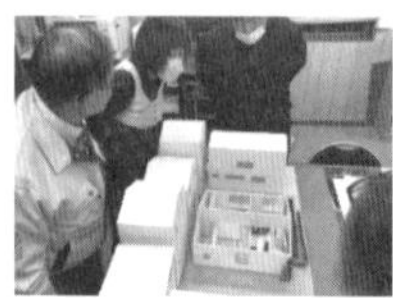

図模型の説明をする学生／広縁 DIY の様子／スロープ工事を手伝う子どもたち／町には職人さんが大勢

図 13-6-2：プロジェクトのプロセス

最終的には、自治会が10年間土地を賃借し（のちに取得)、古家を解体して自治会館を新築する事業になりました。

素材感を意識した平屋建物で、道路から見える会議室から日々の活動が気配としてまちに広がり、スロープ前には地域から要望のあった花壇、玄関を入るとコミュニティキッチンが迎えてくれます。部屋は登梁で天井を高くして圧迫感をなくしました。西側開口部は深い軒と広縁で庭とつながり、ゆったりとくつろげる居場所になってほしいと思います。子どもたちの遊ぶ場、地域交流の場、防災拠点としても機能します。防音室を配置したので念願のカラオケも可能です。

竣工式には、多くの地域の方をはじめ、野田市長にも来ていただきました。

この事業は、東大阪市公民連携協働室、空家対策課、そして工務店や協力業者の方、そして、地域のみなさんの力を結集しなければ実現しなかった取組みです。50年間我慢したこの自前のコミュニティセンターが地域の人々に愛され、大切な居場所になってほしいと願っています。

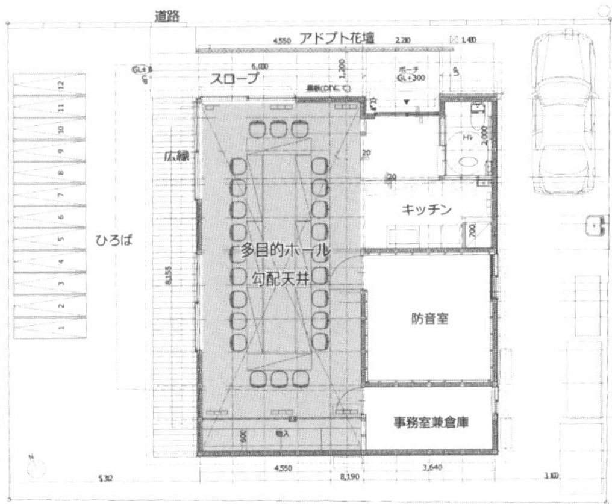

木造平屋建て
■ 敷地面積：217m²
■ 建築面積：82.3m²
■ 延床面積：77.3m²

建築主　寺島自治会
基本計画・監修　寺川 政司（近畿大学建築学部）
実施設計　フーシャアーキテクチャー級建築士事務所
望田 祈・浅井 駿平
施工　森下工務店
DIY担当・模型製作　近畿大学地域マネジメント研究室
寺島DIYチームリーダー：島田 遼太朗、喜羽 優斗、竹下 哲平ロ
DIYメンバー　：藤後 陽菜乃、満田 颯太、吉岡 聖、森 瑞貴、畠 知也、足立 恵菜
木元 瑛、田村 未郁、杉 雄大、栗本 大輔、右原 誉良
堤 碧、前橋 彩歌（武庫川女子大学）、永田 美羽（摂南大学）
DIY技術協力　伊吹尚学（伊吹建築板金）
東大阪市 建築指導室 空家対策課・公民連携協働室
＊本物件は「自治会集会所整備助成事業」助成金を活用して実施した事業です。

図13-6-3：平面プランと建築概要

14 公営改良住宅団地エリアの再生と参加のデザイン

「大阪に、住民参加型の人権まちづくりを進めようとしている面白い地域があるのですが、仕事として受けてもらえませんか？」東洋大学の内田雄造教授からのオファーを契機に、まちづくりコンサルタントとしての人生が始まります。

ちょうどその頃、国は、住宅地区改良事業エリアの「地域コミュニティの再生」と「多様な住宅供給の推進」を掲げ、専門家派遣等の支援事業を進めていました。

この動きの背景には、1996年8月の公営住宅制度改正による「応能応益家賃制度」[1]の導入、さらには2002年3月の地域改善対策特別措置法[2]が失効された時でした。これにより、施策は特別措置から一般施策へと移行し、「地域に住み続けることができる住民参加型まちづくり」が各地で求められるようになります。

まさに、公営住宅制度が大きく転換する時代の波の中で、最前線に立つことになります。振り返ると、コンサルタントというよりは、地元に入り込んで地域の方々と共に試行錯誤する、成功と失敗が交錯する実践の場でした。行政・企業とまちづくり運動、地域と学生の協働、ステークホルダーとの調整、こうした経験の一つひとつが、まちづくりの可能性を拓く鍵となりました。

その後各地の住宅地区改良事業に関わるまちづくりに携わりますが、本稿では、大阪市東淀川区西淡路、八尾市西郡を取り上げ、公営・改良住宅団地を含むエリアの人権まちづくりの実践を伝えたいと思います。

紹介するエリアは、単なる住宅地ではなく、古い歴史を持つ地域です。かつて、劣悪な住環境や深刻な生活課題、差別に直面した住民たちは、人権の視点から環境改善を求め、国や自治体に対する行政闘争を繰り広げてきました。

主に1970年代以降、道路や地域施設、住宅など住環境整備が実施されました。そしてコミュニティセンター、青少年会館、老人憩いの家といった公共施設が建設され、地域の生活基盤は一新されました。

しかし、1980年代に入ると、公営住宅中心の住宅供給施策によって若年・中堅所得世帯の流出と生活困難世帯の集住、それに伴うコミュニティの減退などの課題も浮上してきました。そこで、1997年頃から住民や地域が主体となってデザインを提案する参加型まちづくり運動がひろがっていきます。

14-1 大阪市東淀川区西淡路西部地域：エリアマネジメント前夜のまちづくり

現在、日本のエリアマネジメント（エリマネ）は、2005年以降、国によって都市再生や地域活性化の手法として、現在も重要施策として推進されています。その意味では、エリマネ前夜のまちづくりがこの地域で展開されていたといえます。

(1) 地域概要とまちづくりの変遷

この地域は、JR新大阪駅に隣接する立地の良い場所にあります。1997年、阪急淡路駅において、大阪市や阪急電鉄が土地区画整理事業による線路の高架化立体交差事業が始まり（1994年都市計画決定）[3]、また阪急電鉄が淡路駅と新大阪駅をつなぐ路線確保を目指していたことを機に、地域は動き出します。

開発によって駅前の人の流れが変わることや、線路等の整備によって地域が分断されないかという課題が持ち上がりました。そこで、住民が主体的に地域課題の解決とにぎわいを創出するため、そして企業や行政と協働するために、1999年に8町会によって「西淡路西部地域まちづくり委員会」（大阪市承認団体）が結成されました（約6,500人・約3,500世帯）。

この地域のまちづくりの特徴は、住宅地区改良事業によって整備された地域住民が主体となって、周辺の連合町会とまちづくり組織を設立し、駅前開発に連動した、エリマネ型のまちづくり事業を展開した実践だということでしょう。

筆者は、2004年から2016年にかけて、国のまちづくり専門家派遣制度や大阪市のまちづくり活動支援制度等をうけて地域に関わることになりました。取組んだ主な事業には、①駅前環境向上フラワーロード運動、②駅前再開発に伴う商店街まちづくり事業、③公園ビオトープ事業、④公営住宅団地再生事業、⑤集会所若者拠点整備事業、⑥コミュニティCafe事業、⑦コーポラティブ住宅事業、⑧コミュニティバス事業、⑨日之出保育所リノベーション事業、⑩旧西淡路小学校活用事業、などがあります。

(2) 公営住宅と住民参加

2009年当時、団地エリアには、公営住宅11棟589戸、改良住宅4棟196戸で合計785戸の団地がありました。内5棟400戸が建替対象団地でした。

本来、市営住宅建替事業では、行政が青写真を描き、住民説明、実施というのが通常の建替事業ですが、この地域では、住民が参加しながら計画を提案し、行政と協議して実施されました。

第1期の対象団地150世帯の高齢化率が約4割で、45%が一人暮らしという世帯の偏りは、地域課題を表出しており、建替えによって、従前のコミュニティが壊れない環境移行が最優先事項でした。

①団地再生ワークショップ

セルフビルドのコミュニティ喫茶「ざっくばらん」で、対象住民さん全員にヒアリングを実施したところ、日常的にはワンルーム的に利用しており、子どもや孫が来た時に寝る場所と物置が必要。足腰が弱くなくなった時に過ごしやすく、看てもらいやすい部屋が必要。そして、昔からの友人知人と離れたくない、という意見が多く出されました。その後、間

表14-1-1：建替えた団地居住者の世帯特性

	住戸数 <戸>	入居世帯数 <世帯>	居住人数 <人>	居住人数(平均) <人>	世帯主年齢(平均) <歳>	居住者年齢(平均) <歳>	高齢化率 <%>	高齢単身世帯率 <%>	平均住戸専有面積 <㎡>
建替対象団地(1~6号館)	200	150	202	1.35	57.1	54.3	38.1	26.7	36.4
団地全体	785	654	904	1.38	56.2	53.8	31.3	17.3	33.7

	世帯数	%	25~34歳	35~44歳	45~64歳	55~64歳	65~74歳	75歳以上
1人	67	44.7	1.5	13.4	11.9	13.4	35.8	23.9
2人	41	27.3	2.4	7.3	9.8	24.4	41.5	14.6
3人	23	15.3	4.3	52.2	21.7	13.0	0.0	8.7
4人	16	10.7	6.3	81.3	6.3	6.3	0.0	0.0
5人以上	2	1.3	0.0	100.0	0.0	0.0	0.0	0.0
不明	1	0.7	0.0	100.0	0.0	0.0	0.0	0.0
総計	150	100.0	7.3	40.0	15.3	20.7	34.7	16.7

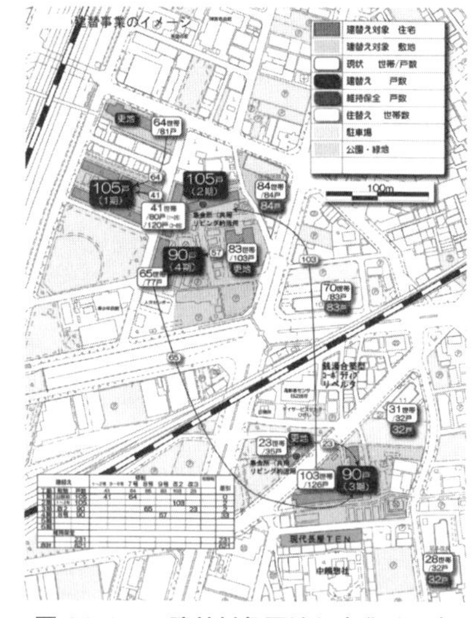

図14-1-1：建替対象団地と事業計画案

図14-1-2：建替えワークショップの様子((左)住戸模型の確認(中)トイレの大きさ確認(右)プランの最終チェック)

取りのワークショップなどを幾度も通じて、プランを練り上げていきます。

2008年に12階87戸の公営住宅が竣工しました。最終プランは、多様なライフスタイルに対応するするために、間仕切・可動押入方式を導入してフレキシビリティを高めた「順応型プラン」を導入しました。本来、従前世帯に応じた「型別供給」が基本ですが、単身向け住戸数が多くなるために、縦列住戸数で家族向け住戸を増やし、バリエーションを持たせました。

もう一つは、従前のコミュニティ関係を移行する「コミュニティユニット(CU)」という、ご近所さんと一緒に転居できるシステムです。事前調査では、中層階の人気がなかったので、住戸抽選の際に、従前関係を大切にしたいグループには、優先して場所（中層フロア）を選べる仕組みをつくって募集したこところ、調整（抽選）の必要がほとんどなくなりました。

また、1階に障害者グループホーム、最上階に集会室を配置しました。1階に障害者住宅を持ってくることで、住民が日常の場で様子を知り、つながりの機会をつくること。また最上階に集会所を置くことで、物理的に出会いの機会が減少する上層階と下層階の住民が出会う機会をつくること。そして、居住者の「隠れ場感」を作るのが目的でした（淀川の花火を見ることができる場所です)。

図 14-1-3：外観

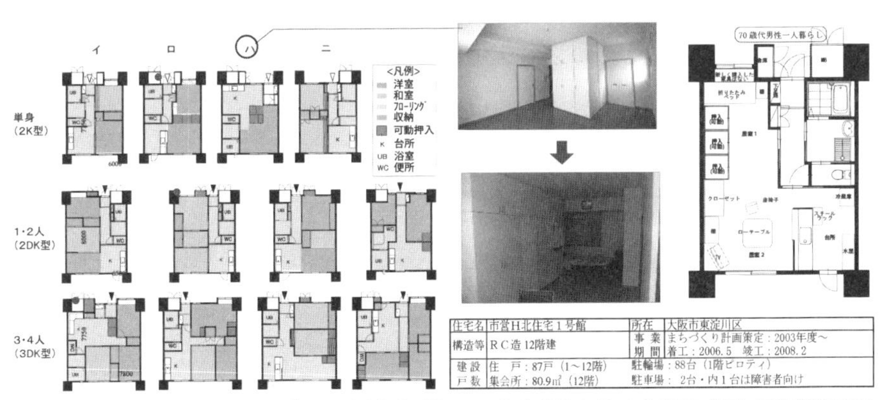

住宅名	市営H北住宅1号館	所在	大阪市東淀川区
構造等	RC造12階建	事業期間	まちづくり計画策定：2003年度〜 着工：2006.5　竣工：2008.2
建設戸数	住　戸：87戸（1〜12階） 集会所：80.9m²（12階）		駐輪場：88台（1階ピロティ） 駐車場：2台・内1台は障害者向け

図 14-1-4：（左）多様な住戸プラン（右）移動押入の移動前後と住み方調査（下）団地建物概要

2008年竣工後、2009年、2013年、2022年に検証調査を実施しました。CUについては、居住者間のコミュニティ維持には効果があることがわかりましたが、子育て世帯や、新しい世帯とのつながり形成に課題がありました。

また、順応型プランについては、当初考えていたほど変更されていないませんでした。家具が重いために自由に移動しにくかったことや、移動できることを知らない世帯が多いことが問題でした。検討課題としては、移動押入の安全性を担保した移動簡便さ（家具化や建具の検討）、運用の仕組（システム）など、現実的な提案が必要です。ただ、2022年調査では、「そんなことできるの？ 変えてほしい」という要望が多かったので（今回変更しました）、ニーズはあるようです。

② 106 Cafe：空き家が増える住棟で孤立する世帯の居場所

公営住宅団地の建替事業では、建替えまでにタイムラグがおこります。簡単にいえば、建替対象団地になると、新規入居者が入らないため、空き家化が進行し、居住者の孤立が問題となります。そこで、1階空住戸をモーニング喫茶「106CAFE」としてリノベし、住民交流の拠点・居場所として設置することにしました。改修設計と施工は、大阪市立大学の学生が奮闘してくれました。結果、モーニングだけでなく、映画上映や鍋パーティ、次期建替計画のための住民会議室として機能し、重要な居場所になりました。

その際、改修時に手伝ってくれる子ども達がいました。よく考えると学校がある時間。地域に訪ねるとネグレクトを受けている児童だとわかり、学校につなぎましたが、地域でおこっている見えにくい課題を感じた瞬間でした。

図14-1-5：（左）カフェエントランス（中）改修後内部（右）居住者とのパーティーの様子

(3)「現代長屋TEN」（RC造3階 長屋建／10戸 敷地面積：924m²／延床面積：1,323m²）

2001年以降、関西では自治体の土地を活用した定期借地権付コーポラティブ住宅が竣工しています（大阪市2か所・八尾市1か所・京都市1か所）。

本項では、これら事業概要ついて紹介し、日之出地域での実践を紹介します。

基本的には、地域改善対策特定事業または住宅地区改良事業エリアのまちづくり活動における一般施策として実施した「多様な住宅供給」に位置づけられた公民協働事業です（現在でいうPPP）。主に、自治体所有地を借地または分譲し、集まった関係者が建設組合をつくる持家事業で、中堅所得層や若者世帯の地域定住など、「住み続けることのできる」まちづくりを主眼とする実践です。実施に際しては、これら地域のまちづくりに位置づけられたハウジング事業として、まちと住まいの関係やコミュニティ形成を図るうえで、プロセスからデザインできる「コーポラティブ方式」が最も適していると判断しました。

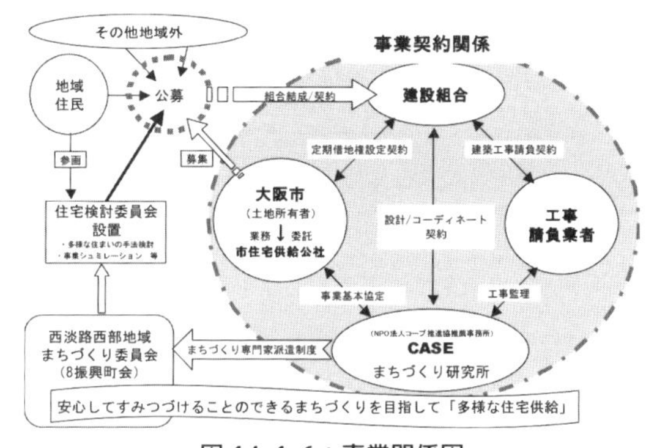

図14-1-6：事業関係図

2001年に企画開始、住宅検討委員会を設置し、市有地を50年定期借地するコーポラティブ住宅事業参加者を公募し、住宅組合を作って事業は始まりました。

組合では、数多くのワークショップを通じてプランを詰めていきます。隣接住戸との関係、共有空間の用途と費用分担、設計士や施工会社の選定、そして素材体験・外構・外壁ワークショップ、そして会議後の飲み会。大変ですが楽しい時間でもあり、関係づくりと建物への愛着を生む大切なプロセスです。

また、建設業は分業の世界でもあるので、とくに構造や環境設計、施工において、クライアントの顔が見えにくいといえます。逆にクライアントも作る側の顔がみえないことも多いなかで、この方式は、関係を見える化し、相互の信頼関係を生みやすい手法といえます。

本事業に集まったメンバーは地域の公営住宅居住者が多く、すでに密度の濃いつながりがあることから、コーポラティブでいう協同をことさらに強調せずに進めました。結果、つながりが強い現状を踏まえたうえで、プライバシーを確保することも重視し、選んだのが「長屋」形式でした。

事業中には、様々な障壁が立ちはだかります。定借＋コーポラティブというハウジングに対する認知度がないなか、組合員募集は難航しました。

とくに施工直前に、融資先の（旧）住宅金融公庫から、「共用空間が確保できないと融資不可」という判断が下された時は困りました（この建物は建築基準法的には長屋建）。組合会議では一計を案じ、この住宅の特徴でもある屋上路地と中央部2階家屋に上部テラスを導入しました。そのテラスを、融資計画上厳しかった世帯の住戸屋上に配置し、代わりにその世帯の地代の一部を全員でシェアすることになりました。それは、お互いが引け目を感じずに暮らすためのこだわりでした。「関係を深めすぎると長続きしない」というメンバーの言葉をふくめて、地域で暮らし続けてきたコミュニティのリアリティがあります。

設計コンセプトは、「軍艦アパート」（本章コラム）で得た知見を基に、時間とともに増減築可能なファサードを持つ長屋的な空間を立体的に組み込んだ現代的な長屋を目指しました。基本プランは、フロンテージ長さを基準に取得費を設定し、立体的な路地と溜まりの設定など、個別住戸から隣居、屋上、住宅前道路、そしてまちへとつなぐデザインとし、2003年2月に竣工しました[4·5]。

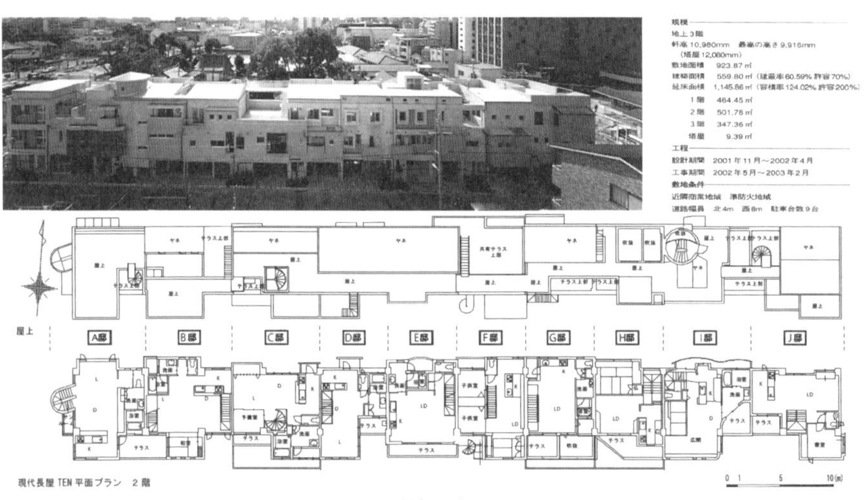

図 14-1-7：外観と概要・平面図

入居1年目の住宅では、日常的によく集まる住戸のリビングが組合会議室として利用されていました。また同年代の子どもが多く、夏には屋上路地やバルコニーに出される各住戸のビニールプールを梯子、親たちは共用バルコニーでBBQなど、立体的に居場所が生まれていたことを思い出します。

2025年現在、2世帯が入れ替わりました。幼かった子どもたちは成人し、50歳前後の夫婦を中心に緩やかな関係が継続しています。当時、子ども勉強室を始めた大学生は、卒業後に教育NPOを設立し、東京で活躍しています。また、隣接する市営住宅に住む親世帯を近居で見守り、地域の子ども食堂の中心的役割を担うなど、地域とのつながりのなかで様々な物語が生まれているようです。世代を超えてこの町に住み続けることができた第2世代、また、第3世代にとっては、人生の起点として、また故郷になっている点が特筆できます。転居された世帯を見た時、融資計画の甘さなど反省点も多いのですが、当初の「住み続けることのできるまちづくり」に関しては面目躍如といえるでしょうか。

(4) 開発と地域交通まちづくり：コミュニティバス「あいバス」の社会実験

この地域は交通まちづくりが重要テーマでした。阪急電鉄との協議では、淡路駅－新大阪駅間をモノレールでつなぐ案も出ましたが、地域の利便性と地域運営を担保する「コミュニティバス」を運行することになりました。

2002年以降は、まちづくり委員会の主要テーマになり、2006年にバスの運行主体としてNPO法人 地域交通まちづくり協会を設立。阪急電鉄の所有するバスを試験運行（社会実験）しながら、ニーズ調査、モニター調査、グループヒアリング、エリア別ワークショップなどを実施し、2008年の本格運行を目指しました。

しかし、利用客数は伸びず、様々な手法を検討しましたが、2008年3月末で運行終了、本格運行に至りませんでした。テーマや意気込みはよかったのですが、地域意向を優先するあまり、運賃設定、乗り換え客の意向やニーズの把握など、とくに利便性の良い地域における交通網という視点で計画の甘さが指摘できます。

図14-1-8：あいバス

現在、新大阪駅周辺地域の開発が大きくが、2022年10月に都市再生緊急整備地域に指定され（約114ha）、スーパーメガリージョンを形成するリニア中央新幹線をはじめ、北陸新幹線、関西国際空港から関西の各拠点を結ぶ広域交通の結節点となり、淡路駅から十三駅エリアを含めた一体的なまちづくりが進もうとしています[6]。また、阪急高架化事業によって、地域を分断してきた線路がなくなり、高架下空間の利活用をはじめ、まちの「間」を紡ぐ空間利用のあり方、そして、旧西淡路小学校の活用など、この大きな変化が起ころうとしています。

14-2 八尾市西郡地域

この地域は、八尾市北部で第2寝屋川を境に東大阪市と隣接地にあります。2021年3月31日時点で、西郡住宅団地の管理戸数は1,250戸（2,948人）あり、その内訳は公営住宅が407戸、改良住宅が843戸（2025年に新築150戸完成予定）、隣接する府営住宅が866戸と、合計約2,100戸が集積する八尾市最大の公営住宅団地エリアです。2024年現在、高齢化率は4割で単身世帯率が6割、14歳以下の人口が6.5%、そして空き家（室）率は3割という極めて深刻な状態にあります（小学校区の人口は2,882人（2023年3月））。その他、隣接する府営団地の中国帰国者支援、帰国者や改良住宅団地高齢者の識字問題、シングルマザーの生活困窮や子どもの教育問題、交通不便地域など、複層的課題を抱えたエリアです。

(1) 住民参加と団地再生「わては、ここから動かへんで！」

2003年に住宅ストック総合活用計画が策定され、これから始まる団地再生において、改修・改善・建替住棟（方針）が決まりました。全面改修する9号館は、2004年に事業開始。八尾市と地域が協働しながら改修に向けたワークショップ（WS）が始まります。市が主催する事業説明会の際に一人の高齢者のお母さんがつぶやきます。「わては、ここから動かへんで！」という改修反対宣言でした。

このまま無理に進めることはできないことから、説明会終了後、住み方調査の際にご自宅に伺いました。彼女は、すぐにつぶやきはじめました。「目がほとんど見えなくて、今の家ならどこに電気のスイッチがあって、段があって、タンスがあるのかわかるけど、新しくなるとわからんようになる。戻る時に、この人（ご一緒されていたお母さん）と離れたら心配で」ハッとしました。このような事業では、反対者に「わがままで自己中心的な意見」というレッテルを貼られることもありますが、不安を表出させる大切さに気付かされました。新しい住宅には段差がないこと、スイッチがわかりやすくなっていること、隣のお母さんと離れなくて良いことなどをお話し、事業協力を承諾していただくことになりました。

また、今回は全面改修のために仮移転が必要で、これも負担になります。団地WSの際に、集会所の壁一面に仮移転可能な住棟と空住戸を記した紙を張り付けたところ、あるオジサンが語りはじめます。「空いてる部屋で仮転居するということは、一度みんなバラバラになってしまうんやね。○○のおばあちゃん脚悪いから1階にしてあげたら」と話し、他の皆さんも、それならあの人は……など。当初、希望する住戸が重なった時に、どうすべきか悩んでいましたが、移転の負担を話し合いで決めていただき、地域のつながりの深さを感じました。

表 14-2-1：ワークショップの流れと活動の様子（写真）

第1回　事業説明会【写真①】	仮移転先・戻り住戸意向調査
改善ニーズ調査：ニーズ・住み方調査【写真②】	第4回　WS：仮移転先・戻り先の決定【写真④】
第1回　WS：間取り・共用部検討	住宅なんでも相談会：手続き等の個別相談
第2回　事業説明会	第5回　WS：外観や内装の色決め
第2回　WS：間取りの検討【写真③】	完成お披露目会：見学会・説明会
第3回　WS：仮移転等ルールづくり	第6回　WS：維持管理のルール＋住み方検討

改修プランの特徴は、RC5階建の階段室型住棟の前面ファサード部分を耐震フレームで補強し、そのフレーム部分を廊下にしてEVを含めて新設。従前の階段室を住戸内に取り込んで、新規に浴室を設置する増築タイプと、二戸一の子育て世帯タイプに改修しました。この方法は、10・11号館（2005～2008年）でも取り入れましたが（EV2棟ジョイント方式）、間取りの自由度については、9号館では可動押入方式を、10・11号館では3連・続間方式（続間3室の真中3畳を使い分ける仕組み）を取り入れました。ワークショップは、旧1~5号館建替事業（43号館）（2006～2010年）でも導入しました。また現在は、PFI方式による新棟建築が2025年竣工にむけて進んでいます（2棟150戸：設計は中川企画グループ）。

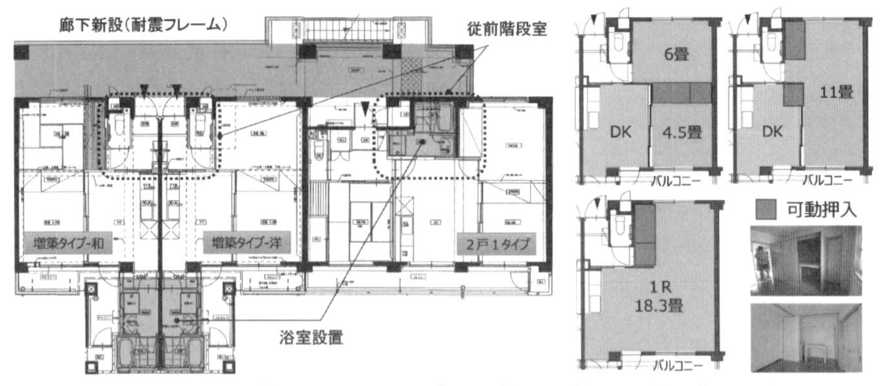

図 14-2-1：9 号館リノベーションプラン（右：可動押入と利用パターン）

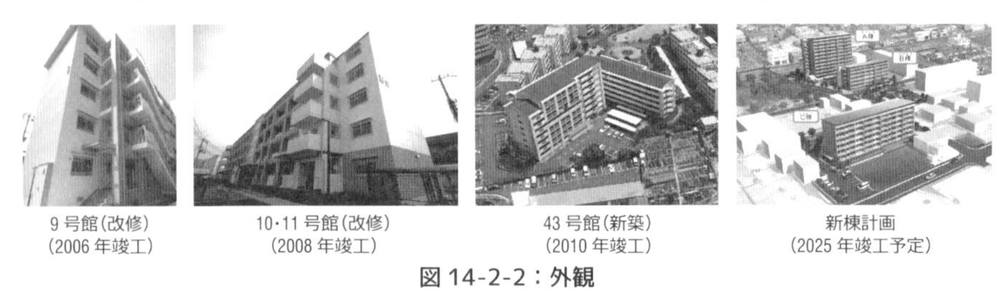

9 号館（改修）
（2006 年竣工）

10・11 号館（改修）
（2008 年竣工）

43 号館（新築）
（2010 年竣工）

新棟計画
（2025 年竣工予定）

図 14-2-2：外観

(2)「える」（木造 2 階 戸建て 4 戸 敷地面積：592.5m² 延床面積：429.4m²）（2009 年竣工）

本事業は、八尾市の市有地を分譲して実施した戸建コーポラティブ住宅です。市は、公平性・透明性の観点から「公募型抽選方式」の一般競争入札によって地価高騰抑制・業者排除し、購入者の自由設計裁量を増やし、地域課題（コミュニティ形成）の視点からコーポラティブ方式をとることになりました。結果、2 か所 8 筆の分譲地を用意し、2008 年に公募されます。これまで、地域の様々な土地を検討してきた検討チームは、早速、応募し事業は進んでいきました。

組合結成後、問題が発生します。コーポラティブ方式を取ることになっていたものの、敷地がミニ開発状に分筆されていたことから矛盾した状態だと交渉したのですが、公有地を売却するうえでは、この方法しかないとのこと。土地・建物の権利について、①現況筆・直接借地型、②準共有地上権型、③合筆・共有地型、そして④再分筆土地建物相対所有型の 4 つのパターンを組合で検討した結果、民法 646 条の第 2 項による移転をもって④を選択することになりました（不動産所得税は、特例適応住宅で対応）。

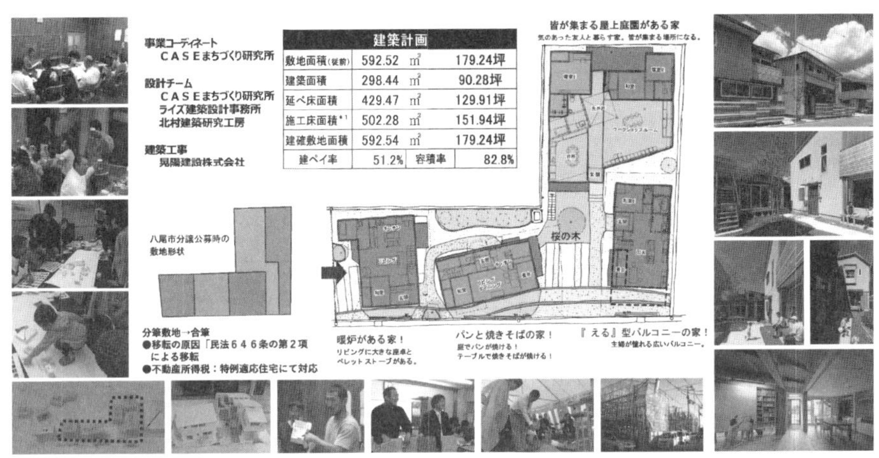

建築計画			
敷地面積（従前）	592.52 ㎡		179.24坪
建築面積	298.44 ㎡		90.28坪
延べ床面積	429.47 ㎡		129.91坪
施工床面積＊1	502.28 ㎡		151.94坪
建確敷地面積	592.54 ㎡		179.24坪
建ペイ率	51.2%	容積率	82.8%

図 14-2-3：コーポラティブ住宅「える」の計画とプロセス（写真）

その後は、完成に向けてワークショップによって具体的なプランを詰めていきますが、特筆できる点としては、5筆5世帯で戸建4戸ができたことでしょう。5世帯のうち2世帯（A・Bさん）は各々ひとり暮らしのシニアでした。Aさんは聴覚障害をお持ちで、Bさんが成年後見人的立場であったことから2世帯のシェアハウス（平屋）となりました。Aさんとのコミュニケーションをとるために、組合会議前に手話講座が実施されていたことなど、コーポラティブならではの出来事であったと思います。計画的には、4戸にしたことで生まれた敷地を各住戸の隙間に配置し、各戸リビングに面して広場があり、AB邸屋上がコモンスペースとして開放されています。またAB邸の入口から延びる内路地を配置し、その間仕切りを開くと約50㎡のワークショップルームになる、一般家族を想定しない特徴的なプランになりました。ただし、時間経過とともに、当初計画から変化することも恒でしょう。まちづくりのなかでもいろんな人の想いによって生まれたこの事業が、新たな変化への対応として期待されています。

(3) 多様なまちづくり活動

紹介したハウジングの取組みは、西郡住宅まちづくり協議会の部会活動の一環として実施されてきました。2001年には地区福祉委員会や福祉法人などと「夢実現C隊協議会」を結成し、「住民共同出資型在宅福祉サービス・モデル事業」が展開されました。これは、地域内で孤独死があったことから、「ドア1枚で閉ざされた団地の中で孤独死をなくそう」、「『おたがいさま』の気持ちを取り戻そう」を合い言葉に進められた事業です。

その後、「おたずねフォン」[7]の導入や、「安心みまもりセンサー」[8]の検討など、地域にある喫緊の課題であった孤立・孤独問題に対し、行政に要望するのではなく、大規模団地のメリットを活かし、住民が少しずつ活動費を融通しあって地域独自の見守り隊を結成しよう、というものでした。この取組みは、国土交通省のモデル事業として位置づけられ、結果的に八尾市の一般施策である「地域住民見守り生活支援事業」へとつながったことは特筆すべきだと思います。

このように、西郡独自のまちづくり事業が、一般施策へとつながった事例は他にもあります。交通不便地域を解消するために生まれた「移動支援ふれあいサービス」（**図14-2-4**）は、3年後に八尾市のコミュニティバス事業（愛バス）につながります。愛バス運行後も、西郡では地域独自の「お出かけお助けサービス」として再始動し、現在は近所の自家用車をシェアする「あいらぶ自動車」[9]として継承されています。また、見守り活動は、「介護保険にかかる居宅介護支援事業」や「高齢者住宅改造助成」など、これまで個別に行われていた市担当課による既存制度が、まちづくりという横断的なプラットホームで機能した事例です。

現在、地域のまちづくり主体が法人化（一般社団法人八尾北まちづくりセンター）し、市営住宅団地の指定管理事業主体として重要な役割を担うようになったことで、かゆいところに手が届く住民サポートと持続的な事業展開が可能になったことは大きな成果だといえます。その他、青少年会館や桂小学校と連携した幸第2公園再生事業は世代を超えたワークショップをもとにデザインされ、地域が管理を担うことで多様な遊び場が実現した八尾市初のコミュニティアドプト型の公園として朝市なども行われています。

（4）官・学・地域連携とまちづくり

2013年に大学教員になり、2014年4月に八尾市と建築学科が連携協定締結以降（現在は大学と協定締結）は、大学と行政そして地域の協働プロジェクトが進みま

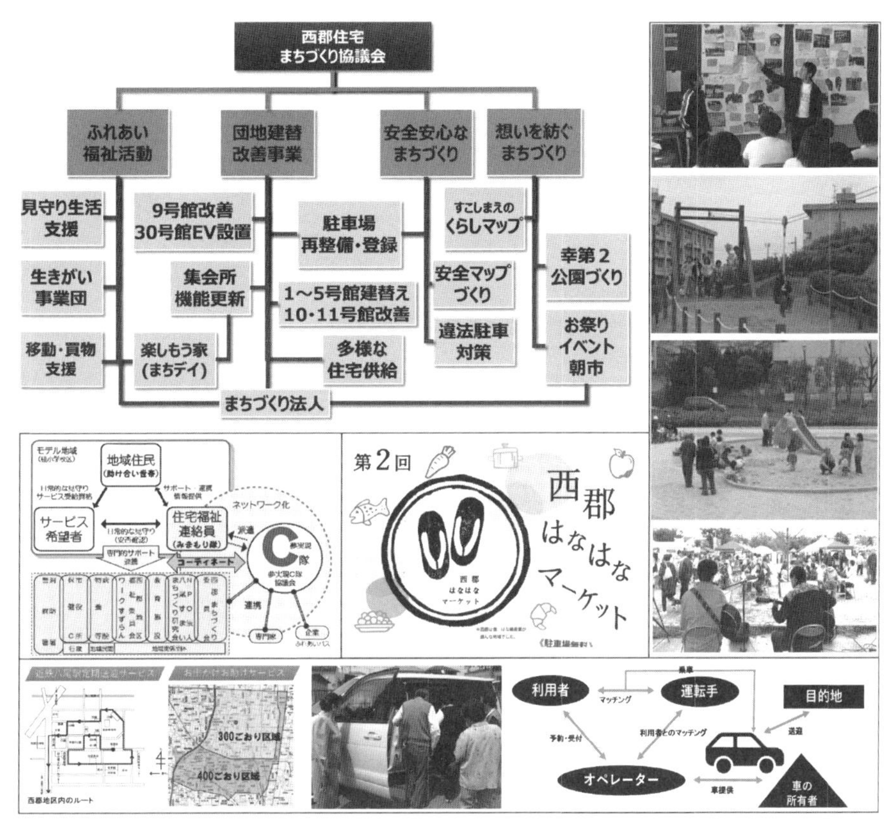

図 14-2-4：（左上）活動テーマと体制図（2000 年代）（中下）夢実現 C 隊協議会体制図（中）公園アルシェチラシ（下）移動支援サービスの様子（下右）あいらぶ自動車の事業スキーム（右）公園ワークと整備後

した。まず、これまでの活動や経験をもとに、まちづくりビジョン案を策定し、市や地域のまちづくり構想に位置づけられました。

大学との連携に関するビジョン具体化の一環としては、用途廃止された市営住宅 7 号館の一部を建築学部サテライト研究室「さんぽぽ」（子どもの居場所事業）の設置や、大阪府初の市営住宅空住戸への学生入居事業などがあげられます。

研究と実践の場として、フィールドに関わらせていただいて、10 年が経過しました。まち全体のビジョン（まちづくり構想）もこれまでに 3 案ほど提案し、現在は、防災まちづくりを焦点に「2023 年桂小学校わがまちビジョン」の具体化が進みつつあります。

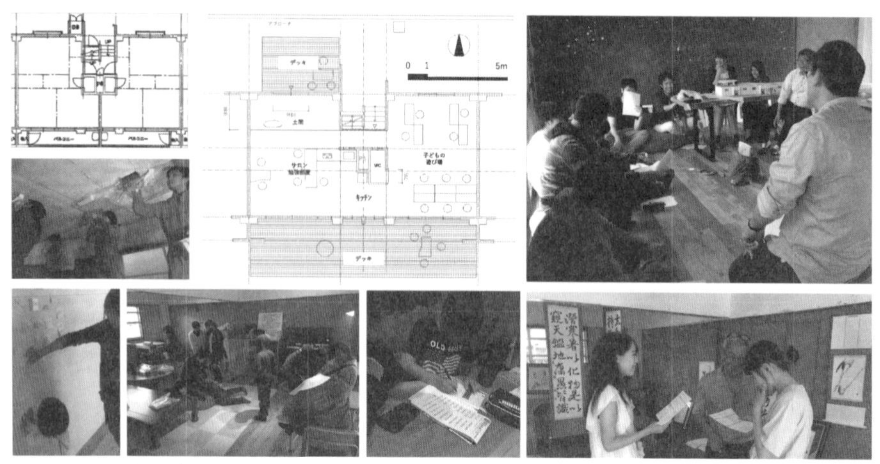

図 14-2-5：寺川ゼミ・八尾サテライト研究室「さんぽぽ」 上：（左）元図面（中）改修図（右）ゼミの様子　下：（左）子どもの居場所（中）寺子屋（右）展示会

図 14-2-6：（左）こどもゲーム道場（中）コミュニティ実験屋台（右）空店舗を活用した学生カフェ「喫茶ほな、よってこ！」

現在は、サテライト研究室の他に、学生が中心となった活動が増えています。学生入居（シェア居住）、子どもゲーム道場、空店舗（店舗付住宅７号館）を活用した建替居住者のための、新団地コミュニティ形成のための居場所「喫茶ほな、よってこ！」、および店舗付住宅８号館「こどもゲーム道場」を進めているところです。

このように実現したことも多いのですが、足掛け 24 年も関わらせていただきながら、少子高齢化や地域活性化をはじめ、担い手育成はいまだ途上にあり、筆者の力不足は否めません。とくにコロナ禍の影響で様々な活動が休止されていたことで、まちづくりの動きも停滞しているのも事実ですが、団地建替や地域施設の再生が具体化されようとしています[10]。今こそ、行政、大学、地域の学校や施設をはじめ地域内も含めて、コロナ禍を理由とした思考停止に陥らず、あらたな種が芽吹くようなつながりを生み出す土壌づくりが重要な時期にあります。

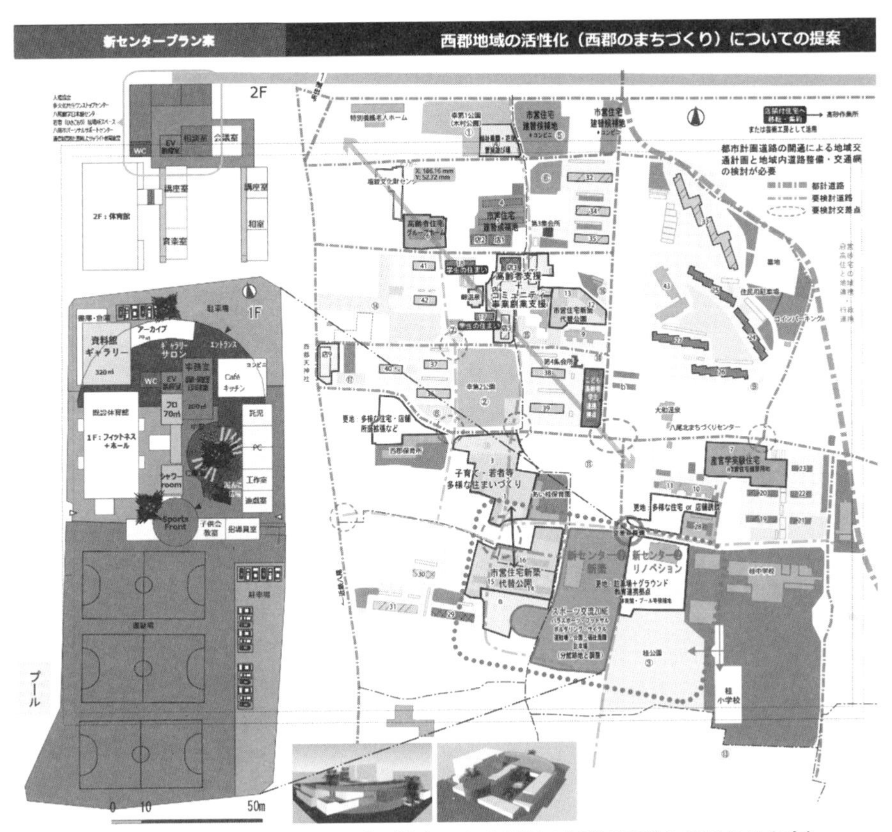

図 14-2-7：地域施設再編計画案（筆者による提案で実際の事業とは異なります）

表 14-2-2：この地域を対象とした学生の研究テーマ

十川 亜夕	歴史的な変遷にみるコミュニティ拠点としての隣保館に関する研究	林田 健太	公共住宅団地における住宅指定管理とコミュニティ形成に関する研究
長安 瑚	公的賃貸住宅団地におけるシェア型居住に関する実践的研究	藤原 勇太	屋台建築の可能性～可視化されていくコミュニティ～【卒業設計】
北田 優生	官民学連携による団地再生を契機としたまちづくりに関する実践的研究	三島 勇人	団地コミュニティ再生における地域と学生の連携形成に関する研究
中土居壮哉	生活困窮者集住地域における地域包括拠点としての隣保館に関する研究	川上 紗季	まちのリビング―生きる。じんけんと、いこいの場。【卒業設計】
柳本 大輝	産官民学連携による団地再生における地域拠点づくりに関する実践的研究	神原 雅也	公営住宅団地における学生居住とコミュニティ支援に関する実践的研究
豊川 千尋	最後の場所～地域循環ターミナルケア～【卒業設計】	森井 千尋	断熱端材の再利用とリノベーションにおける活用方法に関する研究
森川 雄樹	公共団地における『子どもの居場所』とまちづくりに関する実践的研究	源 浩司	まち・人・やくしょのおたがい様－地域協働型複合施設の設計【卒業設計】
河本 彩	官民学連携によるまちづくりに関する研究－八尾市Ａ地区を事例に－	西 永透	エデュテインメントを介した居場所・コミュニティ形成に関する研究：子どもゲーム道場
福田友香子	「人権尊重のコミュニティづくり」の効果と可能性に関する基礎的研究	岡 颯	可動収納家具の活用方法に関する研究：西郡地区での活用実態を用いて
奥野 祥斗	府営住宅における中国帰国者のコミュニティ形成に関する研究	北野 陽大	防災まちづくりの視点から見た公営住宅団地の建替事業に関する研究
藤田 真子	団地再生事業におけるコミュニティの環境移行とその変換に関する研究	栗本 大輔	八尾市営住宅における自治活動からみた地域コミュニティ形成に関する研究
久保 美有	公共住宅団地における外出機会とモビリティに関する研究「あいあい自動車」		

軍艦アパートと協同型ハウジング

本章で紹介した物件は、筆者の研究対象であった軍艦アパートで得た知見の影響が色濃く出ていることから、ここで紹介しておきたい[11]。

○

軍艦アパートは、昭和４～９年の大阪。まだ鉄筋コンクリート造共同住宅がない時代に、わが国初の不良住宅地区改良法に基づく改良事業で建設された大阪市営下寺日東住宅のことをいう。

当時の住宅政策は、内務省マターであることから、密集事業・就労・教育・医療・防疫・防犯等の施策が横断的に実施されるハウジング事業に位置づけられていることが特徴で、時代の粋を結集した実験住宅であった（当時の市長は、関一）。

従前居住者の生活を受け止めるために長屋を立体化したような共同住宅で、多様な配置計画と36種類もの間取りが計画されていた。戦後混乱期に居住者の入れ替わりが起こるが、助け合いながら暮らす密度の濃いコミュニティが形成されていく。高度経済成長期に入って世帯人員の増加にともなって住戸開口部からの増築（「出し家」と呼ばれていた）や共用空間の占有、家族の分離居住などが常態化していた。この状態に対して市は、管理不行き届きのアンタッチャブルな存在として「黙認」してきたが、筆者にとっては極めてユニークで現代的なハウジングスタイルを持つ住宅であると注目していた。

ここで、その特長のすべてを示す紙幅はないが、主な事象を示すと、①行政府による横断的政策によるまちづくりとしてのハウジング事業であり、同時にセツルメント（隣保）活動の黎明期で、学生セツルメントや宗教セツルメントが連携していたこと、②戦後混乱期の行政による管理停滞によって、結果的に自然発生的な居住者独自の住宅管理や住み方が生まれたことであろう。なかでも、家族の変化や時代を受け止めながら変化した個別の間取り（可変プラン）をはじめ、世帯（家族）の分離居住や隣居・近居による住棟全体での住みこなし（サテライト居住）、そして屋上の畑や庭園、廊下の表出などにみられる路地や長屋の生活が立体的に構築された空間は、建築でいうモダニズムやメタボリズムのデザインが組み合わさった、計画者の意図を超えて生き物のように自然発生していたという事実が重要である。

その他にも、団地内店舗がコミュニティ情報発信拠点として機能し、「出前」が単身高齢者の見守りを担うなどコミュニティケアのハブとして機能していたことなども特筆できる。この経験（知見）は、その後関わる改良住宅団地エリアにおけるコーポラティティブ方式のハウジング事業につながった。

（参考文献）
「シリーズ／集まって住む風景（7）大阪市営下寺・日東アパート（前編）立体長屋：その醸成された空間、同（8）（後編）変遷する住まいのかたち」（『住宅建築』建築資料研究社、1997年06月号、8月号）

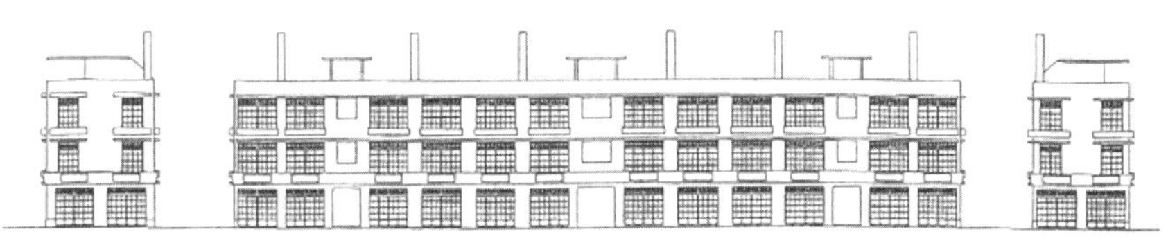

南日東住宅立面図（上：1932 下：1993）

増築による住棟の変容

写真：建物のファサードと開口部からの増築「出し家」の様子〔photo 齊部功〕

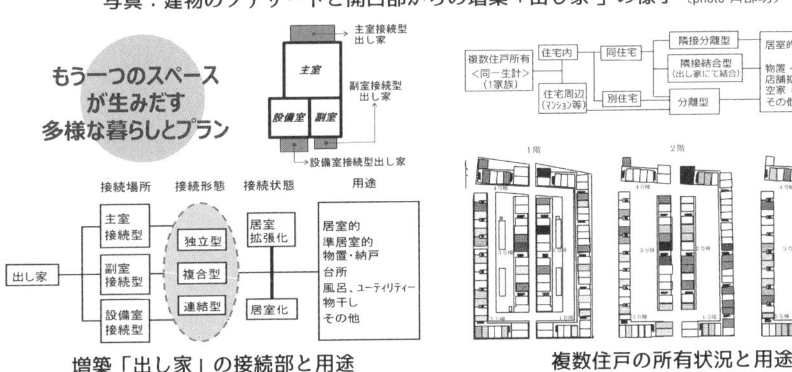

増築「出し家」の接続部と用途

複数住戸の所有状況と用途

シェアハウス・コレクティブ住宅・コーポラティブ住宅・コレクティブタウン

このキーワードも本書でよく出くる言葉であるため、ここで挙げておきたい。

○シェアハウス：最近よく聞くが「**血縁及び婚姻関係に縛られることなく、一部の生活上必要な設備を共同使用し、生活を営む人々の住居**」のこと。新たな解決策としてシェア型の住居に注目されたが、脱法ハウスの問題もあり、国交省が「寄宿舎」に該当するとして規制対象にしたことで『9・6ショック』がおこった。2019年の建築基準法改正で緩和され、条例やガイドラインが設けられている。現在、幅広いテーマ（趣味や志向、属性など）のシェアハウスが出てきている。

○コレクティブ住宅：1970年代に北欧で始まり、家族を超えた共同生活を可能にする現代的な居住形態として認知されて、少子高齢化や家族構成の多様化に対応する新しい住まい方として注目されている。日本女子大学の小谷部育子教授がわが国に導入したのが始まりといわれているが、「**各住戸が独立した専用の設備（トイレ、浴室、キッチンなど）を持って家族がプライバシーを保ちつつ、日常生活の一部を協同化して生活の合理化を図り、共用の生活空間を充実させ、そのような住コミュニティを住民自身が育てていく住まい方**」としている。

阪神・淡路大震災時にはじめて導入され、あまり効果が得られなかったが北海道釧路町の事例や、NPO法人コレクティブハウジング社など、新たなハウジングとして充実し、広がりを見せている。

余談だが、筆者の家族も、逆単身赴任の際に、妻と小さな子どもが、障害者支援の法人が運営するコレクティブ住宅にお世話になったが、障害者と子どものつながりなど、気づきの多い体験であった（互いに精神的な安定感が増したように思う）。同居していた障害者カップルの結婚式の際、子どもが泣いてブーケを届けられなかったことなど、思いだした。

○コーポラティブ住宅：「**自ら居住するための住宅を建設する者が集まり、組合を結成し、協同して事業計画を進め、土地取得、建物設計、工事発注、その他業務を行って住宅を取得し、管理していく方式**」と定義されている。

いわゆる、建設プロセスを可視化し、計画への住民の意見の反映、維持管理への住民の参加、そしてコミュニティハウジングという価値化を目指すものであった。

はじまりは古く、18世紀スコットランドでロバート・オーウェンの協同組合がはじめで、日本でも1921年の住宅組合法がコーポラティブ法であるという解釈もある。

その後、コーポラティブ方式を提唱する建築家やコーディネーターによって多様なコープラティブ住宅が建設されているが、80年代までは主に関西で多く、都住創・ヘキサや延藤安弘など多様であった。事業スタイルとしては、比較的地道に時間をかけて進めてきたように思うが、90年代に入ると、首都圏で、都市デザインシステムやアーキネットなどシステム化されたデザイナーズハウジングとして、件数が増加してきたように思う。その意味では、いわゆるコーポラティブという言葉自体はあまり聞かなくなったが、そのシステムは新たな展開の時代にあるといえる。

○コレクティブタウン：まだ市民権を得ていないワードであるが、これら協働型ハウジングの要素を、まちに広げた概念である。筆者は、**「住まいとまちの間に所有から共用（利用）の概念を再構築し、地域の資源を活かして、緩やかにつながる選択可能な出会いの機会（居場所）で、複層的な地域関係資源ネットワークが確保できているまちの姿」**と定義した。

その地域や人が、比較的、困難な状況にあったとしても、居住者の住環境への働きかけによって、空間と人の相互関係が作用しながら、つなぎとめるコミュニティの姿であり、暫定と時間のデザイン、余白の（関与可能な）デザインでもあると考えている。軍艦アパートしかり、本書で紹介した事例もその実践の一つである。

協同型ハウジングの種類と特徴

	シェアハウス	コレクティブハウス	コーポラティブハウス
定義	複数の住人が個室を持ちながら、リビングやキッチンなどの共用スペースをシェアする住まい 住居：居室／トイレ・風呂 リビング共用	住居として完結。住人同士の交流を前提とし、食事やイベントなどを積極的に協同して行う住まい 住棟：住戸 トイレ 風呂有／トイレ・風呂 リビング・娯楽室 倉庫等の共用空間	希望者が組合を作り、協同しながら、住人自身が計画・建設・運営に関与し、個人住宅を所有 戸建共同：住戸／共用空間
住人関係	基本的に他人同士。友人	コミュニティ志向が強い	計画段階から関与する住人同士
契約形態	賃貸（個別契約が多い）	賃貸（中長期向け）	共同出資・所有
共用スペース	リビング・キッチンなど。テーマによって違いがある場合も	コモンと呼ばれるキッチン・リビング・イベントスペースや住宅の特性で充実	設計段階から決定可能。協同の度合いやテーマで決めることが可能
コミュニティの濃さ	ゆるいつながり。様々なテーマを設定したものが増えている	強い交流・助け合い。様々なテーマを設定したものが増えている。	適度なつながりを担保住民関係の状況が重要
定住性	短期	ステップとして活用するものや、定住を求める人など多様	高い
管理者	大家・民間事業者	事業者・組合	個人・組合
コスト	安価（光熱費等を分担）	中程度（共同購入で節約可）	高額だが分譲より安価

■事業タイプ：オーナー主導型／居住者主導型／仲介型／コーディネート型
■テーマによるシェア：趣味・課題・属性・志向／女性・若者・障害・被災／趣味・仕事・体験・健康など多種多様
■共用設備の充実：音響・景観・趣味…
■その他インセンティブ：家賃、コスト、設備・隣人関係の充実・外国人との交流・帰宅時の寂しさ緩和・多様なつながり…

15 インフォーマルを受けとめるもう一つの災害復興の形

2025年1月17日、阪神・淡路大震災の発災から30年。

当時、私は大学院生で、下宿していた西宮で地震に遭いました。部屋の家具はすべて真ん中に集まって山となり、その上に冷蔵庫の扉が乗っていました。横の住宅が倒れ掛かり、前の寺院は倒壊、国道43号線の阪神高速道路が崩れて観光バスが飛び出す光景がありました。また西宮には、酒蔵が多かったので、お酒の香りが町中に広がっていたことを思いだします。

発災後の被災地支援は、目の前の出来事に奔走する毎日でした。しかし、その経験があるからこそ、建築やまちづくりに関わるものとして、とくに深刻な社会問題を抱えたマイノリティ地域における、コミュニティやまちづくりのあり方に興味を持ち、現在もこの分野に関わり続けているといえます。本稿では、筆者が実際に関わった2つの被災地支援の実践を中心に紹介します。

15-1 阪神・淡路大震災のフォーマルとインフォーマル

大学が山側にあったため、そこからは被災した街がみえていました。日ごとに屋根にかかるブルーシートが目に付くようになり、自宅庭でテントを張る人などが増えていきます。時間が経つにつれて、コンテナハウスやプレハブの設置、DIYバラック、そして自力で家を再建する人も出てきました。

震災直後の主な活動は、学会による被災状況の調査と大学周辺の被災者支援でした。周辺の公園等で集まって避難されている方のところに伺って、聞き取りや物資支援などをしていました。家族を亡くした方へのヒアリングで気持ちが落ち込むなど、実態把握の重要性、被災者と共に寄り添う姿勢、自分は被災当事者なのか外部者なのか、など逡巡していたことを思い出します。

発災からほどなくして、自宅近くや公園などに集まってこの災害を乗り越えようとする人たちの姿がありました。一定の被災者が集まっていたところでは自衛隊のテントが、それ以外にも様々なテントやユニットが置かれていきます。

15-2 「テント村」という避難の場：誰も触れない世界[1]

避難所生活において、「公助」の限界を感じた人たちがいました。自分たちの命は自分たちで守らなければならないという思いが、テント村という「共助」の形を生むことになります。劣悪な「避難所」環境から逃れてきた人、物理的にも精神的にも災害から立ち上がるためには自宅そばにいたいと思う人など、未曽有の災害に立ち向かおうとする姿でもありました。しかしその場所は、公的に指定された避難所ではないために非公式避難所「テント村」と呼ばれていました。震災3か月後には、テント村は、神戸市6区に大小100か所以上ありました[2]。

本稿で筆者が伝えたいことは、「テント村」というインフォーマルな「共助」避難の形に注目し、未曽有の災害時に機能しない公的サービスを補い、その後の復興における持続可能なコミュニティ再生を担保する実践になるのではないかという点。そして、「災害救助法」停止後に、不法占拠者として多方面からの批判や軋轢が生じた、という事実から紐解く災害時のインフォーマルの視点です。

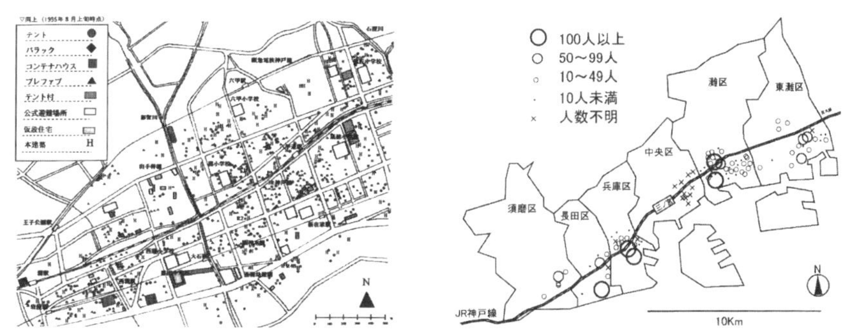

図15-2-1：（左）灘区六甲周辺避難場所（1995.8）[1]（右）神戸市テント村の位置と規模[3]

本稿では、特徴的な2か所のテント村を紹介します。全く異なる環境の中で多くの支援を受け、コミュニティを形成し、試行錯誤を繰り返しながら独自の居住環境を改善してきたテント村だと思います。

（1）本町公園テント村（0.85ha：兵庫区）

発災当初、本町公園には370名120世帯余りの人が避難していました。集会所

「憩いの家」の廊下や階段にいたるまで避難者であふれ、周辺道路には野宿や車中泊の人も多くいました。ほとんどは公園周辺住民で、自宅から離れたくないという意識から、学校避難所からこの公園へと避難してきた人達でした。

震災直後は、2つの町会が個別に配給をうけていましたが、過酷な状況が続いたことから、行政からの支援を受けやすいように名簿をつくって対応を求めました。自衛隊にもテント張営を要望し、避難者配給数はピーク時には1,600食を配給していました。多くのテント村が混乱している最中でしたが、2月を待たずに避難所として認定され、居住環境を改善していきます。こうして本町公園テント村は開村します。

当初から、この避難生活は長期化すると予測していたリーダーは、これまでのつながり（ネットワーク）を活かして支援を求めました。結果、日本キリスト教団からプレファブ（22戸）、カナディアンハウス（20戸）の提供を受けることになりました。その他にも多くの簡易住戸や生活施設が設置されますが、周辺に住んでいた大工さん達（テント村の村民）が協力して作り上げます。自衛隊のテントがユニットハウスに代わり、ランドリー、シャワールーム、パオの遊技場、舞台や焼却炉まで設置され、郵便物も届く「村」になりました。

図15-2-2：（左）公園内の支援されたバンガロー住宅（右）DIYのシャワールーム

梅雨、夏に向けてテントの環境は限界を迎えます。また仮設住宅は不足し、とくに市街地内の仮設住宅の必要性が高まっていた頃でした。他のテント村の環境が深刻化しているなか、村長は、他のテント村と連携し、居住環境の改善に奔走します。とくに8月の「災害救助法」停止後は、「避難者」でも「避難所」でもない、公園等の「不法占拠者」になったことで、行政への要求および対立を強めていくことになります。一方、地域の被災者支援の受皿になっていたものの、避難所や

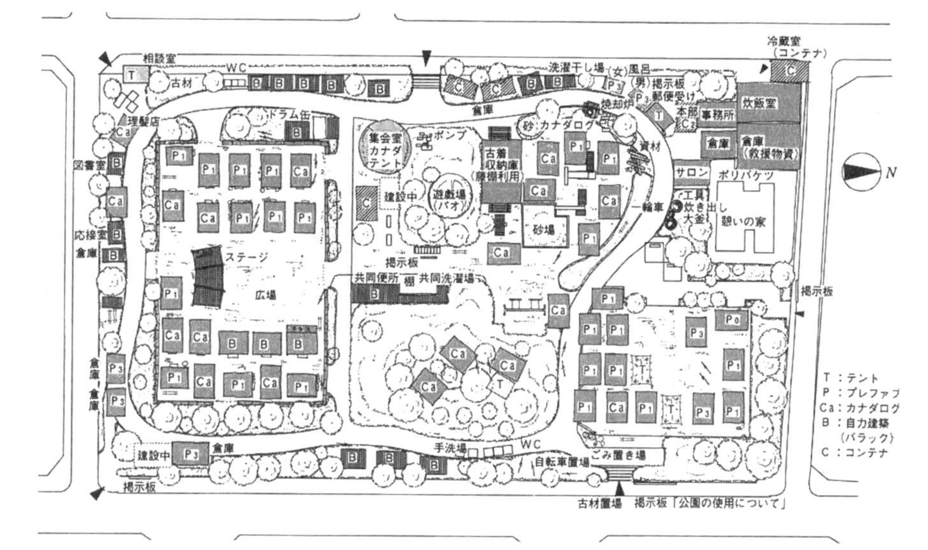

図 15-2-3：本町公園テント村状況図（1995.10）

仮設居住者で我慢する被災者や公園利用者からの批判を受けるようになります。

(2) 南駒栄公園テント村（約 3ha：長田区）

長田区は、町工場や木造住宅が密集する市街地であったことで、震災による火災被害が深刻なエリアでした。震災当初、公園西口に周辺の人々が避難していましたが、この公園は避難所として認識されていなかったことから物資も届いていませんでした。発災から 1 週間ほど経った頃、150 張りのテントが支援されたことを契機に、行政にテント張営許可を得ました。この時、数家族のベトナム人が避難していましたが、その後、口コミによって増えていきます。

このテント村にベトナム人が集住した理由は、①公園周辺に外国人労働者が多く生活していた、②恐怖心から、とにかく安全と思われる近くの公園を目指した、③情報収集と相互扶助のため（言葉の障壁が大きく、とりわけ、後の住まいの確保に関する情報の収集が重要であった）等があったといいます。

その後、報道等によって全国的に知られて以降は、多くのボランティアが入り、支援物資も届くようになりました。ただ、物資配給を巡って頻繁にトラブルが生じ、配給所は 3 か所（日本人・ベトナム人・公園周辺者用）に分け、2 月末頃には、公園南西端には日本人、公園北側から北西にかけてベトナム人によって住み分けられました（2月26日時点では、日本人114人／51世帯、ベトナム人149人／40世帯）。
3月にはいると、ベトナム人居住区で、テント改造・拡張が盛んになり、日本人居住区も呼応するように環境改善していきます。この自力仮設の村づくりを契機に日本人とベトナム人の交流が図られ、村の運営が本格化するようになります。

梅雨・夏を控える4月から6月は、多種多様な居住環境改善の動きが進みました。増築やテラスを作り、パレットを利用したキャットウォークや家庭菜園まで、その空間は変容していきます。その他、ボランティアや支援物資が集まった時期で、仮設公民館やバスルーム、大型コンテナ冷蔵庫などの共同施設も充実し、ボランティア拠点が併設されます。
このテント村の大きな特徴に、数多くの支援者やボランティアが集まったことがあります。彼らは資材援助、子ども支援（国際ボランティアによる遊び場づくり）、イベント支援など、テント村の居住環境整備やコミュニティの結束を促す活動を支援していました。
本格的な夏を迎える頃、行政から避難所の解消および配給停止が通達されます。
そして南駒栄公園への仮設住宅の建設と地下鉄工事の再開にともなう一部テント・バラック居住者への移転要請がありました。
仮設住宅建設にあたっては、“春までテント村を閉鎖させない”ことを条件に仮設住宅の建設が始まります。それに準じて公園西側に住んでいたベトナム人が他地域の仮設住宅や“紙管ハウス”に移り住むことになります。この“紙管ハウス”は、建築家の坂茂が計画した、低コストで自力建設可能な仮設で（隣接地の鷹取教会の仮設教会で使われた）、その教会からの支援で10戸設置されました。
村長はこれまでを振り返って言います。「ただの主婦が、ここまでできるとは思わんかった。この震災は、普通の人を大きく変えてくれる出来事やったと思う」「問題もあるけど、こんなに明るくて活気に溢れたテント村は他にはないと思うわ」「“違い”を理解して認め合うしかなかったね。それぞれ我慢しながらも云いたいことをいえる関係を作るしかないように思う」「なんでもきっちりと決めていく堅い関係ではなくて、緩やかな柔らかい関係を作ることが大切やね」。

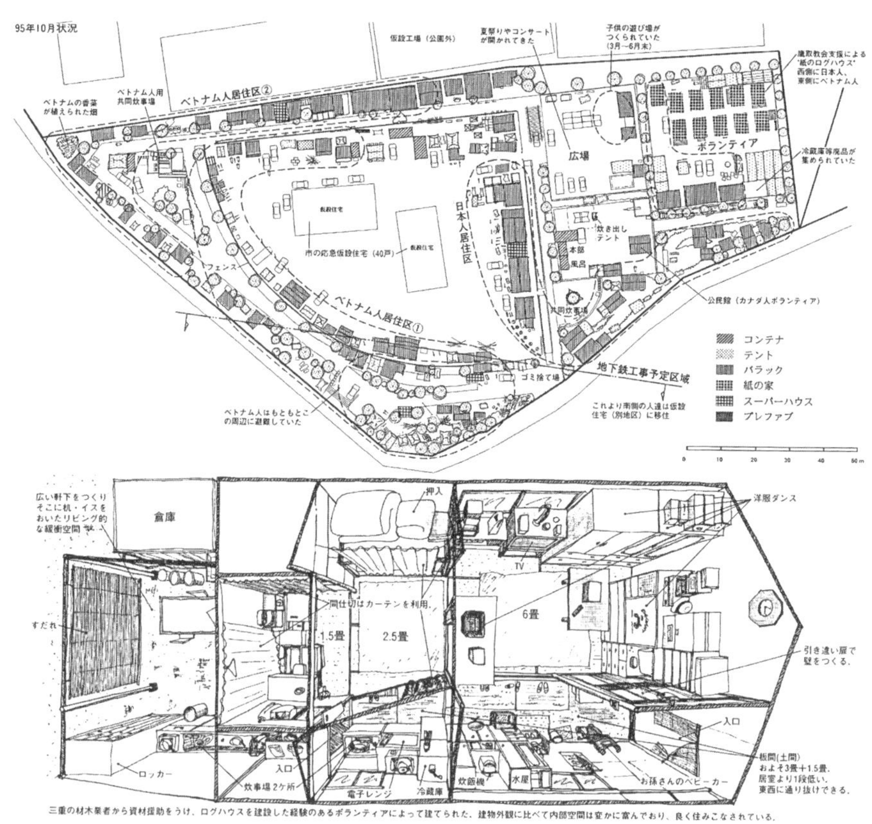

図 15-2-4：（上）南駒栄公園テント村の利用状況図（下）日本人の DIY 避難住宅（1995.10）

まちづくりにとって大切な言葉。身に染みるひと時でした。

（3）２つのテント村が語っていること

本町公園テント村は、震災以前より多くの市民運動に関わってきたリーダー夫妻によって形成され、その強力なリーダーシップのもとで居住環境を改善していった事例です。当然その視点は、常に社会への発信と行政責任の追及という、ある種わかりやすい運動の視点があり、彼らのネットワークを駆使しながら多くの支援が集まってきたように思います。人間が生活する上での基本的な権利「居住の権利」を訴える拠点として位置づけられていきます。「困窮する被災者の最後の一人がいなくなるまで」というリーダーの言葉がそのことを象徴しています。

南駒栄公園テント村は、“主婦” がテント村の成長と共にリーダーとして成長してきた事例です。公園の規模も大きく、様々な地域からの被災者が集まり、そのうえ外国人（ベトナム人）との共同生活という、異なる文化を持った人々によって構成されていることから、まとめるには相当の困難がともなったことでしょう。そこに、国際NGOなどの寄り添い方の支援者と協働していたことも重要でした。後に村長がいうように、居住者同志が衝突しながらも“違い”を理解して互いに認めあい、我慢しながらも言いたいことをいえる緩やかな関係を作っていったことが重要であったように思います。

一方、公園で独自に居住環境改善するということは、公共空間の占有という問題を合わせ持ちます。具体的には、都市公園法に抵触し、行政との間に、また住民や被災者間に軋礫を生み出しました（学校避難所でも同様の問題が起こります）。非常時において、都市公園法などの法律が「基本的人権」よりも優先されるか否かがその争点となっていました。

本町公園は、行政交渉を各避難所が個別で行うのではなく、自分たちの問題として取りまとめて交渉すべきだと周辺避難所へと呼びかけ、被災者ネットワーク（被災者連絡会）を作りました。具体的には、各テント村や避難所の実態調査を行い、現状認識（報告）と環境改善手法を共有し、そのデータを行政との交渉材料にしようというものでした。その甲斐があって、とくに災害救助法の停止にともなう食事供給中止および避難所解消、待機所の問題などに改善要求を求め、一定の譲歩を引き出していきます。

しかし、時間と共に、ネットワークを構成するメンバー間で、市との交渉スタンスの違いが明確になっていきました。全員交渉、座り込み行動などによって、行政に対して強硬な姿勢を取っていく運動手法についていけないテント村や避難所が出てきます。彼らはより現実的な路線を目指し、問題を指摘しながらも、建設的に行政との関係構築を進めたいというものでした。

また、行政をはじめ施策や災害マネジメントを担う人、学識者のなかには、「公園などのテント村は、被災者間で救援落差を生じさせ、行政に対するいたずらな悪感情を育成することともなり、復旧・復興の妨げともなった教訓を忘れてはならない」[4]という見解を示す流れもあり、これまで、ほとんど災害政策や施策に取り上げられてこなかった事象であるともいえます。

当時の筆者は、前述した旧避難所・待機所やテント村の被災者調査を支援していました。そして1996年6月にトルコのイスタンブールで開催される国連会議HABITAT2を契機に、被災地の現状を世界に提示し、また同様の課題を抱える世界の人々と共有することを目的に、神戸の被災者と支援者で構成する“The voice from Kobe”というチームとして訪土しました[5]。とくに、「居住の権利（the right to adequate housing）」[6]という国際規約に出会い、国際NGOであるHIC（Habitat International Coalition）[7]の招致やACHR（Asian Coalition for Housing Rights）[8]との交流に関わりました（現在は、ACHRのメンバー）。本書の第14・15・16章に挙げた実践の多くは、この経験が契機になっているといえます。

この時に出会った海外メンバーはこう言いました。「被災者の方々は、とても我慢強いですね。配給順もキチンと守るし、強盗も少ないようです。これは日本人の美徳ですね。私の国では暴動になりかねない。でもこれだけの災害時には、理不尽な事態を我慢するだけでなく、命と権利を守る行動も大切です。世界には社会システムが陥る理不尽と戦う多くの人がいることも知ってほしいです。」

わが国は、高度な社会システムによって究極にフォーマル化された「法治国家」。そのシステムや行政に対する責務と期待を寄せる国民的傾向がありますが、未曽有の事態に対する柔軟性に欠けることもあります。とくに現在の災害復興において、公助の限界、自助の意識化、共助の構築が重視されている今、同調圧力やスケープゴートなどのバイアスに陥らず、インフォーマルを受け止めるエンパワーメント型協働の形を検証する時機にあるように思います。

15-3 阪神・淡路大震災と東日本大震災の“間（あわい）”を埋めるデザイン

2011年3月11日、東日本大震災が発災しました。何かしなければならないと思う自分と、積極的に関われない自分がいました。その時2本の電話が、東北の被災地支援に関わる入口となりました。

(1) ケア付きコレクティブ住宅ストックバンク事業（大阪府豊中市）

「今、福島から子どもとお母さんをバスに乗せて関西に避難させるから家を探してほしい。」

福島からの電話は、神戸でテント村避難所の支援をしていたNGOメンバーからでした。原発事故に伴う放射能被害からの避難という危急を要する流れの中で被災地支援がはじました。すぐに知り合いの不動産関係者と連絡を取り、豊中市庄内の空き家を借りることになります。ただ、阪神・淡路大震災やACHRのスクウォッターエリアの再定住事業の経験から、「箱」（住宅）だけ用意されても生活再建につながらないという思いがありました。

そこで、被災地とつながりながら2拠点で「今後」を意識した生活総合支援付（就労・子育て等）の住まいを提供する取組みをはじめます。

平成24年度 震災等緊急雇用対応事業を活用し、「豊中市における被災者等の共同生活型就労支援モデル事業」として、コミュニティマネジメント協会（CMA）[9]、豊中パーソナル・サポートセンター（TPS）、CASEまちづくり研究所、そして筆者の研究室の4主体で取組むことになりました。

事業内容は、①生活総合相談機能付就労事業：期間限定の就労事業（講座・研修）、②文化住宅ストックバンク事業：地域で問題化していた密集市街地の「空き家」を活用、③住棟活用型コレクティブ住宅事業：住棟の空き住戸をコモンスペースとして活用して住棟全体をコレクティブ住宅にするステップハウス、④被災地（福島市・岩手大槌町）と受け入れ地域（豊中市）の連携拠点整備、という4つの柱からなる事業を展開しました（**図15-3-1**）。

事業を始めたところ、福島からの被災者よりも早く、内縁の夫のDVから逃れてきたフィリピン籍の乳幼児を抱えたシングルマザーが入居することになりました。制度的にどこにも行くところがない緊急事態のなかで、ここにたどり着きました。その意味では「シェルター」の機能も果たしたといえます。

興味深かったのは、まわりの一人暮らしの高齢者の方々が、こぞってこの乳幼児の相手をするために集まります。考えてみれば、彼女たちは子育て経験者で専門家でした。一気にこの場所が、文化住宅エリア（5棟）の集会所兼託児所となります。母親は日本語があまり話せませんでしたが、英語と大阪弁で成り立つコミュニケーションも全く問題にならなかったことに驚いたことを思い出します。そして近くの看護師さんや塾を運営するNPOさんとも連携したことで、高齢者のまちかど保健室、子どもの寺子屋にもなっていきました。

結果的に、DVを受けた外国人母子世帯シェルター（1世帯）、被災地からの緊急避難世帯（6世帯）が利用しました。就労訓練を受けながら仕事探しと次の住まいを見つける暫定的な居場所になりました。ただ、思い返すと、彼らが抱える「負担」の大きさは想像を超えていました。原発差別もありました。故郷にいる人たちとの関係や夫婦間のトラブルもありました。精神的な病を発症する人も少なくなく、支援する側も影響を受けてしまいました（外部被災者）。

とはいえ、この場所は「話相手がいる」だけでもよかったかもしれません。全国に散らばって避難する避難者の苦労は容易に推察できました。

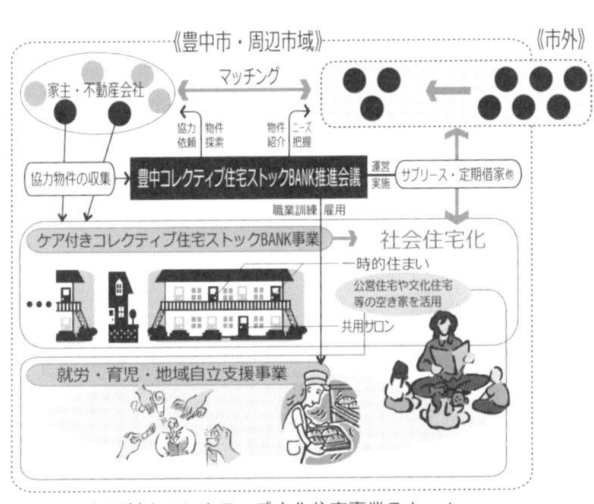

ケア付きコレクティブ文化住宅事業スキーム

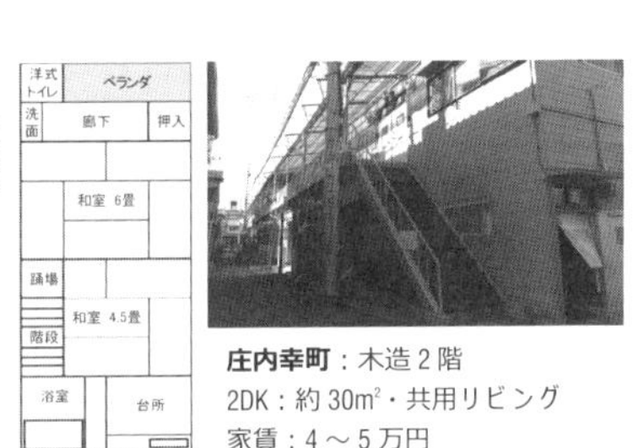

庄内幸町：木造2階
2DK：約30m²・共用リビング
家賃：4～5万円

国人母子の乳児に集まる居住者

看護師さんの協力で
実現した保健室

塾・寺子屋（NPO法人）

コモン住戸の被災者交流の様子

図15-3-1：事業スキームと利用の様子（右上）平面図と施設概要

(2) 大槌健康サポートセンター（恒久移行型仮設）事業（岩手県大槌町）

「鍼灸院を再開したい。仮設には居場所がなく泣けない女性も多い。施術中に涙があふれ出てくるの。すべて決まるまでどこにも建てられないなんて……」

2011年5月。筆者と日本福祉大学の穂坂教授が被災地仙台の食堂にいました。そこにかかってきた電話。社会人大学院生でNGOとして被災地支援に関わっているYさんからでした。5月に大槌町の仮設住宅を訪問。鍼灸師S氏と打ち合わせ。(当時彼女はNGO-AMDAの緊急救援を受けて避難所や仮設住宅で被災者に対して施術されていました。)これまでの災害時の避難プロセスや仮設住宅にみられる単線的で継承性のないシステムに課題を感じていたことから、環境移行や居住継承を担保する仕掛けとして提案したのが、「恒久移行型仮設」です（図15-3-4）。

本事業は、NGOであるAMDAによる被災地での資金援助および拠点運営支援の一環で行われました。特徴は、鍼灸院クリニックと地域サロンを掛け合わせた

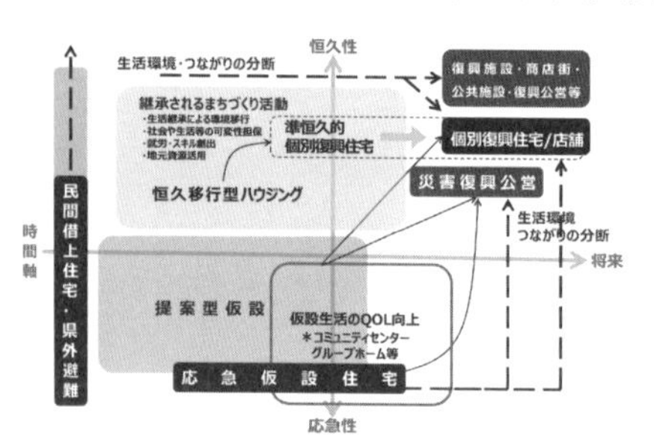

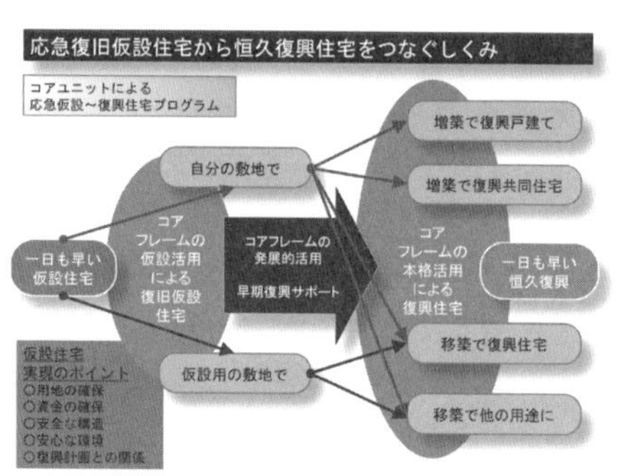

図15-3-2：恒久移行型仮設の位置づけ

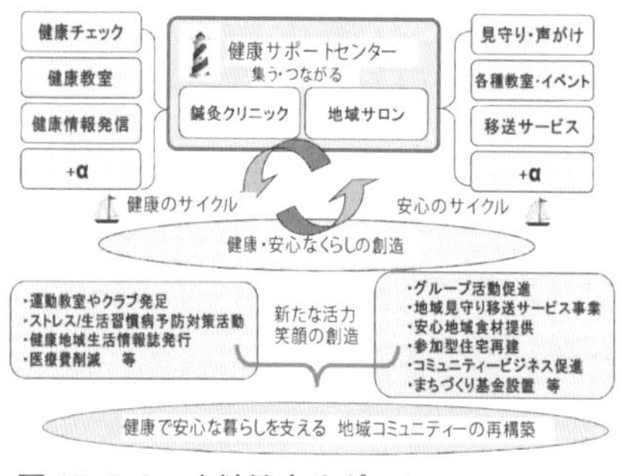

図15-3-3：大槌健康サポートセンター事業関係図

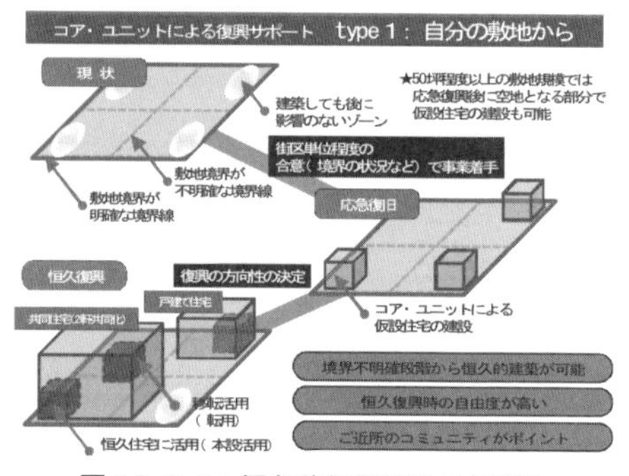

図15-3-4：恒久移行型仮設の仕組み

居場所事業です。とくに男性にとって、交流スペースに直接行くことを避ける傾向があるためにワンクッションおいた（ここでは鍼灸の）「ついで型居場所」でもあります。また、当時、仮設住宅建設に大手資本（業者）が入ることで、地元にお金が落ちない事態も見られたことから、被災地の人々が関わる機会（事業後も持続的に）をいかに増やすかを検討しました。

建設は、まちの建築組合（大槌町建成組合）の方と話し合って、敷地に隣接した建設会社と鉄工所の協力を得て施工することになりました（新日鉄釜石のまちが隣接していたことから、鉄鋼フレームにしました）。建築施工、上棟の準備、そして運営、移転後の事業まで、多くの場面で、町の方々に協力いただきました。

計画は、2つの鉄骨ユニット（9.58m²/unit）をL字に配置。1つが地域サロン、もう一つが鍼灸院となっています。ジョイント部分には、バイオトイレを配置して、下水の負担を軽くしています。完成時には、仮設住宅の方も集まり、大いに盛り上がりました。鍼灸院も再開し、地域サロンも活用されていたようです（**図15-3-6**）。

初めての試みであったために課題も多かったことと思いますが、その都度乗り越えられた、SさんやAMDAの敬意を表したいと思います。2023年1月にリニューアルOPEN。新たな敷地に自宅と鍼灸院は新築再建され、このユニットは地域サロンとして継続的に活用していただいています。その年ゼミ生と再訪問。Sさんと再会し、想いを持って大切に使っていただいている姿をみて、感慨深いひと時でした。

図15-3-5：（左）棟上式用のお餅を作る地域の人たち（右）開所式イベントの様子

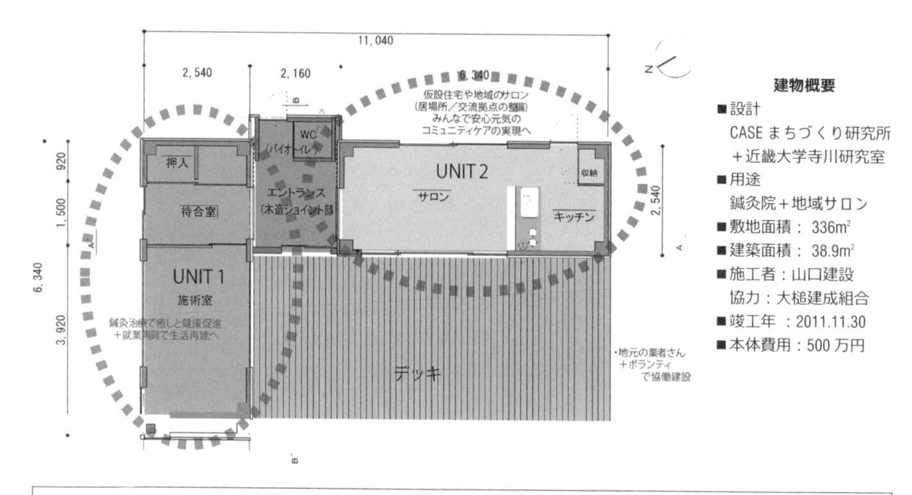

「大槌健康サポートセンター（恒久移行型仮設）」の特徴

①可変性・移動性・地域性を高めるために、トラックで移送可能な限界値大の鉄骨スケルトンフレームで構成。
②ワークショップ等で抽出されたニーズを受けて建築組合（大槌町建成組合）等が施工。
③安価・簡便・汎用性を追求する工業製品としての規格ユニット化を目指さず、ユニットサイズのみ決定し、事業性を担保した地元仕様のユニットの可能性を追求。
④鍼灸師の生活再建を兼ねた健康サポート事業と仮設内外の被災者の交流・居場所サロンという２つの機能を持つ鉄骨ユニットをＬ字配置して木造ユニットでジョイントし、デッキで各ユニットを外部よりつなぐことで相互交流を図る。
⑤ユニットを地域「財」として運用する地域マネジメント事業。（実現せず）

図 15-3-6：恒久移行型仮設の仕組み

15-4 気仙沼南町商店街再生　復興計画策定支援

岩手県大槌町のプロジェクトで現地にいた時に、ある会議で紹介されたのがＡさん。彼は、気仙沼市の仮設商店街のリーダーでした。

阪神・淡路大震災被災地長田区の再開発地区に訪れた際に、先進事例視察のつもりが、課題多き再開発事業（商店街再生）の実態を聞いてショックであったといいます。また現在、気仙沼市でも商店街の再生にむけて、住民自身が主体的になって商店街の再生を進めたいが、行政との調整が難しいので支援してほしいという話を受けました。そして、当事者が参画した商店街再生事業に参画することになり、研究室としては事業支援および事業検証の立場で参画することになりました。事業委託は、阪神・淡路大震災時の復興事業に活躍したコー・プランが事業コーディネーターを、そして設計はCASE まちづくり研究所が担うことになりました。

(1) 生活再建の間を埋める「仮設商店街」

まず、インタビューをもとに発災後から事業に至るまでの経緯を振り返っておきます。発災後、町が津波で流され、南町の自治会や青年会が中心となり高台の紫会館での避難所生活が始まります。ある日、若い店主を中心に商売をしようと提案し、コロッケ屋、下着屋の2店舗を運営したところ大繁盛。それが契機となって、もと商店主たちが追従し、「青空市」は4月には12店舗に増えます。

この活動を契機に中小機構の「仮設施設整備事業・仮設施設有効活用等支援事業」[11]を活用し、2011年12月24日に当時最大規模の仮設商店街「気仙沼復興商店街南町紫市場」がオープンしました（1,517m²、軽量鉄骨造1階・2階建て60店舗）。

何度も報道されたこともあって有名な仮設商店街となり、全国から多くの応援者が訪れる活気のある商店街になりました（家賃は6坪7,500円、12坪12,000円）。そして、区画整理事業が開始決定されたことを受け、2017年4月30日に閉鎖されました。しかし、整備区域によっては仮設から本設への移設でタイムラグが生まれてしまうことで、事業の継続性が担保されない状況が生まれました。

図 15-4-1：仮設商店街「紫市場」

(2)「防潮堤」の是非

内湾地区では「防潮堤」のあり方が重要なテーマになります（コラム参照）。海に面した魚町と南町の住民が中心となって市と防潮堤の検討会が行われています。そして、防潮堤があると海が見えない、海風が来ないという意見などによって防波堤計画の意見がなかなかまとまりませんでした。

しかし、インフラや道路整備、生活再建事業は防潮堤計画と連動しているために、防潮堤の高さが決まらない限り災害危険区域が定められず、内湾エリアの事業が進まない事態になります。時間をかけて検討すべきだという地域と、早く復興都市計画事業を推進させてほしいという地域もありました。

結果的に、検討時のコンペで採用されたのは「浮上式防潮堤」でしたが、予算の関係で最終的には、「フラップゲート式」（津波を受けると浮力でそれが上がる方式）を採用。南町は防潮堤の上にデッキを被せてなだらかな斜面を作って直接防潮堤のコンクリートが見えないウォーターフロント整備が行われることになります。最終的に、防潮堤計画の住民合意が得られたのは2014年2月。発災から約3年が経過していました。

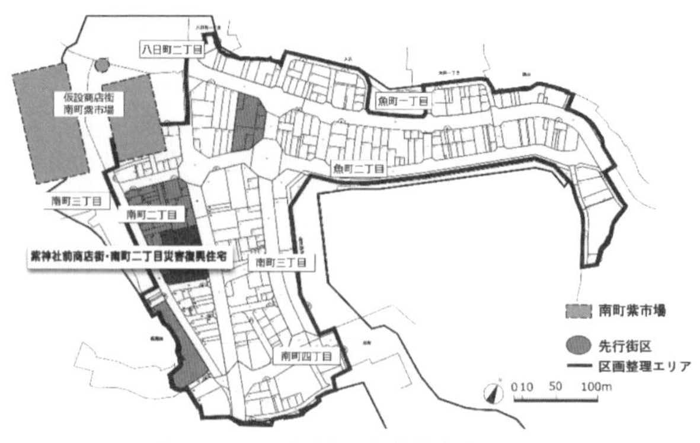

図 15-4-2：気仙沼内湾築事業エリア

(3) 南町紫神社前商店街（災害公営住宅併設）の再生（以下、紫神社前商店街）

筆者は、2013年の業務委託直後の基本構想時点に参加しました。商店街の皆さんは、神戸市長田区の再開発を教訓に当事者主体のワークショップを開催。会議には約40人が参加。彼らは、震災直後に紫神社にみんなで避難した仲間という感覚を大切に、信頼関係を大事にしてプロジェクトを進めたいという思いがありました。この頃は、事業方針等も具体的に見えないなかで、ざっくばらんに見える化する作業から入ります。商店街を街路のように整備し、真中の広場に誘導する計画にしよう、という方向性が提案されました。

図 15-4-3：初期プラン（1 次案）のワークショップの様子

(4) 災害復興住宅と居場所の距離のデザイン

この事業は、商店街と災害復興住宅の共同化事業である点が特徴です。ここでは、復興住宅の計画について触れておきます。建物概要は、5階建24戸、1階は商店街とシェアする集会室、2階には住戸と商店街がつながるコモンズを配置しました。この計画では、ある仮設住宅の女性役員の方のヒアリングの気づきから、「居場所の距離」を意識したデザインを心掛けることになりました。

その役員さんは、仮設住宅居住者の信頼も厚いまとめ役でした。避難所の生活と復興住宅に対するニーズを伺うヒアリング調査の最後につぶやきました。「私には、子どもと孫がいたんだけど、流されちゃったの。役員をしているから、多くの人とつながって頑張っているけど、ずっとどこかで気持ちを整理している感じなのよ。子ども連れのお母さんが集まっているところには、まだいけないんだねぇ。その時の気持ちで少し離れたところから見る場所があればねぇ。少しずつ変わるかもねぇ」という話でした。我々は、「つながる場」を当たり前のように設置しがちですが、強制される居場所が生む負担に気づかされた瞬間でした。そこで、住戸のリビングを廊下側にしつらえ、廊下からイベント広場がみえるようにしつつ、2階にも小さなコモンを設けるなど、住民の気持ちに応じて選択可能な「居場所」を計画しました（規程上全住戸ではありません）。

■ 建物名称：	紫・MURASAKI（災害公営住宅：市営南町二丁目住宅）
■ 事業名：	南町二丁目地区共同化事業
■ 所在地：	宮城県気仙沼市南町二丁目4番10号・19号
■ 主要用途：	共同店舗（24区画）、災害公営住宅(24戸)、多目的集会室、広場等
■ 事業施行者等：	南町二丁目地区共同化建設組合
■ 建築概要：	地域地区：商業地域、準防火地域 敷地面積：2,693.00㎡　建築面積：1,405.49㎡　延床面積：3,273.47㎡ 構造規模：鉄骨造一部RC造、地上5階 高さ17.8m□ 工事期間：平成28年5月～平成29年4月

■コーディネート：	コー・プラン
■ 事業計画：	CASEまちづくり研究所
■ 設計・監理：	CASEまちづくり研究所
■ 施工者：	松井建設　東北支店

図 15-4-4：建築概要・竣工写真

(5) 将来への展望：復興商店街再生事業からみえる課題整理

竣工から6年後、ゼミ生たちと東北の被災地を訪れ、気仙沼の人たちとも再会し、改めてこの事業に関して、専門家チーム、行政、商店街の方など、各事業主体の方々から成果と課題を伺うことができましたので、本稿では、今後の復興まちづくりのためにも、表出した課題を報告しておきたいと思います。

①合意と主体形成と時間バランスのミスマッチ

まず、「住民の合意形成やボトムアップ型協議が重要であるが、かける時間のバランスに課題があった」と指摘しています。集まった商店主の方々は、これまでのコミュニティおよび被災後の信頼関係を大事にすることを最優先し、事業の進め方として「自由参加型」の「全員合意」の手法を取りました。これは、とても大切な姿勢だと思います。ただ実際は、参加者の事業に対する主体者性が薄れる場面も表出し、事業から抜けていくメンバーが増えていったようです。

この点について専門家チームは、彼らの想いを受けて協議会を設置せずに事業を進めていたようですが、目標の共有と、緩やかながらも主体性・当事者性を構築することが必要で、また個々の資金や生活が直結するリアルな事業を進めるためにも「協議会」の設置を強く勧めるべきではなかったかと振り返ります。

最終的には参加者に「加入合意書」を書いてもらい、ペナルティも設定したようですが、その時すでに、多くの人が抜けた後だったといいます。当初集まった60軒の商店は最終的には24軒になりました。

抜けた理由には、事業が長引いている間に動く物件シフト（周辺に完成した民間商業施設ビルやウォーターフロントエリアの店舗、駅前の土地が売り出されたことなど）と事業に伴う家賃やローン負担の厳しさ（仮設商店街の家賃イメージが強かったようです）などによる気持ちの変化があったといいます。

②複雑な事業制度と意思疎通のミスマッチ

本事業は、多様な制度を合わせた事業であることから、その内容や手法が非常に複雑になりました。とくに計画規模が大きくなって事業費が増大したことや、融資条件の変更など、金融機関も含めて事例（経験）が少なく、かつ柔軟性のない制度設計から、その手続きに大幅な時間がかかったとしています。

また、基本的な事業スキーム構築時には、事業に明るい事業コンサルタントと、他県から出向していた専門職の行政職員がこの事業を差配していました。今回の専門家チームが参画する頃に、その事業担当者が帰還していたことから生じた、事業推進上の外部支援者との引継ぎを課題に挙げています。

とくに本事業は、土地区画整理事業に伴う、商店街再生と災害公営住宅整備事業であり、「中小企業等グループ施設等復旧整備補助金」[11]（以下、グループ補助金）と「優良建築物等整備事業」[12]（以下、優建）を活用した大規模で複雑な事業でした。また、建設費が高騰し、かつ商店主の高齢化によって、事業から撤退する人が増えて難航します。事業主体として合同会社を立ち上げますが、融資獲得にも苦戦し、別項目で補助金申請することで補助率を上げたものの、それによって業種変更が難しくなり、事業継承に課題が生じたことを挙げています。

実際、事業スキーム構築の際に、土地等の権利を持たないテナントが集まっていたことから、グループ補助金と優建の補助金をかけることで「事業参画しやすいスキーム」を作りました。しかし、区画整理事業の遅れによって建設予定地の敷地形状が決まらないために「合意形成」ができずに、また優建を利用して建物を堅牢にしなければならなかったことも事業の足かせになったといいます。

一方、商店街関係者は、復興事業の長期化で住民がいないなかで、事業希望者の意向が変化したことや、事業の難しさについていけなかったことをあげています。また、補助金を使うとその制約によって事業規模が大きくなり、負担が増えていく仕組みに違和感を覚えているようでした。そして、当初思い描いていたような「古き良きものは残し、昔のような路地っぽい商店街になってほしい」という感想が出ています。

③周辺事業との連携

このエリアは、災害復興住宅の整備を急ぐこともあって区画整理事業における「先行街区」として事業が進みましたが、結果的に防潮堤の整備や、周辺の「一般街区」の整備方針の決定を待たなければならない部分もありました。また、全体計画（内湾エリアのマスタープラン）との整合性の担保に課題が残りました。現在は、内湾地域ウォーターフロントエリア[13·14]の整備が終わり、魅力的な空間として観光客も増加し始めているなかで、改めて内湾全体のまちづくり連携を具体化できる段階に来たように思います。

(6) 復興まちづくりの時間のデザイン

結果として、本事業でみられた「急いだこと」「急がされたこと」「待たねばならなかったこと」「遅れたこと」にあるタイムラグをどう埋めていくのかが重要だと考えます。とくにこの事業では、「トップダウン」と「ボトムアップ」の双方が持っている限界が表出した、といってよいかもしれません。

現在、柔軟性のない制度の問題がクローズアップされています。申請の煩雑さ、複雑さはもとより、条件設定が固定化しすぎて使いにくい制度も多く、その制度の「枠組」に無理に入れ込んだことで生まれる齟齬に悩む現場の声もよく聞きます。税金を使うのですから厳しい視線は必要ですが、現場に応じて柔軟に対応可能な制度設計が必要ではないかと考えます（グループ補助金に関しては、返済できずに倒産または返済を先延ばししている団体の増加が問題となっています）。

経験上、柔軟に対応可能な制度等も多いように思いますが、それを止めている(思考停止している)ボトルネックは、国？県？市町村？もしくは担当者レベルの話？ または、地元でしょうか。いずれにせよ各主体の意思疎通を潤滑にし、制度を有効に使いこなせる（使いやすい）柔軟性のある仕組みが必要だといえます。

一方で、単に時間をかけたら良くなるというものではないのも事実です。筆者は、これからの復興まちづくりにおいては、①共有できる大枠の方針やビジョンを決めるところからはじめ、②参加者の主体性を育む環境（体制）づくりを図りながら、③決定事項とネクストターゲットを見える化し、④多様なプレイヤーを巻き込むような、アジャイル型のまちづくりが大切だと考えています。

A さんは、とにかく町に人が戻ってきていないのが、活性化が進まない最大の問題だと心配しています。この地に人が戻り始めた今、「南町紫市場」でみた力強いエネルギーと、皆さんから溢れるやさしさは、今から始まる「内湾地域のまちづくり」にとって、なくてはならない魅力になるだろうと確信しています。

“防潮堤”の是非

2013年、村井嘉浩宮城県知事は**「津波が来た時に命を救うため、頑なにこだわりたい」と防潮堤建設を強く推進しつつ、「財源との闘いだった」**と述べた。

○防潮堤の是非をめぐる議論

漁業や観光業に携わる人々からは「海が見えないのはあり得ない」「景観や文化が失われる」といった反対意見がある。

一方で、「家族を失った者の気持ちを考え、強靭な防潮堤を作るべき」「津波は再発するため、頑丈な防潮堤は必要」という賛成意見も多い。

また、「被災者の声が反映されず、建設が進められている」「防潮堤建設よりも避難計画や移住に予算を使うべき」という意見もある。

○学術的視点ではどうか。

『東日本大震災の復興状況に関する調査事業報告書』(2017)は、「報道では批判的だが、計画の規模は妥当」と評価。2014年の論文では、約6割が「従来通りの高さがよい」とし、安全確保を重視する肯定派(80%)に対し、否定派の理由は環境景観(35%)、合意形成(25%)など多様だった。

2021年、土木学会は「防潮堤の費用便益分析」を提言。L1津波(数十年に1回)は防潮堤で防ぎ、L2津波(最大クラス)は避難を軸にする方針へと転換が進んでいる。

○「防潮堤のないまちづくり」

女川町や気仙沼市では、高台移転を前提に防潮堤を作らない選択をした。ただし、高台移転後の跡地の約3割が未活用という課題も残る。

さらに、防潮堤の“高さ”以上に、「どのように合意形成を進めたか」が問われている。津波被害の記憶が新しい時期と時間が経過した後では、住民意識も変化する。

ある調査では、議論の進行につれて「従来通りの高さがよい」という意見が増えたという。防潮堤の議論は、防災のあり方だけでなく、住民の声をどう政策に反映させるかという民主的プロセスの問題である。

全長432kmに及ぶ「壁」の是非、あなたはどう考えるだろうか？

1. 防潮堤高の決め方、見直しを提言「巨大化」批判を反省、朝日新聞、2021.9.12
2. 防潮堤「功罪」、能登へ教訓　避難の意識浸透、ハード・ソフト両面強化、産経新聞、2024.3.10

*「新聞記事に見る防潮堤問題の論点整理─岩手日報2011年3月から2014年3月の記事を手がかりとして─」坂口奈央『総合政策』第16巻第1号、2011

16 えこひいきから始まった「西成特区構想」の挑戦

「西成区が変われば大阪が変わる。西成をえこひいきします！」

「西成特区構想」は、2012年当時の橋下徹市長の宣言が契機となってはじまります。筆者は特区構想の有識者として、これまで数多くの専門部会やエリアマネジメント会議に参加してきました。とくに2015年に設置された「あいりん地域まちづくり会議」[1]は、2024年までに17回開催され、第5回会議（2016年7月26日）以降座長を務めて8年が経過します。これまで、橋下・吉村・松井・横山の大阪市長・大阪府知事各4代に、西成特区構想のビジョンを提言してきました。行政の基本的なスタンスとしては、「地域からのボトムアップによる施策展開」を標榜していますが、一朝一夕にはいかない、いくつもの山を越えてきた経緯がありました。大きな山（16-8参照）を越えた今、デリケートな課題もあったことで、これまで公に発信することを避けてきたのですが、この場を借りて、筆者自身を振り返る機会にもしたいと思います。

16-1 このまちのこと

1922年の町名変更以降「釜ヶ崎」という地名はないのですが、この通称は現在も使われており（「釜（かま）」ともいわれる）、あいりん地区（地域）や萩之茶屋地域とも呼ばれています（**図16-1-2**）、地区は800m四方、面積は0.62km²です。

1897年の大阪市第1次市域拡張の際に、現在のJR環状線以北が大阪市へ編入されます。翌年1898年に「宿屋取締規則」が施行されたことで大阪市域における木賃宿の営業が禁止されました。ちょうど、1903年に内国勧業博覧会があった頃で、開発にともなう木賃宿の立ち退き後の移転地として現在のエリアが受け止めたといえます。その後の大阪市第2次市域拡張（1925年）の際に大阪市に編入されました。

関東大震災後、「大大阪時代」と呼ばれた1929年、全国最大規模の長町スラム改善の一環として、日本初の不良住宅地区改良事業による鉄筋コンクリート造の集合住宅団地「大阪市営今宮住宅」が竣工しました（前述のコラムの軍艦アパートの一つです）。

しかしその後の昭和恐慌と第二次世界大戦によって大阪が焼け野原になった釜ヶ崎には、バラックや簡易宿泊所（通称ドヤ）などが建てられ、日雇いや屑拾いのような仕事に従事する貧しい人たちが生活していました。

高度経済成長期には、簡易宿泊所も整備され、労働者も急増します。安価な労働力をこの地域に集める国策があったことで、全国各地から釜ヶ崎に労働者が流入し、単身男性労働者のまちへと変貌していきました。わが国の発展を底辺から支えていたことを特筆しておきたいと思います。

このまちを想起させる「暴動」のイメージは、1961年の釜ヶ崎暴動以降、2008年までに24回にわたって繰り返されたことが大きいと思います。この背景には、資本に搾取され、暴力団絡みの雇用主からの暴力にさらされ続け、人間扱いをされない日雇い労働者たちの不満や鬱積が爆発したものだといわれています。

1966年6月15日、この暴動に危機感を持った大阪府・大阪府警・大阪市は「あいりん地区対策三者連絡協議会」を設立し、暴動や貧困のイメージがついた「釜ヶ崎」という名称を「愛隣地区」と呼ぶようになります（この経緯から行政によってつくられた名称「あいりん」を使わない当事者や支援団体が多いといわれています）。

そして、釜ヶ崎対策として1970年に「あいりん総合センター」（**図16-1-1**）が設置されました（70年大阪万博の時期）。このセンターには、「あいりん労働公共職業安定所」（国）、「大阪社会医療センター」（大阪市）、職業紹介や労働相談を担う「西成労働福祉センター」（大阪府）の3機関、上層階に「市営新今宮住宅」（大阪市）が合築されました。本稿で扱う特区構想では、このセンター建替えに伴う検討が重要なテーマになっています。

1980年代後半、日本は好景気に沸きます。そして建設ラッシュによる労働者の日当は過去最高値を更新し続けました。しかし、1991年のバブル崩壊にともなって戦後最悪の大不況時代を迎えます。そしてホームレスが急増し、社会問題化したのもこの時期です。大阪市による実態調査（1998 年）では、市内に 8,664 人のホームレスを確認、西成区をトップに市内5区に集中している状態にありました[2]。また、厚労省による全国調査（2003 年）では全国に 2.5 万人がホームレス状態にあり、大阪が最も多い 7,757 人でした。また当時、萩之茶屋地域の人口密度が 3 万 8,280 人 /km^2 という、大阪市の 3.25 倍と高い数値にありました。これらの実態調査は、国による『ホームレスの自立の支援等に関する特別措置法』[3]（2002.8）の公布・施行に導く転換点であったといえます。

一方、支援者らは、就労機会の確保、寝場所の確保を行政に訴え、反失業闘争を展開します。1990 年代から、高齢日雇い労働者向けの就労対策事業、高齢者特別清掃事業やホームレス対策事業であるシェルターを獲得。これらの事業を運営する「NPO 法人釜ヶ崎支援機構」[4] も設立。地域の中心的な労働者支援団体として機能しています。労働者の街が、福祉の街へと変化したのもこの時期です。それに呼応するように、地域の簡易宿泊所などの住まいの福祉化も進みました。

現在、多くの関係団体等がこの地域に集まっています（**図 16-1-2**）。

建設直後の利用の様子

建物概要	竣　工	1970 年 10 月 1 日
	事業手法	都市再開発事業モデル・住宅地区改良事業
	建物概要	地下 1 階 地上 13 階 RC 造／敷地面積 6,357.5m^2 建築面積 4,989.6m^2／延床面積 23,267.4m^2
	設　計	東畑建築事務所
	施　工	奥村組
施設概要	労働施設	1・3 階：寄場・あいりん職安・西成労働福祉センター 福祉施設として、シャワールーム・ランドリー・食堂 理髪室・喫茶室・ロッカー室ほか 4 階：あいりん職安・西成労働福祉センター
	病　院	（1 ～ 5 階）8 科　100 床
	住　宅	（5 ～ 13 階）177 戸（4 階屋上人工地盤に広場）

建物模型〔愛隣総合センターパンフレットより〕

萩之茶屋第1住宅（大阪市）　5階～13階
大阪社会医療センター（大阪市）
あいりん職安（国）　西成労働福祉センター（大阪府）　4階
あいりん職安（国）　寄場（雇用促進事業団）　寄場（大阪府）　西成労働福祉センター（大阪府）　3階
寄場（雇用促進事業団）
※日雇労働者就職援護施設（売店、食堂、理髪店、ロッカールーム）　1階
シャワー室（雇用促進事業団）　地下1階

	大阪市	大阪府	雇用促進事業団（雇用能力開発機構）	国	合計
専有部分面積（㎡）	12,429.10㎡	3,509.11㎡	6,368.22㎡	657.37㎡	22,963.8㎡
共有部分面積（㎡）	151.80㎡	50.57㎡	91.76㎡	9.47㎡	303.6㎡
合計	12,580.90㎡	3,559.68㎡	6,459.98㎡	666.84㎡	23,267.4㎡
面積割合	54.07%	15.30%	27.76%	2.87%	
			機構廃止（H23.10）⇒国の普通財産へ	行政財産	

管理概要図〔大阪市資料〕

図 16-1-1：あいりん総合センター

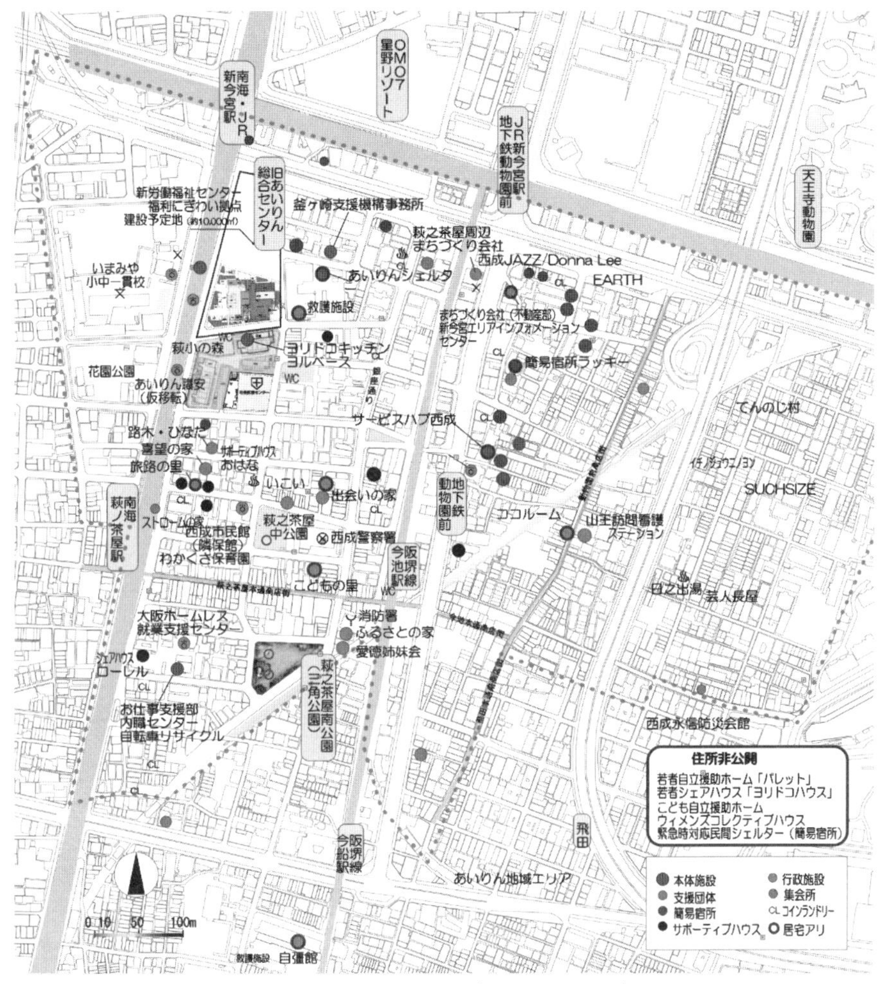

図 16-1-2：あいりん地区および周辺地域図及び関連施設

地域住民属性の変遷については、1950 年代の男女比はほとんど変わらず、子どものいる世帯も多かったといわれています。しかし 1960 年代に入ると、「寄せ場」機能の拡大と、治安衛生面の悪化、1960 年代後半の家族世帯の地区外公営住宅への移転施策によって男性のまちへと変化しました。

現在、「西成労働福祉センター」[5] が仲介した日雇（現金日払）求人数は、延べ約 17 万人（2022 年度）で、バブル期（1989 年度）の十分の一に満たない求人数に激減、3万人超だった人口も2020年には2万人に減少、平均年齢は60.3歳で、65歳以上が占める高齢化率も4割を超えています。平均寿命については、男性73.2歳（全国平均81.5歳）と西成区が全国で最も短命で、生活保護受給率は4割を超えています。また、2003年時点で全国に25,296人いたホームレスは2025年には2,820人に、大阪市では1999年ピーク時の8,660人から856人に減少しました[6]。西成区でも、2016年時点の656人が2022年には352人（シェルター等利用者含む）に減少しています。

一方、簡易宿泊所や特区民泊の施設数は、近年増加傾向にあります。2025年1月末時点で、住宅宿泊業が123棟、特区民泊が1,459棟、旅館等は173棟の合計1,755棟あります。西成区は、大阪市24区中最も多く、中央区、浪速区と続きます[7]。また、コロナ禍で一時的に減少したものの、2023年から再び増加傾向にあり、コロナ以前の状況を超えてインバウンド需要が高まっています。

その他、外国人市民が、2024年12月末時点で1万5,170人と、5年前に比べて約6割増で、現在大阪市で2番目に多い状況にあるなど、これからのまちづくりにおいて、多文化共生のまちづくりが求められていくことでしょう[8]。

筆者は、このまちは歴史的にも、旅人の街であり、流民の街というアジールの様相をもちつつ、新たな時代の交流や関係、対流と定住の「間（あわい）」を受け止める、オルタナティブな住まいやまちになる可能性があると感じています。

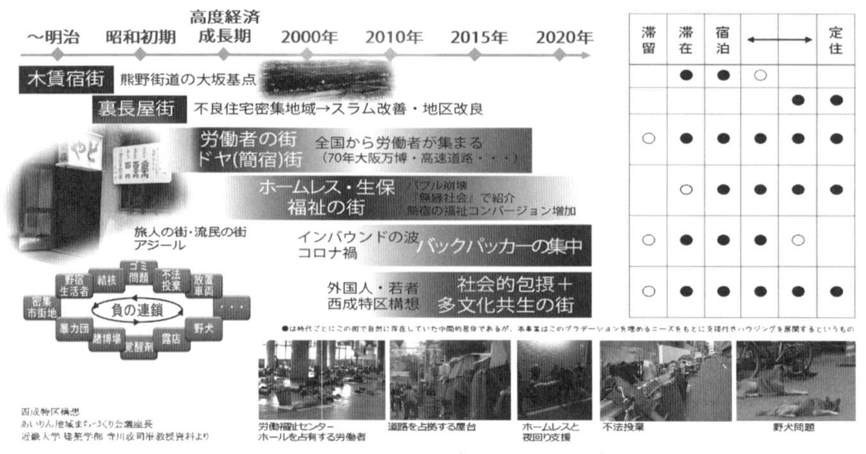

図 16-1-3：あいりん地区および周辺地域図及び関連施設

16-2 「えこひいき」コメントの余波

冒頭に挙げたように西成特区が始まったのは2012年1月18日、定例記者会見の場で、当時の橋下徹市長による宣言は、庁内調整を踏まえずにマスコミの前で明らかになったことで、行政担当者は大いに戸惑ったといわれています。

世間から受ける区や地域に対する偏見（貧困・犯罪・危険など）を払拭するために西成区を「特区」指定し、税金免除などによって子育て層をはじめとする新たな人口転入を促そうというもので、極めて強いトップダウン宣言であったといえます。なかでも、課題解決にむけたボーリングのセンターピンとして地域（あいりん地域及びその周辺地域：以下、地域）に集中的に人材や資金を投下し、その成果を市域へと還元する、と位置づけたものでした。

この宣言によって、地域に激震が走りました。その時地域では、深刻すぎる現状からくる「あきらめ」意識からの脱却を目指して、労働者（支援団体）と簡易宿所団体、そして町会という、これまで相容れなかった3つの世界が集まるプラットホーム「(仮称）萩之茶屋まちづくり拡大会議」（後述）ができた頃でした。とくに平松前市長による地域視察と萩之茶屋小学校横の屋台火事を契機に、行政と地域の協働の場と地域再生の機運が高まった時でもありました。

ようやく始まろうとしていたまちづくりにとっては、「橋下新市長の強力なトップダウンによって、まちがクリアランスされるのではないか」という危機感と「西成のマイナスイメージを払拭し、行政による放置・サボタージュから脱却するためには、この府市行政を束ねる強いリーダーシップを活用すべきではないか」という期待など、橋下インパクトに対する複雑な思いが交錯していました。

また、地域にはこれまでの行政に対する根強い不信感があり、構想に反対する住民運動を展開すべきだという意見も多かったのですが、議論を通じて、したたかに政策決定の場面に入り込んで地域利益を創出するという意見が出てきました。

そして、これまでのような反対運動だけでは政策やまちは変わらないであろう、単なる対案なき反対ではなく、地域が主体となって具体的に施策提案する場をつくることが必要だ、と一致し、「あきらめないまちづくり」がはじまりました。

一方、大阪市庁内では、西成区長をリーダーとして各局局長らが参加する「西成特区構想プロジェクトチーム（PT）」[9]が発足。5年を期限とする「西成特区構想」[10]（以下、特区構想）がスタートします。また、翌年4月には、大阪府・大阪府警・大阪市3者による「あいりん地域を中心とする環境整備の取組み」【5か年計画】[11]として、薬物対策、不法投棄ごみ対策、通学路の安全対策等に関する重点的な取組みがはじまりました。

16-3 西成特区構想前夜：まちづくりに関わる組織と構想

そもそも、この地域で「まちづくり」という言葉がはじめて使われたのは1994年に設置された「あいりん地域総合対策検討委員会」（以下、あり方検討会）がはじめだと思われます。そして大阪府・大阪市、学識経験者、地元関係者などで構成されるこの委員会では、雇用対策、福祉、生活環境の3つ柱からなる「あいりん地域の中長期的なあり方」[12]をまとめています。

特徴としては、「事後的・回復的援助より、事前的・予防的介入、そのための高度に方法化した支援、熟慮の過程に介入してくれる専門職の必要性など、社会福祉サービスの原点に立ち戻るとともに、住宅対策および共生するまちづくりの視点が欠落していることから、府・市の関係部・機関の連携のもとで『総合的対策』によって着実に実行に移すことを強く望みます」としています。

しかし、この段階はいわゆる行政が主導する課題対応型まちづくりで、地域では、労働者や野宿問題等に対する運動団体等による行政要求・追及型運動が展開されていました。地域によるボトムアップ型のまちづくりは、2000年前後から始まります。

一方で、ボトムアップ型のまちづくりも始まりだした頃です。

(1) 釜ヶ崎居住COM・釜ヶ崎のまち再生フォーラム

地域主体型まちづくりの最初期のプレイヤーは、あいりん労働福祉センター職員有志が立ち上げた「釜ヶ崎居住COM」（1997年）があり、のちに地域の情報共有・インキュベート型まちづくり系プラットホームに移行した「釜ヶ崎のまち再生フォーラム（以下、再生フォーラム）」[13]（1999年）です。この組織は、地域で数多くの実践モデルを構築してきました。

例えば、①簡易宿泊所組合・行政との協働による簡宿短期宿泊援助制度、②「サポーティブハウス」(簡易宿泊所をリノベーションしたケア付きコレクティブ住宅)、③地域通貨「カマ通貨」発行、④「投票へ行こう！社会再参加キャンペーン」、⑤まちづくりビジョン策定、⑥「まちづくり広場」(2024年時点で220回)など枚挙にいとまがないですが、既存制度の狭間を埋めるチャレンジの場でした。単なる政治的要求運動にとどまらず、実践によってまちを変える場として、「いまはない」制度を生み出すインキュベーター機能を果たしてきました。

(2)「萩之茶屋小学校・今宮中学校周辺まちづくり研究会」と「(仮称)萩之茶屋まちづくり拡大会議」

特区構想始動から遡ること3年余(2008年11月)、萩之茶屋小学校東側道路にあった屋台の火事を契機に大阪市は道路を占拠する47軒の屋台を撤去することを決めました。これまでの地域と行政との関係性からいえば、労働者の居場所であり、屋台生活世帯に対する強制排除は許さないとして「暴動」にもつながりかねない事態ですが、反対もなく2009年12月22日に完全撤去されました。

この際、重要な役割を担ったのが、2004年6月29日に大阪市よりまちづくり推進団体として認定された萩之茶屋連合町会(10町会)で構成する「萩之茶屋小学校および今宮中学校周辺まちづくり研究会」(以下、研究会)と、この研究会の呼びかけで各種団体が集結して2008年に設立した「(仮称)萩之茶屋まちづくり拡大会議」(以下、拡大会議)でした。

研究会は当初から、小中学校周辺の子どもの環境を重視したまちづくりを目指して設立しました。ちょうど、小学校の通学路にある屋台問題が深刻化しており、子どもたちの通学路でもある道を占拠する屋台の犬(野犬を含む)に子どもが咬まれたことを契機に議員に働きかけ、平松元市長の地域視察へとつながりました。その動きと連動し、地域の多種多様なアクターが、立場・違い・相互不信を超えて集結し、「あきらめないまちづくり」を目指すべくできたのが拡大会議です。

拡大会議は市に対して、露店撤去に際して、これまでのような行政による強制的な対応をしないよう求め、行政、拡大会議メンバー各々で屋台生活者のつぶやきを拾いあげながら生活移行の支援など丁寧に対応したことで、ことなきを得て退去が実現しました。この経験は、その後のまちづくりの展開（行政や地域）にとって極めて重要な成功体験でした。具体的には、日頃つながらない地域26団体が参加する協働プロジェクト「覚醒剤撲滅キャンペーン」が実現しました。

そして不法占拠やごみ放置問題のために30年間閉鎖されていた萩之茶屋北公園（仏現寺公園）がその管理を地域（拡大会議メンバー）が担うことで「開放」されたことは象徴的な出来事でした（**図16-3-1**）。

平松元市長視察

覚せい剤キャンペーンの様子

北公園草刈り作業

整備後の北公園

図16-3-1：（仮称）萩之茶屋まちづくり拡大会議による活動の様子

16-4 からんだ糸を紡ぎなおすまちづくりへ

その頃、国土交通省「住まい・まちづくり担い手事業」（2011）にエントリーして「あきらめない“共床共夢”型まちづくり連携事業」を受けました。調査を通じて、地域には100近い団体が多種多様な活動があるものの、関係組織内で閉じて別組織とつながっておらず、情報共有されていない状態にあったことがわかりました。また、「同テーマ組織間の軋轢」と「他テーマ組織への不信感・無関心」「個人と団体のあいまいな関係性」が複雑に絡み合っていました。

これが、各主体間の不信と対立を生み出す構造（要因）の一部でした。また、行政や警察に対する地域の不信感については、「地域の問題や要望を各行政部局に訴えた際に“一方的（個別）要求では、地域にある多種多様な団体の同意が得られない”ことを理由に無策状態をつくっている」に集約されていました。

一方、各団体と幅広く関係を持つ組織や個人の存在があることに気づき、まずこれらの主体がつながるテーブルを作り、行政への個別対応から脱却し、つながれるテーマと場づくりを目指すために設立したのが「拡大会議」です。

拡大会議設立にあたっては、幅広い個人的ネットワークを持っていた萩之茶屋第6町会の西口宗弘会長が各主体のリーダーに呼びかけて、当初10団体からスタートし、テーマによって多様な主体が参加する緩やかな情報共有・検討の場となっています。現在は、府・市・区・警察も参画するなど、立場や違いを超えてつながる稀有な「プラットホーム」へと深化しています（**図16-4-1**）。

地域で行われる各種会議や施策推進、まちづくりの課題やビジョンづくり、連携のあり方などについて、まず拡大会議で互いの思いや意向や情報を共有するブレーンストーミングの場として位置づけられています。

また、会議後にメンバーと食事をする機会をつくったことで、肩書を超えたつながりと相互理解の場ができたことが大きいといえます。いわば拡大会議は、同じフィールドに立ちながらも言語やルールが違う世界で戦っていた人たちが、「違い」を知ることから始まり、想いを表し、誤解を修正し、一部では認めていく、まちづくりのルール作りとゴールを目指す場になっていきました。

とくに民間区長であった臣永正廣西成区長による地域活動への積極的な参画を契機に、各担当行政メンバーと地域との関係が育まれたといえます。

複雑に絡まった関係にあり、一方を引っ張るといろんな場所で固い結び目ができ、強く引っ張ると切れてしまう。この時期の活動は、まさに相互に緊張感をもちつつ「からんで縺れた糸をほどき、紡ぎなおす」まちづくりでした。

図16-4-1：拡大会議の様子

16-5 まちづくりの萌芽：いまはない制度・事例をうめる実践

このまちには、労働や福祉に関する行政機関・施設が多いのですが、それら以外にも前述のNPO法人釜ヶ崎支援機構のような、困難な状態にある人々に対する地域独自（制度外支援など）の多様な施設や団体が生まれてきました。とくに宗教系や労働運動系の支援団体が多いなか、宗派を超えた施設や地域に関心を持った団体で構成される釜ヶ崎キリスト教協友会をはじめ、アルコール依存からの脱却を支援する社会福祉法人釜ヶ崎ストロームの家、困難を抱えた子どもを支援する「こどもの里」や「山王こども・おとなセンター」、アート系のNPOで居場所喫茶兼ゲストハウス「ココルーム」(釜ヶ崎芸術大学)、若者等の再チャレンジと就労支援を行う「サービスハブ西成」、そしてまちづくり団体が連携する「萩之茶屋地域周辺まちづくり合同会社」、そして新今宮エリアブランド戦略を担う「新今宮エリア魅力向上LLP」など枚挙にいとまがありません(**図16-1-2**[再掲])。全てを紹介する紙幅はないので、筆者が関わったプロジェクトを紹介します。

(1) 萩之茶屋地域周辺まちづくり合同会社の設立

前述した拡大会議では、これまで地域課題解決に向けた具体的な取組みを実践(事業)する地域の主体づくりの必要性が議論されてきました。そして西成特区構想が始まることを契機に必要性が高まり、公共的事業についても地域（コミュニティ）事業の受皿となるべく、地域の各主体が関与する「まちづくり会社」を設立することになりました。とくに、拡大会議と連携して地域事業化を検討するとともに、地域諸団体との連携を強化し、地域事業を担う主体の一つとなることを目指して、2013年10月17日に設立しました。

合同会社では、行政からの「あいりん地域環境整備事業」を受託しているものの、持続可能な独自事業の展開を目指していたことから、1階を有効活用した事業展開を目指します。当初、増え続けるバックパッカーや海外旅行者をターゲットとした日本酒BAR “KAMA PUB” を開

図16-5-1：西成JAZZ "Donna Lee"
〔http://nishinarijazz.blog133.fc2.com/〕

店。地域の人と外国人をはじめ多様な人が集う交流拠点を目指しました（学生の卒業設計としてリノベーション）。

結果、売上げが上がらず、新たな展開を模索していたところ、太子地区で「投げ銭ライブ」をされていたDonna LeeさんがJAZZバーの拠点を探しているとの情報を得て交渉。現在は、西成JAZZのメッカとして人気の場所になっています。また、隣接ビルも活用し、本会社不動産部「萩まち不動産」が設置されました。

(2) 簡易宿所をリノベーションした子どもと女性のステップハウス

1980年に開設した「こどもの里」[14]は、放課後の子どもたちの居場所として、また、不安定な生活環境にある子どもや親のサポートをし続けて45年。緊急一時保護の場、生活の場の提供も実施。現在、特定NPO法人「こどもの里」として運営されています。学童保育、ファミリーホーム、自立援助ホームをはじめ多様な自主事業を展開されていました。

その代表の荘保さんから依頼を受け、子どもが里から巣立つ際（18歳以降）、とくに就職後の生

図16-5-2：（左）コモンリビング（右）個室

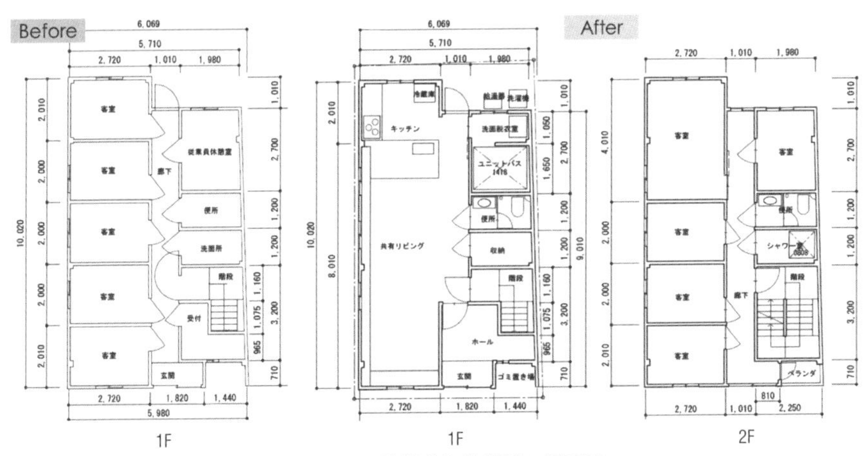

図16-5-3：改修前と改修後の平面図

活を安定させるための段階的な住まい「ステップハウス」が必要だと相談を受けました。そこで、近接する簡易宿所を購入してリノベーションすることになりました。3畳部屋しかなかった建物の1階をコモンリビングキッチンにし、間仕切り壁を撤去した家族室を設けるなど、多様な女性と子どものためのステップハウス（コレクティブ的なシェアハウス）ができました。

16-6 特区構想の推進とまちづくりの議論

(1) 特区構想と「まちづくり構想」[15]

橋下インパクトは、地域を揺るがしましたが、ある意味でこれまで作ってきたまちづくり構想を見直しつつ、新たな構想にむけた契機でもありました。

当時、地域の各主体の不安もピークに達していました。そこで拡大会議では、より広く地域諸団体に声をかけて意見を集約し、西成特区構想に対して地域独自の構想として3つのテーマ・9つのプロジェクト・300のアイデアをまとめあげました。この構想は、拡大会議に参画・協働できていない主体も含めてお互いの「違い」を受け止めながら、無理せず、共有可能なテーマで集約できたことは奇跡的な出来事です。この内容は、矛盾するテーマや意見も多いのですが、あえて矛盾も含めてまちの意見として提案することを選びました。まちの未来を示すきわめて貴重なつぶやきと提案の種の集積であるといえます。

(2) 西成特区構想におけるボトムアップのエンジン

いよいよ、「特区」が始まりました。しかし、いわゆる国の「総合特区」ではなく、あくまで市独自の「特区」として、現行の市予算や施策の一部を西成区に優先的に充填するものでした。そのため、当初想定されたほどの新たな政策制度設計には至りませんでしたが、結果として国・府（警察を含む）・市・区が連携する場を作る意味で強いメッセージ性を持っていました。

その当時、橋下市長の政策ブレーンとして西成担当となったのが、学習院大学の鈴木亘教授でした。実際、政治的環境においても大阪府知事や大阪市市長と直接つながる政策ブレーンという立場で、行政府のルールや言語を熟知した教授によって各行政をコーディネートしていただいたことで、行政横断的な既環境が生まれ、今回のボトムアップ型の協働まちづくりが進む要因であったといえます。

2012年6月、特別顧問を座長に各分野の有識者7名が集められました。そして3カ月という短い間に12回、各有識者はフラフラになりながらもなんとか「西成特区構想有識者座談会報告書（以下、座談会報告）」[16·17]を提出します。この報告書では、特区構想の目指すべき方向性とその手法、さらには福祉、環境、教育など8分野56項目にわたる具体的施策提言がなされています。

野宿生活者や高齢日雇い労働者の生活の安定、環境改善など「目の前の問題解決」として短期集中的に取組むべき対策と、子育て世帯の流入や様々な産業への投資を誘導するための「将来への戦略的投資」を車の両輪とするものです。

筆者の提言は「リノベーション特区」[18]。ストックを活用したリノベーションや居場所の再構築は、過去から未来への時間軸に息づいた漸進的で持続性を担保するというものです。新しい家族像と多様な住まいが求められる現代社会において、まちのあらゆる隙間を究極的に活用した多様な居場所は、まちの魅力と「レジリエンス」（打たれ強くしなやかな回復力）を高め、この西成の実践は、全国の先進事例として将来に活路を与えてくれるという提案でした。

座談会報告は、特区構想施策にあたってはボトムアップで進めよ、というものであったため、行政は今後の特区方針策定において地元の意向を施策に落とし込む必要がありました。その取りまとめの場が「あいりん地域のまちづくり検討会議」[19]（以降、検討会議）で、大阪市長と大阪府知事あてに地域の創意として提案書を作成するための会議として設置されました。ややこしいのですが、その後の継続議論の場として設置されたのが「あいりん地域まちづくり会議」[20]（以降、まちづくり会議）で、加えて西成区域を対象とした「エリアマネジメント協議会」[21]（以降、エリマネ会議）が設置されました。

(3) 混沌から秩序へ：怒号から始まった「あいりん地域のまちづくり検討会議」

2016年7月26日、継続議論を付帯意見としつつも地域を象徴する「あいりん総合センター」を建替えることが決定しました。西成区役所の大会議室には、大阪市長、大阪府知事、国（労働局長）をはじめ、地域内町会長、簡易宿泊所経営者、地域福祉や子育て関係者たちから労働団体の運動家に至る、総勢36名の「地域のアクター」たちが勢ぞろいしました。相互不信状態にあった人々がまちづくりを議論している光景を見たとき、各主体間にある「溝」の深さを知る者にとって感慨深い瞬間でした。これは、単に一複合施設の建替事業ではなく、まちの構造を変える起点となることを期待した瞬間でもありました。

この瞬間に至る道筋をつけたのが前述の検討会議です。遡ること2014年9月22日、元萩之茶屋小学校講堂において、第1回目の検討会議が開催されました。この会議は、あいりん地域の今後のまちづくりについて、市長が方向性を示すにあたり、地域の実情に基づいた意見を聞くための場でした[22]。

筆者は、これではその他多くの委員のつぶやきをくみ取れないとの思いから「ワークショップ方式」を提案しました。

まさかその後に起こるすさまじい光景やかかるエネルギーを知っていたならば(座長も含めて)間違いなく反対されていたことと思われます。しかし結果、その後のボトムアップと協働の機会づくりにとって極めて重要な場となりました。

第1回　混乱の巻（2014.9.22）

第6回　提案化の巻（2014.12.1）

第2回　施行調整の巻（2014.10.6）

第3回　個別集約の巻（2014.10.20）

第4回　共有化の巻（2014.11.1）

第5回　集約化の巻（2014.11.17）

図16-6-1：検討会議のワークショッププロセス

その後の顛末を示す紙幅はありませんが、第1回目の会議早々、傍聴席からのヤジや怒号が飛び交う混乱状態ではじまった検討会議でしたが、常にオープン形式によって様々な工夫をしたことで、回を重ねるごとに議論が深まり、また委員や会場に一体感が生まれていきました。最後の第6回目では、委員をはじめ傍聴者も含めて、大きなスクリーンを目の前にして市長や知事に向けた報告書の文言づくりに勤しむ場に立ち会った際には、これまでにない充実感を得ました。この報告書は、2015年1月、市長と知事に提出しました[23]。

16-7 市長・知事へのメッセージ：3期にわたるまちづくりビジョン・提言

(1) 第一期「西成特区構想有識者座談会報告書」[17(再掲)]

まず2012年。特区構想の方針を検討するにあたって取りまとめたのが、前述した8分野56項目にわたる施策提言です。この報告書に基づいて実施された2013年度～2017年度の第一期西成特区構想では、あいりん地域が抱える諸課題を、大阪市域の課題を解決するために取組むべき「ボーリングのセンターピン」に例え、野宿生活者や高齢日雇い労働者の生活安定、環境改善など短期集中的に取組むべき対策が実施されました。また、中・長期的な対策として子育て世帯の流入促進をはじめ地域の諸施設機能の再構築、エリアのブランディング形成などが同時に進められました。これらは「車の両輪」として効果的に作用し、あいりん地域の環境整備が急速に進むとともに、あいりん総合センターを構成する諸施設の移転・仮移転や、建替えの方向性が決定されました。

とくに「エリアマネジメント協議会」という形が設定されたことで、行政だけではなく、地域住民や各種地域団体、有識者で構成する検討の場が設けられました。行政で検討した内容を一方的に地域に報告するのではなく、施策の立案段階から地域の声やアイデア・ノウハウなどを取り込んで議論を行う体制（テーマ別検討会議や専門部会）が構築されています。

第一期の成果としては、①市営萩之茶屋第1・2住宅および大阪社会医療センターが萩之茶屋小学校跡地に移転完了したこと、②西成労働福祉センターとあいりん職安が南海電鉄高架下に仮移転し、あいりん総合センター跡地等の南側で建替基本計画が策定されたことなどが挙げられます。

(2) 第二期「西成特区構想まちづくりビジョン有識者提言報告書」[24]

2018年10月、第1期から6年が経過し、あいりん地域の情勢が大きく変化したことから、まちづくり会議やエリマネ会議等の議論に加えて、幅広く地域住民や関係者にアンケートやヒアリング調査を実施し、それらの議論や意見を踏まえて提言を取りまとめました。

この報告書では、「6つの提言」、「5つのアクション」「12の物語」という構成になっています。「再チャレンジ可能なまちづくり」というビジョンを示し、それを実現する手段として「地の利」と「社会的包摂力」のダブルエンジンを活かした施策展開を提言しています。なお、あいりん総合センター跡地等の北側については、2021年3月に大阪府・大阪市によって「あいりん総合センター跡地等利活用にかかる基本構想（活用ビジョン）」

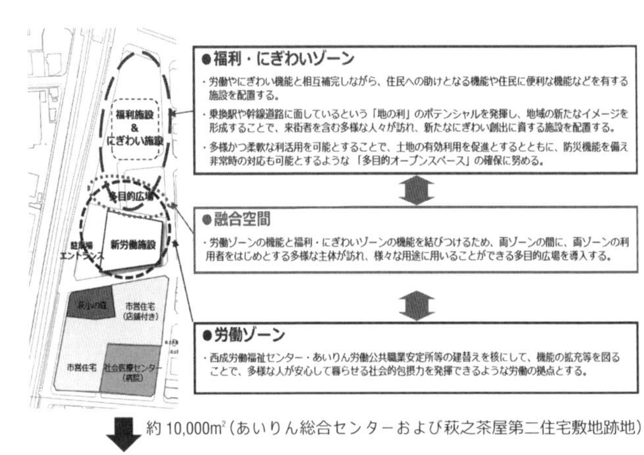

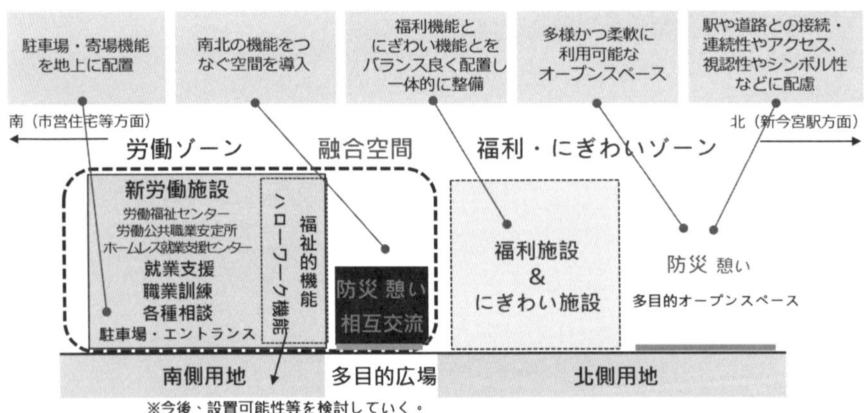

図16-7-1：あいりん総合センター跡地等利活用にかかる基本構想（活用ビジョン）イメージ[25]

が策定され、「福利・にぎわいゾーン」として利活用に向けた検討がはじまりました。

2021年7月から開始した福利・にぎわい検討会議 では、まず、公共的な機能に関する議論（ワーク）が進み、「多目的ホール、図書施設、アーカイブ・実演の場、子ども子育ての場」などに関しては約1,044m²の福祉厚生施設ボリュームが決定しました（**図16-7-1**）。

その他、地域との議論を踏まえて「西成版サービスハブ構築・運営事業」や「新今宮エリアブランド事業」「公共空間利用モデル構築事業（「萩小の森」暫定整備等）」などの新たな事業が立ち上げられるとともに、萩之茶屋中公園（四角公園）の整備計画など、具体的な取組みが積み重ねられました。

第二期で特筆すべきことは、コロナ禍の影響です。簡潔にいえば、検討・議論において様々な軋轢や相違を「対面・対話」によって乗り越えてきたものが、WEB会議等に切り替わったことで、形式的な議論に陥ることが懸念されました。

とくに、いろんな計画を決める時期と重なっていましたので、個人的には、多くの葛藤がありました。コロナ禍を理由にボトムアップという御旗を下ろさない

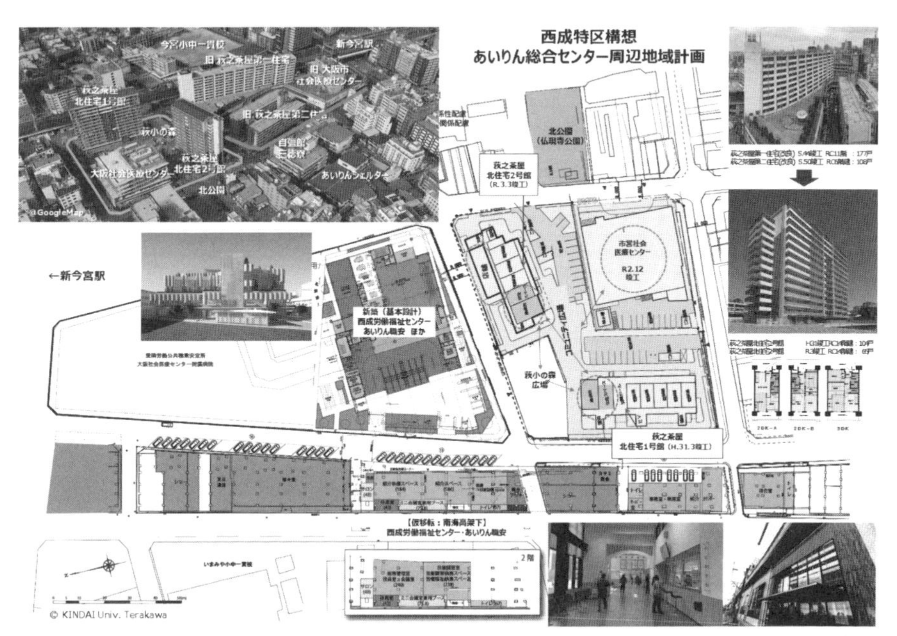

図16-7-2：旧あいりん総合センターおよび市営住宅跡地の土地利用・配置・機能イメージ図

ようにすることが重要でした。しかし、委員の皆さんに不安が生じたのも事実で、筆者としては非常に苦しい時期でした。

(3) 第三期「西成特区構想有識者提言」(R5 〜 R9 年度)[27]

第一・二期の取組みによって、とくに環境整備や結核対策、エリアブランディングなど、いわゆる福祉や環境改善、ソフト事業に関して一定の成果が見られるようになりました。

一方で、社会変化を受け止めてアップデートする必要も出てきました。冒頭にあげたように、インバウンド需要の急増を背景に、簡易宿所や民泊が5年間で急増し、さらに、ホテルや旅館の施設数も増加し、市内の宿泊インフラは大きく変化しました。また外国人市民も急増しています。

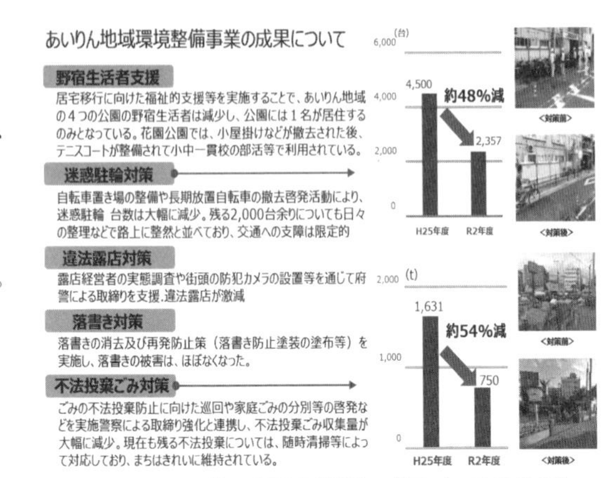

図 16-7-3:第二期特区構想の成果(一部抜粋)[26]

本提言において重要な視点は、あいりん地域への集中施策の検証と持続的展開

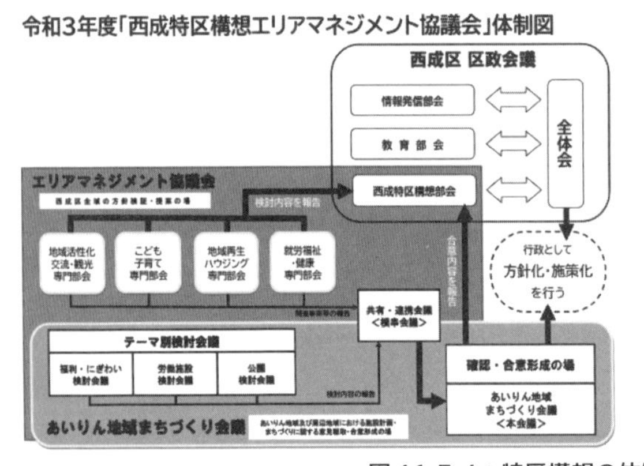

有識者メンバー

有識者メンバー
寺川政司(近畿大学建築学部准教授)
あいりん地域まちづくり会議座長 ほか:構想とりまとめ担当
垣田裕介(大阪公立大学生活科学研究科准教授)
地域再生・ハウジング専門部会 ほか
白波瀬達也(桃山学院大学社会学部教授)
就労福祉・健康専門部会/労働施設検討会議 ほか
永橋爲介(立命館大学産業社会学部教授)
子ども子育て専門部会/公園検討会議 ほか
福原宏幸(大阪市立大学名誉教授)
労働施設検討会議/就労福祉・健康部会 ほか
松村嘉久(阪南大学国際観光学部教授)
地域活性化・交流・観光専門部会 ほか
水内俊雄(大阪市立大学名誉教授)
地域活性化・地域再生・ハウジング専門部会 ほか
村上靖彦(大阪大学人間科学研究科教授)
子ども子育て専門部会 ほか

図 16-7-4:特区構想の体制

の視点、次いで、集中施策を西成区及び周辺に展開する視点、そして社会変化を受け止めた、将来を見据えた新たな社会づくりの視点、そしてボトムアップ型議論の再構築でした。本編は、4つの視点と16の戦略で構成し、各分野の有識者8名が各テーマ別視点整理を担当し、全体を取りまとめました（図16-7-4）。

総論では、これまでの困窮世帯に対する実践を継続しながらも、30%以上の人口減が見込まれる西成区において、近年転入超過状態にある10代後半から20代前半の単身世帯、外国人の増加への視線を見据え、若者人口の増加や地理的条件と交通結節点である地の利を活かすチャンスと捉えました。

とくに2031年春の地下鉄「なにわ筋線」開業によって、難波や梅田、関西空港へとつながる新たな交通結節点になることから、今後のビジョンに位置づける必要がありました。なかでも新今宮エリアの開発は、われわれの意図を超えて広がり、インバウンドも再興し、外国人の集住もさらに進むと予想しました。

この動きによって「ジェントリフィケーション」が起こることを懸念する声も聞かれました。提言では、結果的に市場の力が優先される可能性が高いなかで、この潮流に抗うのではなく、いかにレジリエントに受けとめるかが肝要であるとの認識から、若者・子育て・外国人世帯の流入の芽を育み、トライアル＆エラーしやすく暮らしやすい西成区をポジティブに発信し、多文化共生型のソーシャルミックスを図る「中間的居住」[28]施策を展開すべきであるとしました。

新たなイメージを若者や子育て世帯へのメッセージを出すこと。とくに子育て世帯は流出（減少）傾向にあるため、他にはない独自の施策をすべきだという提案です。そして「子育て環境」を充実させるために、とりわけ「居場所」づくりを活用して子どもの自己実現の場や自尊感情を培い、自立した生活を支えるキャリア形成に向き合い、必要な学力を身につけることなどを提言しました。

(4) 密集住宅市街地と空き家・空き地施策への提言

各論で筆者が提言したテーマは、西成区の密集市街地や空き家問題等の解決を最重点施策として位置づけ、ポジティブな資源としてハード・ソフトの両面を充実させ、安全･安心まちづくりを展開することを求め、ゾーン別まちづくりイメージを提言しています。下町的なアジールな状況を魅力的な要素として活かし、若者や子育て世帯や外国人世帯をはじめ、「手ごろに住まいや暮らしが享受できるまち（アフォーダブル・タウン）」というメッセージを示すものです。

もう少し具体的にいうと、2023年住宅・土地調査では、西成区の空き家は2万2,870戸（空家率25.9％）と大阪市で最も空家率が高い状態が続いています。密集市街地問題については、2020年時点で、延焼危険性および避難困難性の指標から外れ、阿倍野区とつながる大阪市で最も広い「防災性向上重点地区」(132ha)が残った状態にあります。ただし、整備された道路に囲まれた密集地（アンコ地域）への対応は、空き家問題や外部不経済とリンクして捉えなおすべきだと提言しています。「今からできる」具体的な施策が必要です。

西成区には、明治末期に整備された耕地整理区画（109 × 109m）が現存し、区画内道路が3.6mしかないため、制度上非道路等があることから建物再建が困難な状態にあり、市内でも重点的な対策が必要な地域だと考えています。

また、大阪フィルハーモニー交響楽団やセレッソ大阪などのメジャーな音楽やスポーツなどの拠点が存在すると同時に、数多くのアーティストが産まれているまちでもあります。なかでもストリートカルチャーは他にない特長であるため、こうした文化を再構築したブランディングによって、子どもや若者に将来を示し、自己実現や誇りを創出する居場所につなげることを提言しました。

そして大阪市は、これら有識者提言を受けて、「第三期西成特区構想〜これまでの取組と今後の実施方針〜」[29]を策定し、現在の施策や事業を進めています。

16-8 西成のあいりん総合センターの強制執行とまちづくり

2024年12月1日午前7時、西成のあいりん総合センターの強制執行が行われました。センター建替えに伴って、敷地占有している路上生活者・支援者（建替反対）らに対して大阪府が起こした裁判で、占有者敗訴をうけての執行でした。

センター建替えにあたっては、2008年に国、府、市によって建替・改修にむけた耐震調査が実施されており、その結果、構造耐震指標であるIs値は、「大地震（震度6強・7）の振動及び衝撃に対して倒壊又は崩壊する危険性が高い」とされる0.3未満を大きく下回る数値でした（北側棟0.208、南側棟0.214）。

国と府は、2015年に改めて労働施設のあり方を検討するために建替改修手法等に関する調査を実施し、総合センター移転の是非、移転場所の確保、補強技術（デザイン）と使い勝手、改修工事期間と安全性、利用者への影響、そして費用対効果等を検討した結果、「建替やむなし」という方針が決まりました。

そして、市営住宅と医療センターは萩之茶屋小学校跡地に移転、職安と労働センターは、いったん南海電鉄高架下に仮移転したのち旧総合センター跡地に本移転（同等面積8,000m²を確保）することが承認され、知事・市長出席のもと開催された2016年7月26日の第5回あいりん地域まちづくり会議にて建替えが正式決定。

現在、職安と労働センターは2019年4月に仮移転先に移転、医療センターは2020年に移転。市営第1住宅も同年3月、第2住宅は2021年に竣工しています。

しかし、センター建替えを反対する支援者や野宿生活者の方が施設周辺を占拠したことで、解体工事に着手できない状態が続きました。有識者委員はこの状況についての見解を発信[30]しています。

占拠から5年半が経過し、2024年12月の強制執行につながります。

今回の強制執行に関する個人的見解としては、センター敷地を占有する野宿生活者（約15名）に対して、まちづくり活動を通じて、①排除なき移行に向けて各団体ができる限りの手立てを検討・実施してきた事実があること、②検討を通して、当事者の移行選択肢を増やしたことで、野宿しなくて良い居所や居場所が確保できたこと、③しかし、執行日の提示がないまま、結果的に「強制的」になってしまったこと、の3点があります。

とくに、行政や地域団体による丁寧なヒアリングの結果、別の施設に移行した人をはじめ、執行時には移動予定だ、という人もいました。ある会議で、「行政施設だけでは難しいので、彼らが選択可能な居場所を考えてはどうか」という議論がもとになって、民間施設への移行が可能とったことは画期的だと思います。

ただ、これまでの経験やトラウマを抱えて「行政不信」に陥っている人や、人との関わりを持ちにくい方、野宿（いまのまま）が良いという方がいたのも事実で、最後は野宿可能な場所も含めて検討が必要だというような議論もあがりました。

執行後、野宿されていた15名の行方が心配されました。詳細はコメントできないのですが、最後まで「この場を動きたくない」といった方が、結果的に今回設置した民間の居所に移行することができたことが特筆できます。その場での丁寧なサポートを受け、生活環境が改善されたことで、頑なに忌避されていた状態がやわらぎ、「野宿生活」に戻りたくない、といわれているようです。そのうち一人は、このまま野宿状態が続けば命の危険があったとも聞きます。

もう少し事態経緯を検証する必要はありますが、「野宿しなくて良い環境づくり」を進めてきた地域の方々の想いが実った事柄だと感じています。

ただ、2025年度に竣工予定であった新労働センターの着工が2028年以降、竣工2029年以降になり、当初予定から4年延びることになりました。

2025年、大阪万博が開催されます。このまちの歴史を振り返る時、1903年内国勧業博覧会、1970年大阪万博などの一大プロジェクトにからむ課題集積地への特別対策に翻弄されながらも、新たな社会を構築する礎となるような歴史的使命を受けている状況に共時性を感じざるを得ません。今回の大阪万博のテーマは「いのち輝く未来社会のデザイン」（いのちを救う・いのちに力を与える・いのちをつなぐ）であり、「未来社会の実験場」というコンセプトで実施されますが、西成特区の取組みはその先進モデルとして発信できる実践です。

今、あいりん総合センターというシンボル的拠点の再生を契機に「まちの再構築」が現実味を帯びてきました。旅人のまちは、繰り返されるSTAYとLIVEの間（あわい）をつくる歴史のなかで、新たな文化が積み重ねられようとしています。

筆者は、時代に先行して社会課題に取組んできた経験や自然発生的なインフォーマル・システムのなかに、まちづくりを進める知見が埋もれていると感じています。「いま、ここにないもの」を創造してきたこのまちにはアクターと舞台が整っています。同じ「釜」の飯を食べてきた仲間がつながっています。とくに、人間関係やまちの空間利用において、「違い」を受け止める力と、緩やかに歩み寄る力が求められます。そして、「まち全体が家のような」多様で多層な究極のシェアともいえるまちの姿に展望があると考えます。

「来たらだいた、なんとかなる」。包摂とにぎわいが共存するまちづくりは、これからのまちづくりに対する大きなメッセ―を発信してくれると期待しています。

西成特区構想・大阪都構想外伝　西成区長日誌

臣永正廣（前大阪市西成区長）

「えこひいきする」という、当時の橋下市長の宣言で始まったのが西成特区構想だ。

役所が金科玉条とする公平、平等をアタマっから全否定するこの政策は、天邪鬼の私には心躍るほど魅力的で、区長公募という新しい幹部職員登用試験に勇んで手を挙げた。

西成といえば、暴動、生活保護・貧困、覚せい剤の三点セットで全国的に知られ、その悪評から敬遠されると予想しての大穴狙いだったのに、百倍近い高競争率で人気区トップ3に入る狭き門となり、当てが外れた。それでも、なぜか採用された。

最終の市長面接では、不遜にも「優秀な幹部職員がたくさんいるのに、何で手間暇かけて区長公募するんですか？」と直球質問を投げた。市長の答えは「従来の公務員では生まれない大胆で破天荒なぐらいの発想がほしい」とのこと。壊し屋とまでいかなくても、外部から引っかき回して刺激する役回りでの合格だったかもしれない。

私は郷里の徳島で町長経験があるとはいえ、人口1万人余りの片田舎の町だ。矢切の渡しの船頭がクィーンエリザベス級の大型客船の機関員になるようなもので、日本を代表する政令市の巨大な官僚組織に右往左往するばかりだった。

市長の「君たちは僕の分身で直属の部下、下剋上だ。前例にとらわれず24区を24色に輝かせてほしい。」の大号令に背中を押されて出陣。だが、大阪は区長が選挙で選ばれる自治体ではないため、予算も人事権も持たず、丸腰で現場に突入するようなものだった。

とくに西成は、半世紀以上にわたり様々な難題が複雑に絡み合い、地層のように堆積していた。例えば「3年だけ」の約束で建てた困窮者向け一時避難施設・シェルターは、なし崩し的に十数年も続いた。行政のご都合に翻弄された地域住民は根強い役所不信があったし、同じ地元でも弁（理屈）が立つ上に声が大きい運動団体とはソリが合わなかった。

そんな中、橋下市長の鶴の一声で、従来の上意下達の行政から、地域のことは地域で決めるボトムアップ方式というコペルニクス的大転換となった。市長の独裁的ともいえる手法が、結果的に住民主体のまちづくりを後押ししたのは皮肉なことだった。

具体的な取組みとして始まったのが、

あいりんのまちづくりを議論する車座集会だ。区民、市民、労働者、運動団体まで広く呼び掛け、体育館での話し合いの場を設けた。半世紀ぶりの自由な討論会に「こんなこと、ありえへんかった。釜ヶ崎・あいりんの奇跡やぁー」との声も上がった。

第1回目はヤジと怒号が飛び交い、区長挨拶も自分の声が聞こえないほどのカオス状態。堪え難きを堪え、しのび難きをしのび、混沌を繰り返すこと6度、ようやく「あいりんのまちづくりを継続して議論する」との但し書き付きで一定の合意を得た。

また、長年の課題だったまちの美化や環境改善も大きな挑戦だった。ゴミが散乱し、辻々には覚せい剤の密売人や賭博場の見張り役が公然と立つ状況。「西成が環境改善されると、他区にゴミや犯罪が移るからそのままにした方がいい」という陰口さえ耳にし、情けなく腹立たしかった。

そんな中、市長の「子どもたちの登校前に綺麗にしろ」という鶴の一言で、早朝の清掃体制が実現。建設局や環境局の縦割りを越えて、街をクリーンにするための一歩が踏み出された。

自治体的区政運営の掛け声のもとで区の自立と自律が求められたが、昭和の名残が今も根強い長老社会の町会をはじめ、各種団体との交流、親交を深める下地作りが重要で、そのために昼夜を問わず区内を駆けまわった。ジェンダーフリーなにごとかと思わせるオッサン社会だし、女性役員さんは大阪のおばちゃんそのものの濃いキャラ揃いでこれまた手ごわかった。

区内居住だったのでどこへ行くのも自転車で30分圏内、夏祭りなど季節の行事はもちろん、ラジオ体操から学習会や会合、はたまた近所の寄り合い、呑み会などどこへでも顔を出した。音痴をごまかすために星影のワルツを大声で歌い、慣れないマツケンサンバを踊り、ビールとお銚子を手にお酌してまわった。そこは田舎の町長経験を活かして住民目線の現場主義に徹底し、例え安物の男コンパニオンと言われようとも、それが自分の流儀だと思った。

決してお薦めできないし、忖度、属人的すぎるのは役人には禁じ手かもしれないが、そんなふうにして築いた人間関係に、「あんたならしゃーないなぁ」ということで何度も救われた。

○

「人情紙風船」のご時世にうるさいぐらいお節介焼きに囲まれ、日本一面倒見がよくて、どんなに悪口、陰口を言われようともこのまちが大好きな西成Loveが溢れる下町で、区民に寄り添う行政ではなく、区民の皆さんに寄り添っていただいた2期足掛け8年間の幸せな区長生活だった。

出典・参考文献

リンク先URLはこちらのQRから

13　空き家・空地とまちづくり 地域資源ストック活用の実践から

1 からほり倶楽部HP
2 長屋すとっくばんくねっとわーく企業組合
3 j.Pod耐震シェルター
4 大阪市HOPE（ほーぷ）ゾーン事業
5 隣地境界線からの壁面50cmセットバック規定（民法第234条）適用を除外し、壁面を境界線に重ねて建築することにより、非建蔽空間を片側にまとめ有効活用する。無窓壁にすると延焼危険性の低下も期待できる方式
6 近畿大学建築研究会HP
7 あきぼこ家HP
8 古い法律や規制で合法的に建てられた建築物で、後に、法令改正や既成や制度の変更などによって不適格な状態になっている建築物のこと。
9 長瀬バーチャル商店街プロジェクト
10 六甲ウイメンズハウス
11 女性と子ども支援センター ウィメンズネット・こうべ

14　公営改良住宅団地エリアの再生と参加のデザイン

1 公営住宅家賃制度として、入居者の収入及び住宅の立地条件・規模・経過年数等に応じ、かつ近傍同種の民間住宅家賃と同等の家賃（近傍同種家賃）以下で家賃を定める方式
2 歴史的な経緯により、生活環境や社会的条件が他地域に比べて劣悪な地域が存在し、これらの地域の改善を目的として1969年に制定した「同和対策事業特別措置法」の失効後の継承法で、社会的・経済的な不利を受けている地域の生活基盤を整備し、地域住民の福祉向上を図ることを目的としていた。
3 阪急電鉄京都線・千里線（淡路駅付近）連続立体交差事業
4 『住まいの境界を読む 人・場・建築のフィールドノート』篠原聡子、彰国社、2008.5
5 『建築設計資料96 コーポラティブハウス―参加してつくる集合住宅』編集・建築思潮研究所、2004.5
6 「第1回新大阪駅周辺地域の担うべき役割について」大阪府
7 「1人暮らしあんしん電話」どうたれ内科診療所
8 筆者が作ったアナログ式のアラームシステムで、現在、約400か所で運用
9 世代を越えて支えあう、自立した集落を目指して 〜知り合い同士の乗り合いサービス〜 「あいあい自動車」
10 「八尾市営住宅機能更新事業計画（八尾市営住宅長寿命化計画」令和3年3月
11 「シリーズ／集まって住む風景― 7・8：大阪市営下寺・日東アパート（前編）立体長屋― その醸成された空間（後編）変遷する住まいのかたち」『住宅建築』1997年8月号、1997年10月号、建築資料研究社

15　インフォーマルを受けとめるもう一つの災害復興の形

1 「アジアのまちづくり・住まいづくりフィールドノート：特別企画 神戸・テント村からの報告」『住宅建築』1995年10・12月号、1996年2・4月号、建築資料研究社
2 「阪神・淡路大震災―兵庫県1年の記録」兵庫県、1996
3 「阪神・淡路大震災におけるテント村の形成と消滅：災害後に“住み残る”ことの困難」兵庫地理学協会、兵庫地理第52号
4 「‘毛布とおにぎり’から‘間仕切り、風呂つき’へ」中川和之『近代消防』Vol.437、近代消防社、1998/2
5 被災地の声を世界へ/The voice from Kobe：ハビタット2 NGOフォーラム活動報告書
6 居住に対する国際法的保護として「利用可能性」「取得可能性」「居住可能性」「アクセシビリティ」「適切な立地」「文化的適切性」を担保した住居をいい、「強制立ち退き」を「個人・家族・共同体を、彼らが占有している住居・土地から、意志に反して、適切な形の法的またはその他の保護を与えること及びそれらへのアクセスなしに、恒久的または一時的に立ち退かせること。」と定義されている
7 1976年に組織され、現在60か国以上のNGOが参加。人々が平和裡に人間の尊厳を持って生活できる場を確保し、ホームレスや適当な家を持たない貧困者を国際レベルで守り、支援する事を目的としている。
8 都市の住宅問題、特に貧困層の住宅問題に取り組む、専門家と住民組織を結ぶネットワーク。1988年に設立し、アジアの都市における貧困層の開発プロセスに積極的に関与している。
9 CMAコミュニティマネジメント協会
10 仮設施設整備事業・仮設施設有効活用等支援事業
11 東日本大震災「中小企業等グループ施設等復旧整備補助事業
12 優良建築物等整備事業
13 「気仙沼内湾ウォーターフロント」土木学会デザイン賞HP
14 「気仙沼内湾地区の「まち」と「海」の復興コミュニティ拠点」阿部俊彦『建築雑誌』JABS Vol.129 No.1665 2014.12

16　えこひいきから始まった「西成特区構想」の挑戦

1 あいりん地域まちづくり会議について 西成区HP
2 大阪市は1998年に大阪市立大学に委託し、都市生活環境問題研究会を組織した市内の野宿生活者（ホームレス）の実態調査
3 「ホームレスの自立の支援等に関する特別措置法の概要」法務省
4 NPO法人　釜ヶ崎支援機構HP
5 西成労働福祉センターHP
6 「ホームレスの実態に関する全国調査（概数調査）結果について」厚生労働省、2025.4
7 「「民泊」施設の提供及び利用についてー旅館業・特区民泊・住宅宿泊事業の施設等一覧」大阪市、令和7年1月31日時点
8 「大阪市外国籍住民国籍別区別人員数」大阪市、2024年12月末現在
9 「西成特区構想プロジェクトチーム会議」西成区HP
10 「西成特区構想」西成区HP
11 あいりん地域を中心とする環境整備の取組み（5か年計

画)
12「あいりん地域の中長期的なあり方」あいりん総合対策検討委員会、1998年2月
13 釜ヶ崎のまち再生フォーラムHP
14 NPO法人 こどもの里HP
15 3つの構想図
16「西成特区構想有識者座談会」西成区HP
17 西成特区構想有識者座談会報告書（抜粋）表紙・2・3
18【資料01・02・03】西成リノベーション特区　居場所を紡ぐコレクティブタウン
19「あいりん地域のまちづくり検討会議について」西成区
20「あいりん地域まちづくり検討会議について」西成区
21「エリアマネジメント協議会」西成区
22 あいりん地域のまちづくり検討会議について(ミニレク用資料)
23 あいりん地域のまちづくり検討会議における提案（素案)
24「西成特区構想　まちづくりビジョン有識者提言」西成区HP
25 あいりん総合センター跡地等利活用にかかる基本構想(活用ビジョン)
26「西成特区構想にかかる有識者」西成区HP
27 大阪市戦略会議：西成特区構想について、令和4年9月7日
28 本提言の定義『インフォーマルなハウジング形態『不安定な世帯の生活移行において滞在（流動）と定住および施設と住宅の間を埋める過渡期・段階的な居住の場』のことをいい、滞留と定住の間を埋めるものを「暫住」として定義する。』
29「第三期西成特区構想—これまでの取組と今後の実施方針—」西成区HP
30 あいりん総合センター閉鎖（建替え）に伴う現況についての見解

エピローグ

2025年2月22日、私の恩人であり、まちづくりの師匠の一人だったホルヘ・アンソレーナさんが帰天された。建築家であり社会活動家でもあった彼は、アジアのスラムで住民主体のまちづくりを支え、セルフビルドハウジングを推進した。その功績は世界に認められ、1994年にはマグサイサイ賞を受賞している。筆者が彼と出会ったのは1995年、阪神・淡路大震災の直後だった。東京で開かれたACHR-Japan「ポンの会」で震災の現状を報告したときである。その時代に出会った人々から受けた影響が、私のまちづくりの原点となった。

当時、安藤元夫先生から「軍艦アパート」を、塩崎賢明先生から「災害復興」を、早川和男先生からは「居住の権利」を、そして、アンソレーナさんをはじめとするACHRの人々の背中を見ながら、アジアや人権のまちづくりについて学び続けた。とくに内田雄造先生の「関西で人権まちづくりを進めるので、手伝ってくれませんか？」という一言に背中を押され、地域に飛び込んだ。何者でもなかった私は、何者かになろうともがきながら、現場で生きる道を選んだ。

時代は変わり、AIやデジタル技術が発展し、まちづくりも新しい局面を迎えている。しかし、人と人がともに生きる営みの本質は変わらない。技術がどれだけ進化しても、目を合わせ、声を掛け合いながら築かれる「まちの温もり」は、決して失われてはならないと思っている。

今、私は教員として、学生たちに「現場のリアル」を伝えることに力を注いでいる。たとえば、西成のまちづくりの経験は、卒業後の建設現場で労働者に対する視線が変わることなどを含めて、社会の多層性を肌で感じる機会を得ることが重要である。まちづくりは、机上の理論だけでは語れない。人と交わり、現場で体験することで初めて見えてくるものがある。

都市はスマート化し、効率性が求められる時代。しかし、人と人が築く濃密な関係から生まれる知恵や情熱は、どれだけAIが発展しても代替できるものではない。まちは、単なるインフラの集合ではなく、人の営みが織りなす有機的な存在であり、その「熱」を絶やしてはならない。

本書で紹介した取組みは、決して私一人で成し遂げたものではない。そこには、地域のリーダー、住民、行政、ゼミ生、多くの人々の関わりがあった。彼らとともに悩み、歩み、築き上げた時間が、今の私を形作っている。執筆を終え、改めて思う。本書では語り切れなかった物語が、まだ数多くある。初稿は500頁を超え、それを削る作業に尽力してくれた編集者の知念さんやデザイナーの方々に感謝したい。

本書、執筆の最中に多くの大切な人が旅立った。本書は、自身を振り返る機会であったのかもしれない。本書を、アンソレーナさんをはじめ、西成のまちづくりを支えた西口宗宏さん、志半ばで旅立った元ゼミ生の藤田悠樹くん、そして人生の師であった父・修へ捧げたい。彼らの想いと経験は、まちとともに生き続ける。まちづくりは、これからも続いていくのだから。

◉著者紹介

寺川政司（テラカワ・セイジ）
近畿大学建築学部建築学科准教授。1967年大阪府生まれ。1999年CASE環境計画研究所を設立。2001年に有限会社ケース「CASEまちづくり研究所」に改組し代表となる。2002年神戸大学大学院自然科学研究科修了。2019年都市住宅学会・都市住宅学会長賞共同受賞。専門は、ハウジング、まちづくり、都市・地域計画。共著に「脱・貧困のまちづくり「西成特区構想」の挑戦」（明石書店）など。

実践から学ぶ　まちづくり入門講座

2025年4月10日　第1版第1刷発行
2025年5月10日　第2版第1刷発行

著　　者　寺川政司
発 行 者　井口夏実
発 行 所　株式会社学芸出版社
京都市下京区木津屋橋通西洞院東入
〒600－8216　電話075・343・0811
http://www.gakugei-pub.jp/
info@gakugei-pub.jp
編集担当　知念靖廣

D T P　村角洋一デザイン事務所
装　　丁　KOTO DESIGN Inc. 山本剛史
印　　刷　イチダ写真製版
製　　本　新生製本

ISBN978-4-7615-2925-3　Printed in Japan

本書の詳細は下記よりご覧ください。